复旦学前云平台
fudanxueqian.com

复旦学前云平台
数字化教学支持说明

为提高教学服务水平，促进课程立体化建设，复旦大学出版社学前教育分社建设了"复旦学前云平台"，为师生提供丰富的课程配套资源，可通过"电脑端"和"手机端"查看、获取。

【电脑端】

电脑端资源包括 PPT 课件、电子教案、习题答案、课程大纲、音频、视频等内容。可登录"复旦学前云平台"www.fudanxueqian.com 浏览、下载。

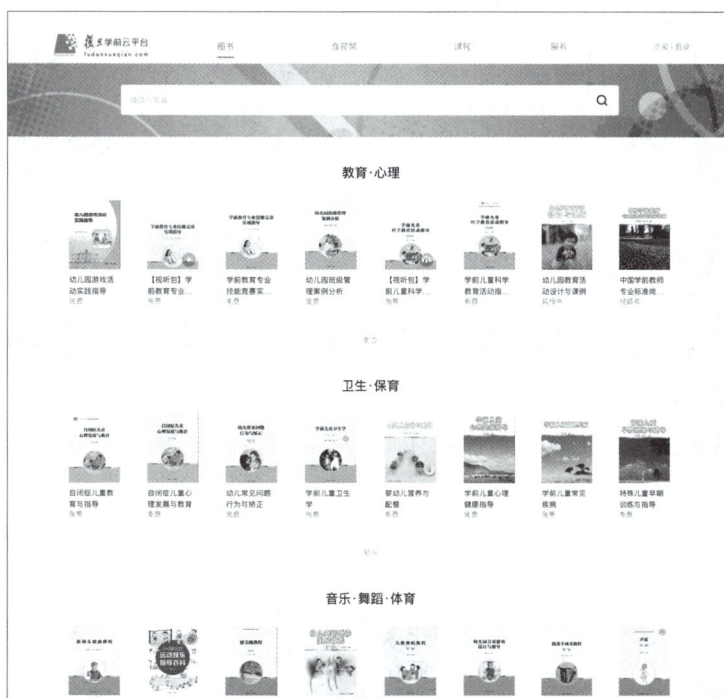

Step 1 登录网站"复旦学前云平台"www.fudanxueqian.com，点击右上角"登录 / 注册"，使用手机号注册。

Step 2 在"搜索"栏输入相关书名，找到该书，点击进入。

Step 3 点击【配套资源】中的"下载"（首次使用需输入教师信息），即可下载。音频、视频内容可通过搜索该书【视听包】在线浏览。

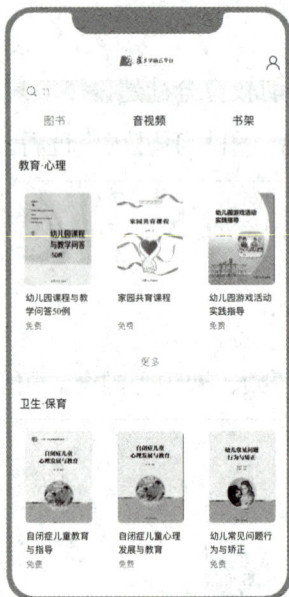

📱 【手机端】

PPT 课件、音视频、阅读材料：用微信扫描书中二维码即可浏览。

扫码浏览 ➡

📖 【更多相关资源】

更多资源，如专家文章、活动设计案例、绘本阅读、环境创设、图书信息等，可关注"幼师宝"微信公众号，搜索、查阅。

平台技术支持热线：029-68518879。

"幼师宝"微信公众号

融合型·新形态教材

复旦学前云平台 fudanxueqian.com

普通高等学校
早期教育专业
系列教材

0～3岁
儿童心理发展

主 编 周念丽

编 委（按姓氏笔画排列）

王 颖　张玉暖　张 帆

杨 丽　李秀敏　宋丽博

周念丽　周艳霞　周迎亚

复旦大学出版社

内容提要

本书分为三个模块，共九个章节。分别从0～3岁儿童发展的概论、个体发展、关系中的发展三个角度进行书写。

在第一模块中，对0～3岁儿童的发展进行了历史回顾，并阐释了0～3岁儿童心理发展的基础。第二模块，详细解释了0～3岁儿童的个体发展，包括动作发展、认知发展、言语发展、情绪发展、社会性发展五个方面。第三模块，从关系中的发展角度来说明0～3岁儿童的发展，包括家庭中的发展、机构中的发展两个方面。

本书可用作普通高等院校、幼儿师范院校、职业教育院校早期教育专业、学前教育专业、婴幼儿托育专业的教材，也可用作早教教师、幼儿教师、保育师继续教育和进修的培训教材。为方便教师授课、学生学习，本书配有 PPT 教学课件，可登录复旦学前云平台（www.fudanxueqian.com）查看下载。

前　言

关注"人生头千日"，已成为全球学前儿童工作者的通识。我们有幸，合着时代的节拍，吟唱一首0～3岁儿童早期发展之歌。

本书所秉持的儿童观，是全面关注0～3岁儿童的早期发展，字里行间凸显对0～3岁儿童在心理发展过程中个体差异的尊重。

在本书中，我们注重0～3岁儿童在社会、情绪、认知、感知觉、运动和语言等领域的发展。除为职前在学的学前专业学生打下0～3岁儿童心理发展的基础，我们还对0～3岁儿童的首任教师——养育者，传递着这样的希望：能注重对0～3岁儿童的日常照料、以自己所秉持的育儿文化进行育儿实践；对在0～3岁儿童早期教育机构中工作的教师，则希望能成为0～3岁儿童心理发展与保教的终身学习者，是0～3岁儿童早期发展的支持者和帮助者，能充分尊重0～3岁儿童的发展差异并能关注个别，成为一个具有高度责任感的人。

本书重视对影响0～3岁儿童各种关系的阐释。希望阅读和使用本书的学生、教师乃至0～3岁儿童家长，能更多地为0～3岁儿童发展提供支持，充分认同0～3岁儿童的自主探索之精神，各方之间有更多的理解、尊重和协调鼓励。

作为一本注重保教实践的教材，本书也陈述了如何创设0～3岁儿童心理发展的适宜环境，最大程度满足其身心发展需要，激发0～3岁儿童好奇和探索之心等日常策略。

我们希望，本书读者能在关注0～3岁儿童日常技能获得的同时，还能为其确立初步的规则意识，及时矫正不良行为，能以积极方式来与0～3岁儿童进行交流。

本书的框架由两部分构成：理论和理念的阐释以及0～3岁儿童心理发展的各领域。具体担任撰写的学者分别为：第一章，哈尔滨幼儿师范高等专科学校实验幼儿园王颖园长；第二章，华东师范大学周念丽教授；第三章，石家庄幼儿师范高等专科学校张玉暖老师；第四章，合肥幼儿师范高等专科学校张帆老师；第五章，贵阳幼儿师范高等专科学校杨丽老师；第六章，苏州幼儿师范高等专科学校周迎亚老师；第七章，徐州幼儿师范高等专科学校李秀敏老师；第八章，哈尔滨幼儿师范高等专科学校周艳霞老师；第九章，哈尔滨幼儿师范高等专科学校宋丽博老师。

本书如能为中国的0～3岁儿童发展起到一点参考作用，则幸甚！

由于文献浩瀚，加之撰写者们的经验所限，梳理归纳和撰写时挂一漏万在所难免。敬请各位读者和同仁们鞭笞指正。

周念丽

2016 年 11 月 22 日

于诺亚小居

目 录

第一模块 概 论

第一章 历史回溯 ……………………………………………………………………… 003
  第一节 0～3岁儿童在人类生涯中的地位 …………………………………………… 003
  第二节 0～3岁儿童发展的社会文化背景 …………………………………………… 005
  第三节 0～3岁儿童发展论述的历史回溯 …………………………………………… 008

第二章 心理发展的基础 …………………………………………………………… 016
  第一节 神经生理基础 ……………………………………………………………… 016
  第二节 生物性基础 ………………………………………………………………… 027
  第三节 社会性基础 ………………………………………………………………… 031

第二模块 个体发展

第三章 动作发展 …………………………………………………………………… 043
  第一节 动作发展的意义和规律 …………………………………………………… 043
  第二节 粗大动作的发展 …………………………………………………………… 047
  第三节 精细动作的发展 …………………………………………………………… 056

第四章 认知发展 …………………………………………………………………… 067
  第一节 感知觉的发展 ……………………………………………………………… 067
  第二节 注意的发展 ………………………………………………………………… 075
  第三节 记忆的发展 ………………………………………………………………… 079
  第四节 思维的发展 ………………………………………………………………… 083

第五章 言语发展 …………………………………………………………………… 092
  第一节 前言语发展 ………………………………………………………………… 092

第二节　言语发展 ……………………………………………………………………… 097

第六章　情绪发展 ……………………………………………………………………… 104

第一节　情绪的理解 …………………………………………………………………… 104

第二节　情绪的表达 …………………………………………………………………… 109

第三节　社会情绪 ……………………………………………………………………… 114

第七章　社会性发展 …………………………………………………………………… 121

第一节　个体发展 ……………………………………………………………………… 121

第二节　他人关系发展 ………………………………………………………………… 131

第三模块　关系中的发展

第八章　家庭中的发展 ………………………………………………………………… 151

第一节　家长教育观的影响 …………………………………………………………… 151

第二节　家长养育方式影响 …………………………………………………………… 158

第九章　机构中的发展 ………………………………………………………………… 167

第一节　教师教育观的影响 …………………………………………………………… 167

第二节　教师教育方式影响 …………………………………………………………… 174

第一模块

概　论

第一章

历 史 回 溯

【学习目标】

1. 了解 0～3 岁儿童发展的特点。
2. 明确 0～3 岁儿童在人类生涯中的重要作用。
3. 了解 0～3 岁儿童发展的社会文化背景。
4. 掌握 0～3 岁儿童发展的相关理论。

第一节　0～3 岁儿童在人类生涯中的地位

联合国儿童基金会在 2000 年底发表的报告说："为三岁以下儿童提供充足的食物、医疗服务和认知教育,可促进儿童日后健康、个性、语言和认知能力的提高,进而有助于国家教育发展、经济增长和降低犯罪率。"[①]也有教育专家指出:"教育的基础主要是在 3 岁前奠定的,它占整个教育过程的 80%。"

一、0～3 岁儿童发展的主要特点

了解 0～3 岁儿童发展的特点首先要了解婴儿期的特点。婴儿期一般指从出生到满 1 周岁的儿童,通常将出生一个月内的儿童称为新生儿,从出生到 1 周岁的儿童称为婴儿。婴儿期是儿童生理发育与心理发展最迅速的时期,这一时期大脑发育迅速,新生儿的脑占成人脑的 25%(体重只有成人的 5%)。

儿童 3 岁时的脑达到成人的 75%。从大脑皮质看,皮质细胞迅速扩展,突触日趋复杂化,白质与灰质明显分开,并开始实现髓鞘化。从大脑功能看,3 岁的儿童已具有大脑功能单侧化倾向,右利手儿童左半球逐渐显示出语言优势。这一时期儿童的行走动作、手的动作得到了发展,其动作发展的顺序

---

① 王金玲,祝雅珍.0～3 岁婴幼儿保育与教育[M].北京:化学工业出版社,2015.

是从首部到尾端、从躯干到四肢、从整体到特殊;在感知觉方面,婴儿的视敏度、听敏度、颜色视觉、听觉、立体知觉等方面已初步形成并具有符号记忆能力、信息编码能力、动作思维能力以及简单的问题解决能力。这一时间婴儿的学习分三个层次:习惯化、工具性条件反射、语言的掌握。言语发展是儿童发展的重要内容,儿童发展学家普遍认为:语言的获得就标志着婴儿期的结束。0～3岁儿童的情绪不断分化,出现了社会性微笑等社会性情感,出现了依恋性社会行为,在游戏中学会与同伴简单交往。①

二、0～3岁儿童在人类生涯中的地位

随着社会的不断发展,人们越来越认识到童年期甚至是童年早期(即0～3岁)的重要作用,关于0～3岁儿童的研究也已经日益丰富深刻。

(一)0～3岁是早期教育的黄金时期

蒙台梭利说:"人生的头三年胜过以后发展的各个阶段,胜过三岁以后至死亡时的总和。"巴甫洛夫说:"如果你在婴儿出生的第三天才开始教育,那么你就晚了。"卢梭认为:"从孩子出生的第一天起,就必须对孩子进行正确的教育。"0～3岁儿童为什么如此重要呢?

1. 0～3岁是儿童生理和心理发育最迅速的时期

从脑重量看,新生儿脑重平均370克,6个月时为出生时的2倍,2岁末约为3倍,3岁时脑重已接近成人脑重的范围。其次,心理学专家研究认为:"出生到3岁是智力发展的最快时期,也是教育的最佳时期。"若以17岁时的智力为100计算,8岁时进行开发只能开发20％,4岁时却能开发到50％,更大的潜能开发于3岁之前。因此,为了培养德、智、体、美全面发展的高素质人才最好从0～3岁开始教育。

2. 0～3岁蕴含儿童发展的关键期

关键期是指儿童在某个时期最容易学习某种知识、技能或形成某种心理特征。只要错过了这个时期,发展的障碍就难以弥补。这一概念是从奥地利著名的动物学家劳伦兹(Konrad Zacharias Lorenz,1903～1989)在研究小动物发育过程中所发现的"印刻现象"引入的。"印刻现象"是指小动物在出生后的短时期内,对接受的刺激所表现出的恒常的尾随反应的现象,诸如追随对象、偏爱对象、对象消失时发出悲鸣等。"印刻现象"只有在小动物出生后一个短时期内反应,小鹅在生后1～2天有追随一个活动物体的行为,过了这时刻,就很难再形成这种行为了。劳伦兹把这段时间称为"关键期"。"关键期"对于婴幼儿发展的重要性主要表现在语言发展和感知方面的发展上。人生下来也有很多活动潜能,如不给予刺激,使这些能力发挥出来,就会受到窒息,永远发挥不出来了。先天白内障失明的人,如果过了5年再做手术,即使复明,也很难辨别东西,因为即使看到的东西进入大脑,然而大脑已丧失了把信息变成图像的能力。0～3岁是智能发展最迅速的时期。婴幼儿的智能远比人们想象的要好得多,如新生儿就能看和听,有嗅觉、味觉和触觉能力。据研究,3～4个月的普通儿童能分辨红色,分辨相差八度的音和成人发出的声音,4～6个月的普通儿童能用动作区分不同的字,如看到"吃"用手指口,砸顺嘴,见到"吹"字用口吹吹气,所以在儿童早期已有巨大的智能潜力。我们所熟知的印度狼孩很好地例证了"关键期"这一规律。

在印度加尔各答附近山村里发现的两个狼孩卡玛拉和阿玛拉被送进孤儿院抚养,阿玛拉在第二年就去世了,而卡玛拉活到16岁时其智力只相当于一般儿童3、4岁的水平。1929年狼孩的抚养者

---

① 秦金亮. 早期儿童发展导论[M]. 北京:北京师范大学出版社,2014.

辛格在《狼孩和野人》一书中,记载了卡玛拉被教化的经过。刚发现时她的生活习惯和狼一模一样,经过 7 年教育之后,卡玛拉才勉强掌握 45 个词,会说简单的几句话。狼孩这一事件充分说明,"关键期"对于婴幼儿的认知和心理发展十分重要,错过关键期教育对于婴幼儿的健康成长是十分有害的。

（二）0～3 岁之前是人类性格形成的最佳时期

意大利儿童教育专家蒙台梭利(Maria Montessori,1870～1952)曾告诫我们:一个人的形成是从他的早期就开始了,童年构成了人一生中最为重要的一部分。儿童时代所过的生活是与成人后的幸福紧密相关的。文化、习俗、观念、理想、情操、情感、情绪、宗教的吸收都是在这个有吸收力的心理时期,在儿童从出生到 6 岁这个时期形成的。俄国教育家乌申斯基也指出,人的性格大都是在人生中的最初几年形成的,不仅如此,在这几年内在人的性格中所形成的东西是很牢固的,乌申斯基称之为"人的第二天性"。在这个年龄阶段,人类的感知觉、注意、记忆、学习、想象、思维、言语、情感、意志行动、自我意识及个性心理特征等种种心理活动都开始发生,是个性心理形成的重要时期。此时所接收到的外界刺激对个体的发展至关重要,对其儿童期、青少年期乃至一生的发展都将产生无可替代、难以改变的影响。蒙台梭利提出,出生不久的新生儿如果经常从父母那里得到抚爱,往往性情比较温和友爱,易形成信赖感。相反,其心理发展可能会受到极大摧残,并最终变得智力低下、性情粗暴。[①]

视野拓展

　　1980 年,英国伦敦精神病学专家卡斯比教授和伦敦国王学院的精神病学专家们做了如下一个试验观察:选取 1 000 名 3 岁幼儿,以面对面观察、谈话的方式进行测试,将他们分为充满自信、良好适应、沉默寡言、自我约束和坐立不安 5 大类。23 年后,这些当年的儿童已经成长为 26 岁的青年。研究者再次与他们进行了面谈,并通过观察及对其亲友的调查,得出如下结果:充满自信者成年后开朗坚强、果断、领导欲强。良好适应者成年后自信,不容易心烦意乱。沉默寡言者成年后比一般人更倾向于隐瞒自己的感情,不愿意影响他人。坐立不安者成年后行为消极,注意力分散,更易对小事情做出过度反应,容易苦恼和愤怒。自我约束者成年后和 3 岁时一样。其结论是:3 岁幼儿的言行可以预示他们成年后的性格。[②]

第二节　0～3 岁儿童发展的社会文化背景

无论是我国还是外国,对 0～3 岁儿童发展都有相关论述,本节将从国内外历史角度进行阐述。

一、国外 0～3 岁儿童的发展

在古代,由于生产力的低下,经济落后,人们愚昧无知,几乎没有儿童的观念,更谈不上儿童的地

[①]　王金玲. 祝雅珍 0～3 岁婴幼儿保育与教育[M]. 北京:化学工业出版社,2015.
[②]　http://fashion. ifeng. com/a/20150208/40081452_1. shtml.

位。父母和社会对儿童握有生杀之权,大量的杀婴、弃婴、性别虐待等现象比比皆是。

(一)古代社会的儿童发展

文化发展较早的古希腊一些哲学家、思想家提出了最初的儿童观,如柏拉图假设儿童的本性是"善良"的,他相信教育在儿童早年形成健康的身体和习惯中的重要作用;亚里士多德则认为儿童具有可塑性,强调灌输道德、审美观念和发展强壮身体的重要性。

受古希腊先哲和基督教的深刻影响,早期的西方人多半把儿童看成"小大人",即成人的雏形,人们完全以成人的要求对待儿童,即使是饮食、起居、穿着等生活方式,也都是以成人的一套用于儿童,在成人眼里没有儿童,只有小大人。在古希腊、古罗马社会,儿童被认为是未来的公民,接受成人式的任务训练。人们甚至从未想过,作为儿童,他们有自己的天性。在12世纪的油画中,儿童与大人几乎穿同样的服装,干一样的活,玩一样的游戏,儿童是"缩小了的成人"。13世纪以后,艺术作品中的儿童如天使、圣婴耶稣、小天使丘比特开始像儿童了。圆脸蛋的小普托(Putto)出现于14世纪末,并且很快就成为一种装饰图案而盛行于世。

中古时期,儿童从属于成人社会,没有儿童期的概念,儿童仍然没能摆脱被忽视、轻视、丢弃等不幸的遭遇,而在某些地域和民族,由于受教会的影响,他们的儿童观带上了宗教色彩。如有的认为儿童无能无用,他们有专门的需要,需要爱;而有的则认为儿童有罪,杀子以求上帝宽恕赎罪等。

(二)近代社会儿童的发展

近代,儿童的发展发生了明显的变革。儿童的被发现和儿童期的确立成为该时期儿童发展的显著标志。这种变革是因新兴的资产阶级迫切要求摆脱人身依附和行为的束缚,要求自由劳动,要求建立符合资产阶级发展的新的思想体系而发生的。文艺复兴运动提倡以人的地位为中心,反对中世纪神学的以神为中心,歌颂人的伟大,强调人的价值,要求维护人的尊严,提倡人的个性自由发展。在此文化背景下,伟大的人文主义思想家卢梭,认为儿童是"自然"的人,本性善良纯洁。他认为儿童的发展来自内部自然的冲动与外部压力必然的相互作用。他强调保持儿童的"自然人"的本性,教育要适合儿童本性,要"遵循自然,跟着它给你划出的道路前进"。他坚决反对压抑儿童的个性和束缚儿童的自由,反对严格的纪律和死记硬背。极力主张"自然需要在儿童成长为成人以前,儿童就是儿童",提出要"尊重儿童期的独特价值",从而发现、建立了儿童期。这是资本主义经济的产生、文艺复兴时期人文主义文化的产物。

(三)现代社会的儿童发展

现代社会对0～3岁儿童发展的认识和态度日趋深化、科学化。世界各国都很重视0～3岁儿童的发展,有了0～3岁儿童的教育、文学、音乐以及0～3岁儿童自己的生活方式,服装、鞋帽、食品等。更重要的是,人们除了关心抚育儿童外,出现了种种儿童法,以保障儿童的生存和发展的权利。

人们开始关心儿童、研究儿童,尤其是心理、生理、医学、教育、哲学、文学、社会学等工作者,他们的实践和研究,开辟了儿童工作的专门领域。出现了儿童教育多种理论和课程方案的确立。儿童的研究、儿童观的发展,成为各种教育理论的产生和发展的重要因素,也为学前教育机构和多样课程方案的建立提供了重要理论依据。

二、我国0～3岁儿童的发展

我国关于0～3岁儿童发展的研究最早可追溯到春秋时期孔子的教育思想,从奴隶社会到封建社会再到近现代社会,都有一些相关研究,这些研究丰富了我们的学习,加深了我们对0～3岁儿童的了解。

（一）春秋时期

早在公元前500年,中国伟大的教育家孔子已经对儿童心理发展表述有过不少光辉思想,如"性相近也,习相远也"。[①] 这反映了婴儿出生时,先天上有许多相近和相似之处,随着后天的教育和社会的影响,其发展情况有愈来愈多的差异。这既反映了婴幼儿早期发展的心理特点,又强调了后天教育之重要。

（二）明代

到公元15世纪,明代哲学家王廷相对此作了进一步的表述,他说:"婴儿在胞中自能饮食,出胞时便能视听,此天性之知,神代之不容者。自余因习而知,因悟而知,因过而知,因疑而知,皆人道之知也。父母兄弟之亲,亦积习稔熟然耳……人也,非天也。"[②]在这里,我们可以看到中国古代学者既重视人的遗传禀赋的功能,强调"天性之知"的作用,更重视婴幼儿在遗传素质基础上知能的发展,人与人之间交往的作用,而且,也强调主体活动的功能。这一思想的表达与现代婴幼儿发展心理学的思想十分吻合,为此,显得非常可贵。

明代教育家王守仁对婴幼儿早期情感发展和游戏活动有过生动形象的描述,他说:"大抵童子之情,乐嬉游而惮拘检,如草木之始萌芽,舒畅之则条达,摧挠之则衰萎。今教童子,必使其趋向鼓舞,中心喜悦,则其进自不能已。譬之时雨春风,霑被卉木,莫不萌动发越,自然日长月华。"[③]这表明王守仁强调游戏在婴幼儿早期情感发展中的重要意义。他要求我们如同春风化雨,用益然生意的教育影响去滋润婴幼儿的心田,促进他们身心的健康发展。

（三）清代

清代著名医生王清任对三四岁以内儿童的心理发展年龄特征也有过精彩的阐述,他说:"看小儿初生时,脑未全,囟门长全,耳能听,目有灵动,鼻知香臭,言语成句。"[④]王清任不仅指出了脑髓生长与婴幼儿心理发展上的年龄特点,在中国婴幼儿心理学史上也写下了重要的一页。

（四）现代

我国最早进行儿童心理研究的是陈鹤琴,最早讲授儿童发展心理学课程的也是陈鹤琴。他对自己的儿子进行了808天全面的跟踪研究,观察记录其身心发展情况,如身体、运动、模仿、游戏和语言发展等,并将这些研究写成了《儿童心理之研究》(1925)一书。此书是我国较早的儿童心理学教科书,也是我国婴幼儿心理发展研究史上的一大丰碑。

儿童心理学家孙国华在国外对婴儿进行研究后撰写了专著《初生儿的行为研究》(1930)。儿童心理学家黄翼在20世纪三四十年代期间对儿童的语言、绘画、性格评定等方面进行了研究,艾伟编制了儿童心理测验,肖孝嵘、陆志伟和吴天敏介绍并修订了国外的儿童心理学测验,艾华(1923)、肖恩承(1928)、肖孝嵘(1936)、黄翼(1946)等分别撰写了儿童心理学教科书等。这些早期的儿童发展心理学家为我国儿童发展学科的建立奠定了基础。[⑤]

① 杨伯峻译注. 论语·译注. 中华书店,1980.
② 王廷相. 答薛君采论性书[M]//朱智贤,林崇德. 儿童心理学史. 北京:北京师范大学出版社,1988.
③ 王守仁. 训蒙大意示教读刘伯颂等[M]//顾树森. 中国古代教育家语录类编(下册). 上海:上海教育出版社,1962.
④ 王清任. 医林改错·脑髓说[M]//朱智贤,林崇德. 儿童心理学史. 北京:北京师范大学出版社,1988.
⑤ 秦金亮. 早期儿童发展导论[M]. 北京:北京师范大学出版社,2014.

表1-1　过去与现在有关儿童的观点①

历　史　时　期	有关儿童观的一些特点
古代	选择性的杀婴行为；发育不成熟的婴儿可能被看成不完全的人
中世纪的欧洲	较高的婴儿与儿童死亡率；没有一个清晰的儿童观，将儿童期看作是容易受伤的时期，或者把儿童看作是需要养育与引导的个体
18世纪的欧洲	贫困以及情感上的漠不关心导致婴儿的广泛抛弃；依然具有较高的婴儿死亡率
19世纪的欧洲与北美洲	工业化有助于将儿童作为手工劳动者来广泛地使用在工厂、矿山、田地、商店等地方；对儿童具有矛盾的态度
今天的发展中国家	相对较高的5岁以下儿童的死亡率，通常死于可预防疾病；对儿童的权益有了越来越多的认识；越来越多地使用免疫接种来阻止很多不必要的死亡
今天的工业化国家	加速提高的社会与技术的变化呈现出崭新的冒险与挑战；更多地关注儿童的权利、需要与愿望

备注：虽然这些倾向与态度对处于正在讨论中的时期而言，对有些文化与有些家庭的叙述具有描述性，但是，它们有时并不具有非常高的普遍性。十分清晰地是，并不是所有的儿童在古代都冒着被杀害的风险。即使在18世纪剥削童工的高峰期，仍然有很多儿童得到了良好的养育，他们做游戏、上学，在充满爱意的家庭中有一个自由自在的儿童时代

第三节　0～3岁儿童发展论述的历史回溯

随着社会观念的变化发展，越来越多的人认识到尊重儿童、发展儿童天性的重要性，因而更加重视利用儿童心理的特点与规律去教育儿童。

一、普莱尔关于0～3岁儿童心理发展的早期研究

普莱尔（W. Preyer，1842～1897）是德国生理学家和实验心理学家，是科学儿童心理学的奠基人。他的代表作是《儿童心理》，这是他根据对儿子进行几年观察和实验得出的结果而撰写的。这是一部研究婴幼儿心理发展的较为完整的儿童心理学专著，包括三个部分：儿童感觉的发展，儿童意志的发展，儿童理智的发展。②

普莱尔认为，在新生儿刚出生时，味觉是最优先发展的。随后，触觉、嗅觉、视觉和听觉相继得到迅速发展。他说："情感是最先明确地出现的，并且支配儿童的行为。"③

普莱尔对意志的研究，是从动作入手的。他将动作分为四类，即冲动动作、反射动作、本能动作和意念动作。这四种动作可以发展出一切其他中枢运动型的动作，如表情动作（笑、点头、摇头、亲吻等）和熟虑的动作（有意识的、动机参与的动作）。普莱尔根据自己的观察和实验，详细地叙述了各类冲动的、反射的、本能的、模仿的、表情的和熟虑的动作的发展趋势。表1-2

---

① ［加］居伊·勒弗朗索瓦（Guy R. Lefrancois）.孩子们——儿童心理发展［M］.王全志等，译.北京：北京大学出版社，2004.
② W·普莱尔.幼儿的感觉与意志［M］.唐钺，译.北京：科学出版社，1960.5.
③ 同上.

是他概要地列举的熟虑动作发生发展的时间和特征。①

表 1-2　0～3 岁儿童熟虑动作发展时间和特征②

动　作	丝毫不存在	最初的尝试	有熟虑和结果	附　注
摇头		第 4 天	第 16 周	在拒绝时
抬头正	前 10 周	第 11 周	第 16 周	
抓捉	前 114 天	第 117 天	第 17 周	在躺下时,无帮助
提起上身	前 12 周	第 16 周	第 22 周	
指东西	前 4 个月	第 8 个月	第 9 个月	没有抱或支持
坐	前 13 周	第 14 周	第 42 周	完全没有支持
站立	前 21 周	第 23 周	第 48 周	独立地,自由地
走路	前 40 周	第 41 周	第 66 周	无人提携或帮助
起立	前 13 周	第 28 周	第 70 周	无支持
跨过门槛	前 65 周	第 68 周	第 70 周	
吻人	前 11 个月	第 12 个月	第 23 个月	无人提携或帮助
爬高	前 24 个月	第 26 个月	第 27 个月	
跳	前 24 个月	第 27 个月	第 28 个月	

普莱尔的专著《理智的发展》主要论述儿童语言的发展。他指出,到 2 岁末,儿童能初步掌握说话的能力。他还指出,婴幼儿说话能力的发展存在着个体的差异。婴幼儿智力的发展是一个从无语言概念向语言概念过渡的过程,婴幼儿智力发展的过程中,语言起着重要的作用。③

二、弗洛伊德的人格发展阶段论

弗洛伊德（Sigmund Freud，1856～1939）认为人格结构有三种成分：本我、自我和超我。本我是原始的、本能的,是人格中最难接近的,遵循快乐原则;自我由本我发展而来,遵循现实原则;超我包括良心和自我理想,是道德化了的自我,遵循道德原则。④

弗洛伊德主张心理发展的动力来自性本能并强调人有追求自我快乐的本能,追求性欲的满足就是心理发展的内驱力。他认为,在儿童发展的不同时期里,性本能集中投放于身体的特定部位(敏感区),以此为标准,他将儿童的心理发展分为五个阶段：口腔期、肛门期、性器期、潜伏期与生殖期。0～3 岁儿童涉及口腔期和肛门期。

口腔期(或口欲期)(oral stage)约从出生到 1 岁,是个体性心理发展的最原始阶段,其性的集中区域在口部,靠吮吸、咀嚼、吞咽、咬等口腔活动,获得快感与满足。若口腔期婴儿在吮吸、吞咽等口腔活

---

①　朱智贤,林崇德. 儿童心理学史[M]. 北京：北京师范大学出版社,1988.
②　张民生. 0～3 岁婴幼儿早期关心与发展的研究[M]. 上海：上海科技教育出版社,2007.
③　朱智贤,林崇德. 儿童心理学史[M]. 北京：北京师范大学出版社,1988.
④　林崇德. 发展心理学[M].北京：人民教育出版社,2009.

动中获得满足,长大后会有正面的口腔性格(Oral Character),如乐观开朗,即口腔乐观(Oral Optimism)。反之,若此时期的口腔活动受到过分限制,使婴儿无法由口腔活动获得满足,将会留下不良影响,此种不良影响又称口欲滞留(Oral Fixation),长大后会有负面的口腔性格,如口腔性依赖(或口欲性依赖)(Oral Dependence)。它是一种幼稚性的退化现象,指个体遇到挫折时们不能独立自主地去解决问题,而是向成人(特别是向父母)寻求帮助,有一种返回母亲怀抱寻求安全的倾向。又如口欲施虐(Oral Sadism,指个体不自觉地咬人或咬坏东西的口腔倾向)及悲观、退缩、猜忌、苛求等负面的口腔性格,甚至在行为上表现出咬指甲、烟瘾、酗酒、贪吃等。

肛门期(Anal Stage)为1.5～3岁,性感区在肛门。在这一阶段,由于幼儿对粪便排泄时解除内急压力得到快感经验,因而对肛门的活动特别感兴趣,并因此获得满足。在这段时间里,父母为了养成子女良好的卫生习惯,多对幼儿的便溺行为订立规矩,加以训练。如果父母的要求能配合幼儿自己控制的能力,良好的习惯可以因而建立,从而使幼儿长大后具有创造性与高效率性。如果父母训练过严,与儿童发生冲突,则会导致所谓的肛门性格(Anal Character):一种是肛门排放型性格(Anal-expulsive Character),如表现为邋遢、浪费、无调理、放肆、凶暴等;另一种是肛门便秘型性格(Anal-retentive Character),如过分干净、过分注意条理和小节、固执、小气、忍耐等。因此,弗洛伊德特别强调父母应注意儿童大小便的训练不宜过早、过严。

三、皮亚杰的发生认识论

认知心理学家皮亚杰(Jean Piaget,1896～1980)深受卢梭和杜威的儿童观的影响,他认为儿童是天生的、主动的有机体。儿童是在与外部世界相互作用中,通过同化或顺应,或是把外部现实的材料并入个体已存在的结构,或是改变已有的内部结构适应现实,以取得平衡,得到发展的。皮亚杰认为,儿童在婴儿期就显示出一种不同寻常的智力。他把婴儿期称为感觉运动阶段(即指儿童从出生到1岁半或2岁的阶段),并把这个阶段的儿童智力称作感觉运动智力。在这个阶段,婴儿既没有语言,也没有再现表象,只有动作活动。因此,儿童最初的智力是从感觉开始的。皮亚杰认为,人类的认识不管有多么高深复杂,都可以追溯到人的童年时期,甚至可以追溯到胚胎时期。[①]

> 💡 **视野拓展**
>
> **三 山 实 验**
>
> 皮亚杰做过一个著名的实验——"三山实验",如图1-1所示:在一个立体沙丘模型上错落摆放了三座山丘,首先让儿童从前后、左右不同方位观察这座模型,然后让儿童看四张从前后、左右四个方位所摄的沙丘的照片,让儿童指出和自己站在不同方位的另外一人(实验者或娃娃)所

---

① 文颐,王萍.0～3岁婴幼儿保育与教育[M].北京:科学出版社,2015.

看到的沙丘情景与哪张照片一样。

图 1-1 三山实验

前运算阶段的特点：自我中心。前运算阶段的儿童无一例外地认为别人在另一个角度看到的沙丘和自己所站的角度看到的沙丘是一样的！这个实验证明了前运算思维缺乏逻辑性的表现之一是不具备观点采择能力——即从他人的角度来看待事物的能力。[1]

在皮亚杰的理论影响下，人们还建立了个体和外部世界相互作用的活动课程（包括 0～3 岁儿童活动计划）。

四、格赛尔的成熟理论

格赛尔（Gesell）根据自己长期的临床经验和大量的研究，提出了一个基本的命题，即个体生理和心理的发展取决于个体的成熟程度，而个体的成熟取决于基因规定的顺序。成熟是推动儿童发展的主要动力。没有足够的成熟，就没有真正的变化。脱离了成熟的条件，学习本身并不能推动发展。

💡 **视野拓展**

格塞尔的双生子爬梯实验

1929 年，格塞尔对一对双生子进行实验研究，他首先对双生子 1 和双生子 2 进行行为基线的观察，认为他们发展水平相当。在双生子出生第 48 周时，对 1 进行爬楼梯训练，而对 2 则不予相应训练。训练持续了 6 周，期间双生子 1 比 2 更早地显示出某些技能。到了第 53 周，当 2 达到能够学习爬楼梯的成熟水平时，对他开始集中训练，发现只要少量训练，2 就达到了 1 的熟练水平。进一步的观察发现，在 55 周时，1 和 2 的能力没有差别（实验结果见图 1-2）。因此，格塞尔断定，儿童的学习与发展取决于生理的成熟。生理成熟之前的早期训练对最终的结果并没有显著作用。

---

[1] http://baike.baidu.com/link? url = TxxCBbOt0J7cWrCKX9yI9wpUts28X7fAmGeNFi3qw456vt7aiNEuCW _ UqKMNbtKZNUUgXEXJeYuS8DpkB-t_4K.

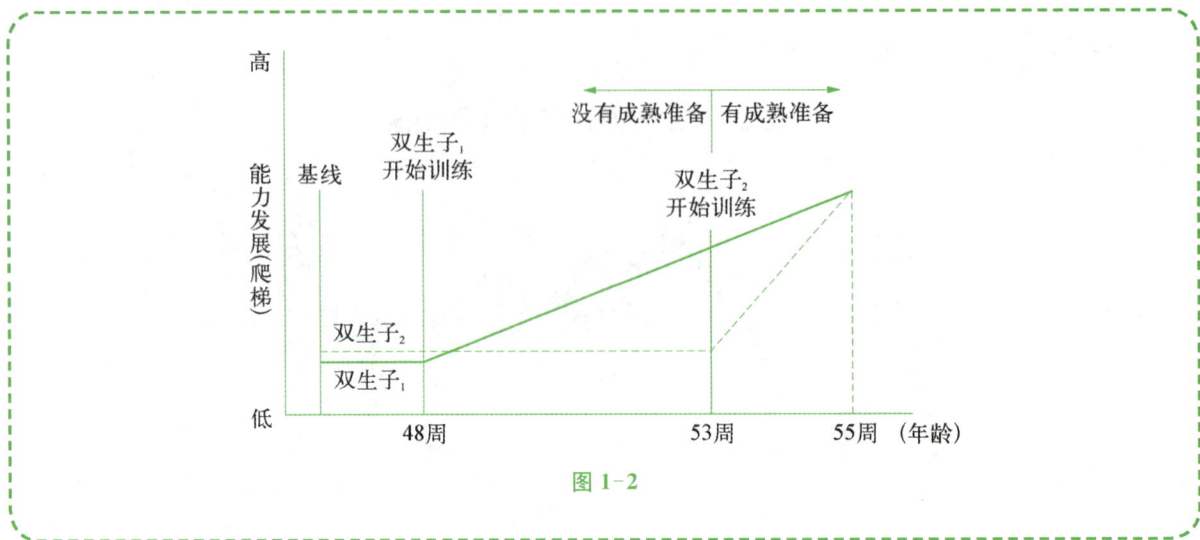

图 1-2

许多研究表明,心理发展的指标与年龄呈现出显著的相关性,而在特定年龄阶段之前,练习或者无甚效果或者其显著作用随着年龄的增大而趋于消失,而如果某项心理机能在其特定年龄阶段的发展受到阻碍,那么之后的发展将变得很困难,即存在心理发展的"关键期"。基于上述观点,动作作为人类的一种基本行为能力,其发展也是由遗传、成熟等先天因素决定和制约的。如婴儿早期具有里程碑意义的动作发展——爬行、独立行走等似乎也存在"关键期"。"预成论"夸大了成熟在婴儿心理发展中的作用。董奇、陶沙等人认为动作与婴儿心理的发展存在双相的互动关系。一方面,动作作为人的心理机能的一部分,婴儿心理发展的成熟必然伴随着动作的增加和精确化;另一方面,动作的发展也会促进婴儿其他心理功能的完善和进一步发展。

五、福禄贝尔的天性教育

天性是指人们通过生物遗传而天生具备的某些禀赋和特质。幼儿教育鼻祖福禄贝尔(Frobel)认为"儿童既不是一堆蜡,也不是一团土,而是一个自动的个体。人出生时是善良的、完美的、自动的。自动就是儿童渴望做某些事,是儿童内部的自我需要,是内部倾向的一种外部形成,而内部是基本的。"他还认为"人的发展就是内在的东西的萌发,人的教育就是助长这种萌发。"因此,他的理论中有一句名言:"教育、教学和训练,在其根本的特征上,必然是被动的跟随的,决非命令式、戒律式或强制性的。"

六、行为主义的观点

行为主义观点认为人是不定的,是受外部刺激支配的、消极的有机体。人的行为由外界刺激产生、发展和控制,来自外部,强调了人的可塑性。华生认为所有人的行为是由外部条件决定的。他说:"给我一打健康的婴儿,好好地塑造,带他进入我的特定的环境,我将保证使任何人,训练成为我选择的任何一类专家——教授、律师、艺术家、企业家或是乞丐、小偷。他的天才、嗜好、倾向、能力、才能、祖先的特性毫无价值。"华生的追随者,行为主义心理学家斯金纳则是极端的外部条件决定论者,他认为必须探究决定行为的条件。斯金纳相信最影响决定行为的是强化。他反对使用那些含有不能看见的条件的那些术语,诸如"想象、驱使力、道义、兴趣"。在强化理论的指导下,他考虑了强化有步骤的程序"教学机器"为自我教育的最理想的条件,而教师是儿童行为的建筑师和建筑者。此外,他还把教师经常使用的自然强化,诸如微笑、点头、给糖果、奖饼干和小纪念品等许多可以触摸、知觉的强化物作为补品,以及使用经济强化,形成一个体系,以控制行为。在他们的理论影响下,建立了行为主义课程,并出现了儿童心理学、儿童营养学、儿童卫生学等学科,还出现了儿童玩具、服装、食品等。

视野拓展

关于环境和遗传的争论

环境和遗传哪个对学前儿童发展的影响更大?这是整个发展心理学的基本理论问题。最早的讨论始于洛克与卢梭的天性和教养之争。近代教育家洛克认为"人类在出生时像一张白纸"。他强调一切知识来自外部经验,强调儿童的可塑性和外部控制,教师的榜样和训练。洛克说:"我敢说,我们日常所见的人中,他们之所以或好或坏,或有用或无用,十分之九都是他们的教育所决定的。人类之所以千差万别,都是由教育之故。"他还说:"教育上的错误正如错配了药一样,第一次弄错了,决不能借第二、第三次去补救,它们的影响是终身洗刷不掉的。"他强调教育起决定作用。

今天心理学专家们已不再偏激地认为发展仅仅只是其中一种因素的单独作用,而更加关注两者以何种方式共同决定一个人的发展,以及在特定前提下两者的相对重要性。

七、杜威的实用主义观点

实用主义教育家杜威认为儿童是个主动的学习者,早期教育的独特方法就是利用儿童的自由冲动和本能,并利用它们扩大和加深认识,促进行为和控制力的发展。他认为教材对儿童永远不是从外面灌进去的,学习应包含心理的积极开展,包括从心理内部开始的有机的同化作用,决定学习的质和量的是儿童而不是教材。杜威还认为人的成长是各种能力慢慢生长的结果。成熟要经过一定的时间,"揠苗助长"没有不反致伤害的。杜威的"儿童中心"思想和尊重儿童期的观点与卢梭的"遵循儿童自然"等思想是一致的。当然,他的儿童观有了发展。他认为"儿童的发展不是孤立的",而是在"机体与环境相互作用中发展的",并强调儿童通过做和经历过程获得发展,包括物质和智力活动。做意味着与物体和当时环境中问题的直接接触,意味着符号和思想方面的转换,当然这些必须联系儿童的需要。他还强调儿童自身的经验等,建立了从儿童出发,重视儿童的做和经验的"儿童中心"课程。

八、人类学的观点

人类学观点认为,儿童是人,不同于任何其他动物,他们有着不同于动物的大脑,有一部完善的"机器",具有极大的学习潜能和接受教育的可能。人类个体发展观认为,儿童是儿童,不是小大人。儿童不仅需要生理儿童期,还需要社会儿童期。儿童期是人类发展中的一个特定阶段,是走向生活、社会的准备阶段。马列主义观点认为,人类及其个体,就社会本质而言,乃是能动的主体,婴幼儿所表现的,仅是人的独立性、自主性的萌芽状态,只是幼芽,它可能发展成长为独立的人格,也可能夭折和枯萎。

【家园共育协调点】

家长们已认识到0~3岁儿童是对世界主动的、成熟的、敏感的,有着自己愿望需要和个性特征的社会实体。不过,在认识到了0~3岁儿童惊人的能力之后却令人遗憾地出现了另一种值得审视的现象:一些人急于追求0~3岁儿童向小大人的方向发展,把一个人一生中应当学会的东西都提前学会,往前挤压,带来了一系列超前教育的问题,颇有愈演愈烈之势。家长们应尊重孩子的心理特点及规律,给孩子科学、适宜的教育。

【0~3岁儿童教育机构看点】

我国学者与西方学者在0~3岁儿童心理发展上都有所思考,并发表了蕴涵科学价值的论述。这就要求早期教育机构在进行0~3岁儿童心理发展研究及教育时,要深入地研究、挖掘和继承这些宝贵遗产,为儿童提供科学有效的教育。

【请你思考】

1. 0~3岁儿童身心发展有哪些特点?

2. 早期教育为什么具有可能性和重要性?

3. 对所在区域早教机构进行调查,讨论各早教机构教育方案背后的理论支撑点。

【实践活动】

根据0~3岁儿童发展特点设计一个适宜的亲子游戏。[①]

游戏名称:荡秋千

游戏目标:

1. 游戏可以让宝宝充分地和家长产生身体上的接触,让宝宝感受亲人的爱。

2. 荡秋千的感觉,充分地刺激宝宝的前庭器官,促进宝宝运动能力、平衡能力以及身体控制能力的提高。

3. 儿歌的加入,也是宝宝学习语言的一个过程。

4. 有节奏地摇摆,可以增强宝宝对节奏的感知。

适合年龄:9个月

游戏准备:较大的安全空间,节奏感较强的音乐。

游戏方法:

1. 爸爸妈妈坐在床上,将双手握在一起,然后让宝宝躺在手臂围成的"秋千"上。

2. 慢慢地左右、前后摇晃手臂,将宝宝荡起来。

3. 逐渐地增大摇晃的幅度,让宝宝感觉像在荡秋千一样。

(儿歌:妈妈摇,爸爸摇,这个秋千真是好,宝宝坐在秋千上,拍着小手微微笑。)

温馨提示:

1. 要注意保护好宝宝的身体,控制好双方手臂的缝隙,防止宝宝掉落。

2. 家长双方配合得非常协调,摇晃的方向一定要一致。

---

① 张英琴.0~3岁亲子教育[M].太原:山西人民出版社,2015.

3. 摇晃的幅度一定要从小到大，速度一定要从慢到快，防止宝宝突然感觉不适应。

4. 与宝宝有眼神的交流，以免宝宝出现焦虑情绪。

5. 游戏结束后一定要给宝宝一个鼓励，抱一抱、亲一亲或活用语言赞美宝宝。

【参考文献】

1. 周念丽. 学前儿童发展心理学[M]. 上海：华东师范大学出版社，2014.

2. 周念丽. 0～3岁儿童观察与评估[M]. 上海：华东师范大学出版社，2013.

3. 张家琼，杨兴国. 婴儿生理心理观察与评估[M]. 北京：科学出版社，2015.

4. 刘金花. 儿童发展心理学[M]. 上海：华东师范大学出版社，2006.

5. 罗家英. 学前儿童发展心理学[M]. 北京：科学出版社，2013.

6. 王金玲，祝雅珍. 0～3岁婴幼儿保育与教育[M]. 北京：化学工业出版社，2015.

7. 木村久一. 早期教育与天才[M]. 北京. 中国文史出版社，2005.

8. 秦金亮. 早期儿童发展导论[M]. 北京：北京师范大学出版社. 2014.

9. 杨伯峻. 论语·译注[M]. 北京：中华书局，1980.

10. 王廷相. 答薛君采论性书[M]//朱智贤，林崇德. 儿童心理学史. 北京：北京师范大学出版社，1988.

11. 王守仁. 训蒙大意示教读刘伯颂等[M]//顾树森. 中国古代教育家语录类编(下册). 上海：上海教育出版社，1962.

12. 王清任. 医林改错·脑髓说[M]//朱智贤，林崇德. 儿童心理学史. 北京：北京师范大学出版社，1988.

13. 秦金亮. 早期儿童发展导论[M]. 北京：北京师范大学出版社. 2014.

14. [加]居伊·勒弗朗索瓦. 孩子们——儿童心理发展[M]. 王全志等，译. 北京：北京大学出版社，2004.

15. W·普莱尔. 幼儿的感觉与意志[M]. 唐钺，译. 北京：科学出版社，1960.

16. 朱智贤，林崇德. 儿童心理学史[M]. 北京：北京师范大学出版社，1988.

17. 张民生. 0～3岁婴幼儿早期关心与发展的研究[M]. 上海：上海科技教育出版社，2007.

18. 林崇德. 发展心理学[M]. 北京：人民教育出版社，2009.

19. 文颐，王萍. 0～3岁婴幼儿保育与教育[M]. 北京：科学出版社，2015.3.

20. 张英琴. 0～3岁亲子教育[M]. 太原：山西人民出版社，2015.

第二章

心理发展的基础

【学习目标】

1. 了解0～3岁儿童心理发展的生理基础的内容。

2. 理解遗传与先天素质在哪些方面影响0～3岁儿童的发展。

3. 理解并掌握社会生态学理论及其与0～3岁儿童发展的关系。

从胎儿期开始,0～3岁儿童的心理发展就受到了各种因素的影响。幼小的儿童在其心理发展过程中,无法以主观意志来控制的主要有生物性因素和社会性因素。作为一切社会关系总和的人,学前儿童在心理发展过程中深受早期经验的影响。

本章节将呈现影响0～3儿童发展的诸多因素,包括个体自身的神经生理基础以及各种生物性因素、社会性因素等。

第一节　神经生理基础

脑是一切智慧和精神活动的物质基础,是人心理产生的器官。人的一切心理活动都要通过脑和神经系统的活动来实现,神经生理基础是0～3岁心理发展的首要基础,因此,对0～3岁儿童心理发展基础的探究离不开以脑以核心的神经心理水平的分析。

一、神经系统的成熟奠定心理发展的基础

神经细胞也称为神经元,是神经系统的基本结构和功能单位,整个神经系统的活动是由一系列神经元的活动来实现的。神经元种类众多,比如负责接收外界消息的感觉神经元,负责将神经冲动传至效应器的运动神经元,负责联络感觉神经元与运动神经元的中间神经元。众多的神经元构成了错综复杂的神经系统。

（一）0～3岁神经元的发育

神经系统的发展微观上来说即神经元的发展,主要体现在三个方面——神经元数量的变化、神经元结构的发育以及神经纤维的髓鞘化。

1. 神经元数量的变化

在胎儿期,胎儿的机体不断发育成熟,神经元也不断分裂分化,到了出生之后到达顶峰,大约有800亿个。但是到了出生以后,神经元的数量并没有简单增加而是慢慢减少,这源于出生后一些多余的、不接受刺激的神经元会逐渐消亡。

2. 神经元结构的发育

神经元在胚胎时期就发育成熟,出生后结构上不断发育,主要表现在以下方面:神经元细胞体的增大;树突的增大增多;神经纤维也不断延展,末端膨大,并与其他神经元之间形成突触相互联系。

其中第三点对心理的发展尤为重要。突触是神经元与神经元之间相互连接的结构,即通过一个神经元的突起或胞体与另一个神经元发生接触,形成"突触"并完成不同神经元之间信息的传递。突触的形成往往和建立新的感觉刺激相关,并有赖于经验的影响,特别是刺激反复的出现。新的刺激反复出现会加强突触彼此之间的传导效率,反之,出生前已经形成的突触,如果对应的环境刺激通路不发生,这些突触也会消失,这个过程称为"突触的修剪"。

正是因为不同的神经连接形成错综复杂的突触结构,才不断构建起0～3岁幼儿对周围环境的认识和建立条件反射。

3. 神经纤维的髓鞘化

神经元的主要结构包括细胞体、树突和轴突三部分。其中,轴突是从细胞体发出的一根较长的分支,它是圆柱形的细长突起,主要功能是传导神经冲动给另一神经元或所支配的细胞上。髓鞘则是包裹在轴突的周围具有绝缘作用的结构。可防止神经冲动向周围扩散,以保证传导的准确性,是个体行为分化的重要物质条件。

髓鞘化开始于孕期,新生儿的脊髓和皮下中枢已经初步髓鞘化,并在4岁时基本完成。心理的高级控制中心大脑皮层的髓鞘化则在出生后开始,其顺序是枕叶、颞叶、顶叶、额叶,一直持续到青春期结束。对于新生儿,由于神经系统没有完全髓鞘化,各种刺激引起的神经冲动传导速度缓慢。婴儿很容因易疲劳而进入睡眠状态是因为神经兴奋在大脑中的传导是自由扩散的,易于泛化,不易形成兴奋灶。而随着神经系统的髓鞘化,神经传导更加快速而准确,儿童开始能对外界环境作规律性的应答,兴奋和抑制能更好地切换。

（二）神经系统兴奋与抑制机能的发展

兴奋与抑制是神经系统的主要机能。兴奋是机体代谢、功能从相对静止或相对较弱的状态转变为活动状态,转变为强的活动状态的过程。抑制是与兴奋对立的状态,其表现为神经细胞兴奋的减弱或消失,通过抑制,大脑皮质的信号化活动不断地得到纠正而逐渐达到完善,使反应更加精确有效。因而,抑制过程也是积极的神经过程。兴奋与抑制之间可以交替转换,也可以相互诱导。

作为大脑皮质基本神经过程之一的抑制的发展,是与心理发展息息相关的心理机能。抑制可分为非条件性抑制和条件性抑制。非条件抑制又称外抑制,是外界客观环境造成的抑制,包括超限抑制和外抑制。而条件性抑制又称内抑制,主要包括消退抑制和分化抑制。条件抑制(内抑制)是以条件反射为基础的过程,是由婴幼儿自己习得的。它的出现标志着儿童可以摆脱环境限制依靠自己的经验控制自身的情绪、行动等。这也是自我控制的基础,对于调节与控制自身的心理行为,保证行为稳定性有重要意义。

(三)第一信号系统向第二信号系统转换

巴甫洛夫认为,大脑皮质最基本的活动是信号活动,即外在引起兴奋与抑制的刺激都是"一种信号",他将其区分为两大类:一类是现实的具体的刺激,如声、光、电、味等刺激,称为第一信号;另一类是现实的抽象刺激,即语言文字,称为第二信号。它们发生反应的皮质机能系统分别称为第一信号系统与第二信号系统。而人类相比于动物最大的区别就是人类拥有第二信号系统,而动物没有。

0~3岁儿童在发展的过程中逐渐习得了语言,并发展出第二信号系统,从此0~3岁儿童不仅对具体的刺激,如食物、声音有反应,更会对语言这一抽象化的符号有反应。例如,0~3岁幼儿能在听到母亲的命令时停止玩耍,母亲的话就是作为第二信号在条件反射的基础上建立的。通过第二信号系统的活动,产生对现实的概括化,出现了抽象思维,并形成概念、进行推理,不断扩大认识能力。从而更深刻地认识自然,认识世界,发现并掌握它们的规律。

二、大脑皮层的功能定位

神经系统分为中枢神经系统与周围神经系统,周围神经系统遍布于身体各处,负责接收与传导来自中枢神经系统的信号,中枢神经系统则是神经活动的控制中心,包括脑和脊髓。脊髓是中枢神经系统的低级部位,大脑则是中枢神经系统的最高级部位和心理活动的主要器官。在心理学研究中,大脑具有特别重要的研究价值,心理活动严格意义上说是脑的机能。

人脑的结构主要包括大脑两半球、小脑、中脑、间脑(丘脑、下丘脑)、脑桥和延脑。人脑的结构是高度复杂、完善和精密的物质。脑的每个部分各有其不同的结构与功能。其中大脑两半球是统一调节生理活动和心理活动的最高神经中枢。它的不同区域的功能有所不同,按照功能的不同,目前一般都将大脑皮质分为几个大的功能区(见图2-1)。

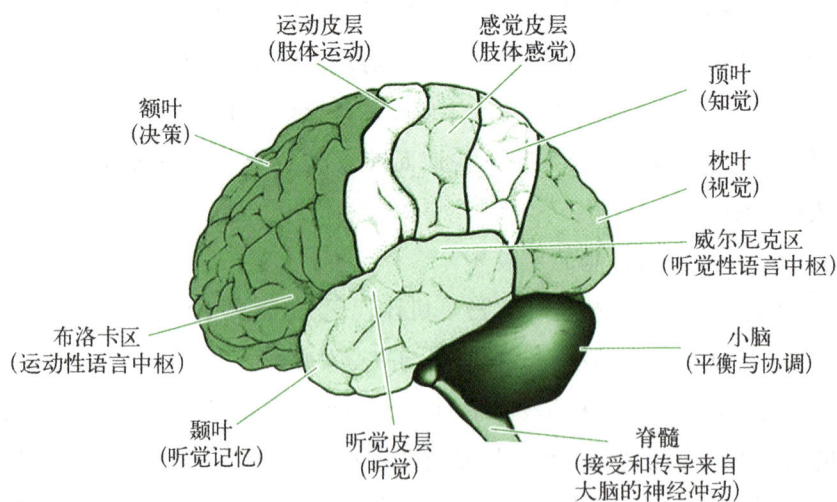

图 2-1　大脑功能定位简图[①]

[①]　此图转引自 Shaffer, D. R. Developmental Psychology: Childhood and Adolescence(7th) [M]. Belmont, CA: Wadsworth Publishing Company, 2005.

（一）感觉区

皮质感觉区包括躯体感觉中枢、视觉中枢、听觉中枢、嗅觉中枢和味觉中枢。感觉区接受来自各种感觉器官的神经冲动，并对这些信息进行整合加工。躯体感觉中枢位于中央沟后面的一条狭长区域内，它接受由皮肤、肌肉和内脏器官传入的感觉冲动，产生触压觉、温度觉、痛觉、运动觉和内脏感觉等。

（二）运动区

皮质运动区主要位于中央前回，其主要功能是发出动作指令，支配调节身体的姿势、位置及身体各部的运动。运动区与躯干、四肢运动的支配关系也是左右交叉、上下倒置的，而与头面部运动的关系是双侧的、正置的。身体不同部位在运动区所占面积的大小不决定于各部位的实际大小，而取决于它们动作的精细复杂程度，如手指在运动区就占了很大面积。

（三）语言区

大脑皮质内主管语言活动的神经中枢称为语言区或语言中枢。对一般人来说，语言区主要位于大脑左半球，由左半球较广泛的区域组成。到目前为止，所发现的语言区主要有：运动性语言中枢，也叫布洛卡区。它控制说话时的舌头和颚的运动。听觉性语言中枢，也叫威尼克区，与理解、记忆口头语言有关。阅读中枢也叫视觉性语言中枢，位于角回，与视觉中枢配合理解书面语言。书写中枢，则位于额中回后部，与运动中枢的某些部分配合协调书写文字。

（四）听觉区

听觉中枢位于颞横回处，它接受由耳朵传入的神经冲动而产生听觉。因听神经交叉不完全，听觉也带有双侧性。若两半球听觉中枢受损，即使耳朵功能正常，人也将完全丧失听觉而全聋。

（五）联合区

人类大脑皮质除了有上述明显不同的功能区外，还有范围更广、具有整合或联合功能的一些脑区，即皮质联合区。联合区是大脑皮质上发展较晚的区，它和各种高级心理活动有密切关系。动物进化水平越高，联合区在皮质上所占面积就越大。人类皮质联合区约占皮质总面积 4/5 左右。联合区不接受任何感受信息的直接输入，也很少直接支配身体的运动。它的主要功能是对信息的整合加工，信息加工的高级阶段大都在联合区进行，一些高级心理活动都与它有关。

三、大脑皮层发育成熟与 0～3 岁儿童发展的关系

0～3 岁儿童心理的发展实际上是自身神经系统特别是脑的成熟与外在的环境刺激、社会经验相互作用的过程：一方面大脑的相关脑区的成熟是很多"成就"取得的前提与基础；另一方面，0～3 岁儿童的表现与行为通过练习与外在强化而进一步发展与塑造，也促进了神经生理水平更趋于成熟。

表 2-1 展示了 0～3 岁儿童大脑发展地图，里面揭示了各月龄段 0～3 岁儿童大脑发展区域与养育者最关心的相关教育问题①。

---

① 内容转引自网站 https://www.zerotothree.org/resources/529-baby-brain-map。

表2-1　0～3岁儿童的脑地图（Baby brain map）

月龄	大脑主要发展区域	问题聚焦1	问题聚焦2	建　议
0～2个月	哭　触觉　喂养　听觉　视觉 0～2个月儿童的大脑的发育集中在感知觉水平，如视觉、听觉、触觉。哭与喂养作为0～2个月儿童生活中的主要环节也是大脑发育的重要着眼点	**对儿童的哭作出回应是否能帮助其大脑的发展？** 是。哭是儿童向外界传达自我感受和需求一种天然的方式，实际是传递给照料者的一种信号，表明他没有接收到足够的互动。对哭及时做出回应能帮助儿童建立安全感并有助于他们大脑的发育	**母乳喂养能帮助大脑发展吗？** 是。母乳含有丰富且易消化的营养物质，有利于大脑重量的快速增长，特别是有益于髓鞘化——使得神经系统或神经细胞更加快速和清晰地传送与接收信息。除此之外，新生儿能够从妈妈的乳汁中获得抗体，这将帮助新生儿生长得更强壮，拥有更好的免疫系统	● 对儿童发出的一些信号要做出回应。比如，儿童把奶瓶推走说明他并不感到饥饿或者他需要休息一下 ● 儿童洗澡、换尿布或者喂食时，都是进行抚触的好时机 ● 保持耐心，仔细观察，根据你的经验分析儿童哭的原因
2～6个月	运动　触觉　语言　听觉　视觉 2～6个月儿童大脑的发展主要集中体现在运动、触觉、语言、视觉、听觉领域	**如何提供一些视觉训练帮助大脑的发展？** 2～6个月时，儿童已经出现了瞟一眼、追随和注视这样的视觉分化，并能感知深度和调节距离，移动和变化的物品也会引起儿童的注意，比如移动玩具。所以，可以提供给幼儿一些悬挂的玩具，或抱着婴儿的同时与之目光对视。但是视觉刺激并不是越复杂越好，比如电视节目一般切换速度很快，儿童很难跟上节奏，反而会令其感到沮丧	**将儿童一直放在摇篮中会对他的大脑发育不利吗？** 是。在摇篮中摇晃能有效安抚婴儿，特别是对于难养型的儿童。但是在摇篮里待太长时间，会限制儿童的运动，压缩儿童被怀抱、被触摸和与陪伴玩耍的机会。所以，不妨多将儿童抱在怀中，也能将儿童的情绪稳定下来，也有助于提升儿童的安全感	● 将儿童放在摇篮中时，父母也要陪伴在旁边，说说话唱唱歌，而不要将儿童丢在一边 ● 可以利用摇篮安抚儿童情绪，却不要吝啬多抱一抱儿童 ● 和儿童进行一些简单的游戏以进行语言上的互动，比如"躲猫猫游戏"等
6～12个月	认知与学习　运动　语言　社会情绪 6～12个月，儿童大脑进一步发展，在认知学习、运动、语言、社会情绪相关脑区不断发展，并取得了里程碑式的进步	**当儿童开始学习走路时，摔跤会损伤大脑吗？** 如果儿童摔跤时不慎损伤了头部，那么这会影响大脑，所以应尽可能为儿童提供一个安全的环境，例如铺上软垫。当然，儿童练习走路时摔跤是不可避免的，好在18岁以前的骨骼结构都是柔软的，能帮助儿童缓冲外部的打击，以免运动训练中受伤	**对儿童说话会对他的大脑发育有帮助吗？** 是。接受性言语是表达性言语的基础与前提，儿童通过听来习得语言，照料者与儿童对话的时间越长，越有助于大脑语言区的塑造。其实，在出生时，儿童有潜力学会各种语言，但教养者只通过母语互动，便使得母语这一部分语言通路得到加强，而其他语言发音差异的辨别能力便减弱了	● 不要打断儿童的重复练习行为，给幼儿充分的机会探索 ● 在儿童练习爬行时，可以给儿童设置一些小障碍，帮助他提高爬行技能 ● 保证儿童运动的空间是安全的，警惕儿童靠近一些危险区域 ● 当儿童情绪不佳时，可以播放一些舒缓的音乐或用可爱的玩偶帮助其舒缓情绪

（续表）

月龄	大脑主要发展区域	问题聚焦 1	问题聚焦 2	建　议
12～18个月	认知与学习　运动　语言　社会情绪 12～18个月儿童的大脑发展主要仍集中于认知与学习、运动、语言、社会情绪领域	**日常照料中,应该经常有意识地教儿童吗?** 一个理想的学习环境是允许他们在一个安全和舒适的环境中探索与游戏。儿童不需要一个刻意的教学环境来提高智力或思维技巧,他们需要的是专心听讲,按照流程与他们交谈,并且对他们的表现作出积极回应和参与,以保持他们的兴趣	**怎样与儿童交谈来有效促进语言能力的发展?** 对儿童来说,对话是很重要的刺激,研究表明和儿童的交谈会提升其词汇量。它的刺激会传递至大脑的听觉、语言、社会情绪中心。此时的孩子刚刚出现表达性言语的萌芽,在交谈中你需要借助线索,理解他们说了什么;你可以倾听,做出目光接触,尽可能作出回应。重要的是,向孩子尽可能多地传递信息,鼓励他们不断交谈	● 给儿童提供各种玩具材料,同时尊重儿童自身的兴趣,让儿童自由探索 ● 关注儿童活动的过程,而不是活动的结果 ● 尊重儿童自身的运动规律,可以鼓励儿童运动,不要揠苗助长 ● 可以利用儿童喜欢的玩具或借助同伴共同玩耍的时机练习运动 ● 当儿童遇到困难或挫折,情绪焦躁时,试着安抚儿童,并辅助儿童克服困难
18～24个月	认知与学习　粗大运动　精细运动　语言　社会情绪 18～24个月,大脑进一步发育成熟,主要体现在认知与学习、运动、语言、社会情绪领域,其中在粗大运动的基础上,开始发展出精细动作能力	**语言发展明显迟滞,应该怎么办?** 18～24个月是儿童词汇的爆发期,儿童每天都会说出一些新的词汇。有的孩子早至14到15个月就进入这个阶段;晚的则至24到26个月出现。如果你怀疑儿童存在语言发展迟滞问题,一定尽快去检查,越早发现并加以干预,效果越佳。研究表明,5岁前,大脑都持续在处理不同的语言学习信息,所以如能尽早接受干预,孩子的语言仍有很大的发展空间	**为什么儿童看上去很聪明,但总是不愿意分享?** 18个月开始,儿童开始发展出自我意识,他们除了形成"我"概念还开始意识到"我的"这个词,"我来做""我的""我的小汽车"的表达常常出现。随着自我意识进一步增强,儿童开始申明对物品的"所有权",这是表达他们不断发展的自我意识与独立性的方式,他们开始把自己看作一个独立的人。所以,不要苛责孩子的"自私",请更多地顺应本阶段自我意识的发展	● 给儿童提供尽可能安全、舒适、没有打扰的自由探索空间。在探索认知中,儿童自然能得到发展 ● 给儿童提供诸如电话、帽子、食物等玩具,让儿童能进行假装游戏 ● 涂鸦是这个年龄段儿童喜爱的游戏,同时能锻炼精细动作的发展。家长可以在家中为儿童提供一个可以自由涂鸦的区域 ● 理解这个阶段儿童不愿分享的特点,可以用一些榜样示范告诉孩子分享与轮流的道理
24～36个月	认知与学习　运动　语言　社会情绪 24～36个月大脑发展仍主要集中于认知与学习、运动、语言、社会情绪领域	**孩子会在家一直看电视,这对大脑发育是不利的吗?** 是。电视节目缺少互动性,看电视时间过长,必然会导致父母与孩子互动时间、玩耍和户外游戏以及阅读时间的不足。所以,家长应该密切的监视孩子看电视的时间与内容,多陪孩子玩耍或者亲子共读,而不要让年幼的孩子被电视绑架	**听音乐能有助于大脑的发展吗?** 是。在这个阶段,儿童表现出对不同类型音乐的偏好。幼儿听喜欢的音乐会跟着一起唱,一起手舞足蹈,这些音乐活动会提高他们的情绪社会性、身体健康运动能力、认知语言能力,并且对大脑的发展提供积极的经验。但是,要注意音乐的音量不宜过大,时间不宜过长,否则会对耳朵造成损伤,使得听力减弱。不管是怎样的音乐,抑或电视、书本或其他媒体,一定要考虑内容的适宜性	● 在日常生活中鼓励儿童自己独立完成一些任务,比如洗毛巾、穿鞋、洗手 ● 安排家庭生活日程表,开展各种类型的亲子活动和户外运动,而不要让孩子看电视的时间过长 ● 帮助儿童用合适的词语表达自己的情绪,比如开心、难过、害怕、生气 ● 帮儿童建立情绪与行为间的联系,比如"你不可以打红红,我知道你生气了,但打人是不对的"

下面将分月龄介绍大脑皮层成熟与0～3岁儿童发展的关系。

（一）0～2个月

刚刚出生的儿童，心理活动还处在较低的水平，这个阶段的感知觉发展迅速。

0～2个月大脑细胞已经能通畅传导和接受关于触觉、听觉、运动觉的信息，味觉、嗅觉和对光的敏感度也很快得到发展。具体看来，触觉上，新生儿对被触摸是很敏感的，特别是在嘴、手掌附近的触觉；视觉上，能看到3米范围内的物体，尽管成像仍然比较模糊，同时，他们的视线可以被移动和鲜艳物体所吸引。在听觉上，儿童表现出对人的说话声感到好奇，他们不仅能听得见，还会把头转向声音发出的方向。

图2-2　新生儿视觉(左)与成人视觉(右)①

因此，给予儿童一些感觉上的刺激对于大脑的发展十分有帮助。例如：多抱一抱孩子，给孩子一些爱抚，温柔地触摸孩子的头部或皮肤；在照料儿童时，比如在换尿布或者喂奶时，与儿童说说话，让孩子听一听各种音质、各种旋律的声音；抱着孩子时正对孩子的脸，与孩子目光对视，或者有意识地将固体的、色彩鲜艳的玩具在孩子眼前移动，鼓励孩子能将视线跟随物体移动。对儿童发出的一些信号保持敏感性并做出回应，例如，如果儿童把奶瓶推走说明他并不感到饥饿或者他需要休息一下。

（二）2～6个月

2～6个月的儿童，在前2个月感知觉发展的基础上，感知觉进一步发育并趋于成熟。

在视、听觉方面，儿童的脑区继续发育成熟，也基本接近成人。儿童的视觉更加敏锐，不仅可以追随移动的物品，与照料者对视，还发展出深度知觉，视觉占据个体感觉输入的70％以上，视觉的发展帮助他们认知周围的世界，这也有助于他们脑细胞发展和彼此的连接。在触觉方面，触觉是该阶段重要的感觉资源，或者说一种"感觉营养"。这个阶段的儿童一方面活跃于触摸与探索物品，通过触摸儿童认识到周围的世界，分化出自己与他人。另一方面，被触摸能帮助儿童建立起一种信任感。在养育者怀中的感觉，让儿童感到他是安全的、安逸的、舒适的。

同时，控制运动的中央沟前回的运动皮层开始迅速发展。此时的儿童在襁褓中已经开始自然地完成翻身、蹬腿等动作，他的平衡能力和胳膊、腿、脖颈以及身体的肌肉得到发展，肌肉控制飞速发展，这为他们下一阶段坐、爬、站打下了坚实的基础。

而在语言领域，儿童的变化也是惊人的。早在2个月时，儿童就能发出一些咕咕声，5个月左右，儿童开始发出一些元音。此时的语言还没有社会性的意义，是儿童自娱自乐的无意义的发声。你甚至会发现儿童用口腔反复尝试各种声音或者吐泡泡，这是他们的"语音游戏"，揭示出儿童在接受性语言上已经接受很多听的经验。虽然此时的发声仍受制于声道、口腔、嘴唇、舌头的成熟。父母及主要照料者要多与儿童互动，这些外在的环境刺激会帮助大脑语言区的发展。

---

① 此图转引自 Shaffer, D. R. Developmental Psychology: Childhood and Adolescence(7th) [M]. Belmont, CA: Wadsworth Publishing Company, 2005.

生活场景再现

日常生活中，家长常常认为刚出生的婴儿不会说话，什么都听不懂，因此忽视了与婴儿的语言交流。但这一时期的婴儿正处于辨调的关键期，家长通过不同情绪的语言表现，可以帮助婴儿建立最初的言语知觉。如果经常不与婴儿交流，可能会错过婴儿的这一敏感期，造成未来语言发展上的问题。

因此父母要善于把握日常对话练习的机会，如父母可以时常对婴儿说"宝宝，你好，我喜欢你"，以此激发婴儿发音的兴趣，为其未来的语言发展奠定一个良好的基础。

图 2-3 父母与摇篮中的
婴儿互动①

（三）6～12 个月

到了 6～12 个月，儿童的大脑进一步发育，各个脑区开始出现髓鞘化，发展上也表现出一个个里程碑式的进步。除了在运动领域表现出巨大的飞跃——从能够坐起到学会爬，从能扶着站起到迈出行走的第一步。其认知、语言、社会性这些心理发展的核心领域也都有巨大发展。

6 个月以后，婴儿的大脑各个感觉通道已经趋于成熟，且联合区开始发展，具有综合各感觉通道信息的能力，并开始以他独特的方式"学习"，建构关于外界环境的物理知识。例如，儿童会一直重复着将玩具丢在地上，家长一直帮他捡起，请不要对此感到厌烦，这正是儿童学习的方式——重复，他从一次次的丢东西的过程中感受了重力，熟悉了不同玩具落地的声音，也锻炼了动作技巧。在一次次的重复中，他的大脑回路也一遍一遍被激活。

而在社会性与情绪发展方面，相比于之前建立在生理需求满足与否上的基础性情绪，儿童开始建立起一些社会性情绪，例如，当儿童处在陌生的环境或接触到陌生人时，会感到焦虑不安或者啼哭不止。这其实是"亲子依恋"发展的正常表现。依恋的发展，建立了儿童与照料者之间的情感连接，也伴随着对陌生环境的焦虑，更有助于建立情感上的信任感和安全感。有质量的母乳喂养有助于建立亲子依恋，母子眼神的交流、积极情感的互动，以及肌肤的接触，这些都为孩子提供了社会性心理刺激，解除了孩子的皮肤饥渴，同时也解除了 0～3 岁儿童焦虑心理的产生。

（四）12～18 个月

到了 12 个月以后，儿童大脑的各脑区继续发育成熟，心理机能也不断提高。0～3 岁儿童大脑中分管记忆的结构——海马（Hippocampus）开始崭露头角，儿童不但可以回想起来几个小时内的、一天内的事情，甚至记得更久前的经验和事件。记忆的逐渐成熟直接导致了延迟模仿（Deferred Imitation）的出现，

---

① 此图转引自 Shaffer，D. R. Developmental Psychology：Childhood and Adolescence（7th）［M］. Belmont，CA：Wadsworth Publishing Company，2005.

这意味着0～3岁儿童的学习不仅发生在当下,更有潜力学习他们之前所看到的其他人的行为。

在运动领域,该阶段的儿童运动技能愈加成熟,刚开始走路时,儿童的脚步是僵硬而笨拙的。到了2岁时,他们的脚步更加稳健,更加有协调性。并且他们能更好地导航周围的环境,不再像原先那样会被绊倒。这巨大的进步得益于大脑运动中枢的髓鞘化,髓鞘化使大脑和脊髓的运动传导通路更好的传导、控制和协调运动,更好地走路。训练也会有利于年幼的学步儿的协调能力,通过不断的练习有助于加强肌肉和提高平衡性。

该阶段的儿童语言领域也取得了长足的进步。此时儿童的大脑发展更集中于如何对词汇做出应答,所以不要因为孩子没有开口就质疑孩子的语言发展能力,因为儿童在大多数情况下已经能够更好地理解成人对他们说了什么。比如,当你询问他“球在哪儿”时,他们会用手指向气球或蹒跚走向气球,告诉你他已经理解你的话。12个月左右,儿童的牙牙学语开始转化为一个模糊的词汇,但受制于发音器官的不成熟和大脑运动语言布洛卡区的发育,往往难以辨认他们说了什么。一岁半左右,大多数儿童发出第一个清晰有意义的词,到了18～20个月,可能开始能说20～25个词汇了,也伴随一些组合的表达慢慢出现,这是一个里程碑。但是,值得强调的是,每个孩子开口说话的时间不一样,说组合词汇、连词成句的时间也不一样,这些差异是很正常的。这个阶段,父母应该尽可能多的与幼儿对话,通过和幼儿对话,不仅为他们快速发展沟通和思维技巧提供了支持,也为他们对自我的感知提供了支持。在对话练习中他们开始能意识到语言的力量——不仅能汇集一些信息,表达他们的需求,甚至学会用语言表达他们的情绪和想法,而不是通过发脾气或哭的方式。

在社会性与情绪方面,12～18个月儿童的情绪表现变得丰富而多变,并且他们不能很好控制自身的情绪,由于他们语言发展还不完善,哭闹或借助于情绪的发泄仍是他们表达需求与意愿的手段;很多孩子甚至出现攻击性行为,当他们的要求达不到满足时,咬人、抓人、踢人都是他们的惯用伎俩。这其实是由于大脑情绪控制机能发展不足导致的。12～18个月是儿童行为抑制与控制能力发展的阶段,例如,他们在认知上也许知道打人是不对的,但无法克制这样的本能的行为冲动。所以,家长要理解儿童攻击行为背后来自生理的限制,引导幼儿使用正确的方法控制自己的情绪。

(五)18～24个月

18～24个月的儿童大脑进一步发展,各领域的能力也不断加强。认知领域象征能力的出现和运动领域的精细运动机能的发展是重要的里程碑。

在认知上,当孩子到了两岁左右,随着认知经验的不断积累,额叶相关脑区的不断发展,他们开始能够用符号替代他所认识的人或物,即“象征能力”。比如,他们开始能通过照片认出他们的家庭成员,但并不会和他们本人混淆。同样,你也会发现他们会玩假装游戏——对着电话玩具说你好,假装吃一个玩具苹果。但是值得注意的是,这个阶段的孩子的学习仍然是通过直接操作的经验。例如,关于把红色和蓝色混合起来会变成紫色的知识,通过书本或口述交给孩子,比不上让他自己动手来操作。因此,这个阶段的孩子还不适合接受“教育”或参与一些早教课程。相反,生活是最好的教育,在日常照料中给孩子提供尽可能丰富的环境刺激、运动机会或者鼓励孩子进行假装游戏就是十分有价值的早教课程。

而在运动领域,幼儿的粗大运动能力已经非常卓越,在运动控制上获得自信,释放他们的能量,从而能够使他们发展新的运动技能,比如跑、跳、攀爬、投掷,并在原有的技巧水平上,大脑的神经回路变得更加协调,肌肉不断发育完善,也在过程中逐步提升成就感。除了这些粗大动作,这个阶段的幼儿开始出现精细动作。比如,幼儿使用蜡笔时,他们便在使用精细动作能力,精细动作能力依靠的是手指、手掌或者手腕上的小肌肉。这些小肌肉比大肌肉发展缓慢,但是在不断地提高及控制和协调能力。通过精细动作的训练,不断地刺激脑中的运动系统,包括训练他们的肌肉运动能力的机会。在生命的第二年,大脑的运动系统不断地被髓鞘化所影响,髓鞘化能够帮助神经传导和接收信息更加高速而准确,所以运动的脑回路慢慢地变得更善于控制和协调运动。训练也是提高精细运动的控制和协调能力的重要途径,幼儿练习得越多,回路就会发育塑造的越快。

（六）24～36个月

到了两岁以后,大脑的各领域都趋于成熟,原有的能力发展不断完善。在认知上,随着儿童知识经验的积累,他们感兴趣的问题越来越多,热衷于探索周围的世界,"是什么"是这个阶段孩子的口头禅。当幼儿接受这些新知识时,他们脑中的前额叶正在不断激活,并建构他们脑中的知识地图。

在运动领域,由于受到髓鞘化的影响,儿童掌握的运动技能不断提高,并且他们变得对精确的任务十分感兴趣,比如说给自己穿衣服、自己吃饭、拿一杯饮料、用画笔或剪刀做一些工艺品、丢掉或捡起皮球、用脚跳、踩自行车等。当儿童训练他们刚出现的运动技巧,他们这些运动会强化大脑的细胞并发展出更强的相互的连接。所以,家长需要为儿童提供尽可能多的空间和机会,为他们的运动技巧和大脑的发育提供支持。除此之外,到了18个月大概50%的孩子都会出现稳定的优势手,4岁时这个比例上升到90%,这和大脑功能的单侧化相关。

2～3岁的儿童还容易出现攻击性行为,当他们的要求达不到满足时,咬人、抓人、踢人都是他们的惯用伎俩。其实,孩子到了2岁以后除了基本的"喜怒哀惧",逐渐发展出一些更高级的情绪,比如说害羞、焦虑、自豪,这些情绪是建立在高级的社会认知基础上的。因此儿童常常体会到不可名状的消极情感,例如犯错被发现时感到羞愧。但由于其大脑"抑制系统"功能的不完善,语言表达能力也十分局限,所以他们会用攻击的方式表达羞愧、气愤、沮丧的情绪,父母要学习去解读这些情绪,以及制止他们的这些行为,传达给儿童规则,帮助儿童将不良情绪导向正确的方向。

生活场景再现

伴随着"哇"的一声啼哭,婴儿从母体诞生至世界上,迎接他们的是父母的欣喜。但婴儿无休止的啼哭,常会让父母和教师头痛不已。很多人认为过多地回应宝宝的哭声会使其产生依赖感,不利于其未来的成长。因此,常常采用忽视、不理睬的方法处理婴儿的哭声。

图2-4 忽视婴儿的哭声①

---

① 图片转引自 http://pic.sogou.com/d? query.

啼哭是婴儿神经系统兴奋的一种表现，但由于无法直接用言语向家人表达，所以用哭作为沟通的一种方式，它意味着孩子有需求。只要他还在哭，就表明他的需求尚未被满足。因此，不要忽视他们的哭，设法找出哭的原因，他可能是向你求助，可能是表示抗议，也可能是表达自己的不舒服。不同的哭声代表不同的含义，父母和教师应给予其肢体接触并回应其需求。

不同的哭声代表不同的含义：

1. 健康性啼哭

婴儿正常的啼哭声抑扬顿挫，不刺耳，声音响亮，节奏感强，无泪液流出。每日累计啼哭时间可达2小时，是运动的一种方式。婴儿正常的啼哭一般每日4～5次，均无伴随症状，不影响饮食、睡眠及玩耍，每次哭时较短。如果你轻轻触摸他或朝他笑笑，或把他的两只小手放在腹部轻轻摇两下就会停止啼哭。

2. 饥饿性啼哭

这种哭声带有乞求，由小变大，很有节奏，不急不缓，当用手指触碰婴儿面颊时，他会立即转过头来，并有吸吮动作；若把手拿开，不给喂哺，他哭得会更厉害。一旦喂奶，哭声戛然而止。吃饱后绝不再哭，还会露出笑容。

3. 口渴性哭闹

表情不耐烦，嘴唇干燥，时常伸出舌头，舔嘴唇；当给宝宝喂水时，啼哭立即停止。

4. 尿湿性啼哭

啼哭强度较轻，无泪，大多在睡醒时或吃奶后啼哭；哭的同时，两腿蹬被。

5. 寒冷性啼哭

哭声低沉，有节奏，哭时肢体少动，小手发凉，嘴唇发紫。

6. 燥热性啼哭

大声啼哭，不安，四肢舞动，颈部多汗。

7. 困倦性啼哭

啼哭呈阵发性，一声声不耐烦地嚎叫，这就是习惯上称的"闹觉"。

8. 疼痛性啼哭

疾病、异物刺痛、虫咬、硬物压在身下等，都会造成疼痛性啼哭。哭声比较尖利，家长和教师要及时检查婴儿被褥、衣服中有无异物，皮肤有无蚊虫咬伤等。如出现疾病症状，应速去医院就诊。

9. 害怕性啼哭

哭声突然发作，刺耳，伴有间断性嚎叫。害怕性啼哭多出于恐惧、黑暗、独处、小动物、打针吃药或突如其来的声音等。

10. 便前啼哭

便前肠蠕动加快，婴儿感觉腹部不适，哭声低，两腿乱蹬。

第二节 生 物 性 基 础

本节将从遗传因素和先天素质两个方面加以阐述。

一、遗传因素

遗传因素在个体身上体现为遗传素质,主要包括机体的构造、形态、感官和神经系统的特征等通过基因传递的生物特性,而其中最主要的是大脑和神经系统的解剖特点。遗传因素是心理发展的生物前提和自然条件。

(一)研究遗传作用的方法

行为遗传学家感兴趣于遗传对行为的影响,主要研究遗传作用多大程度上决定了某种特质和属性,受到广泛认同的研究方法主要有两种:选择性繁殖与家庭研究。

1. 选择性繁殖

选择性繁殖多是以动物为研究对象,通过操纵动物的基因组成来研究遗传对行为的影响。例如,在泰伦(R. C. Tryon,1940)的小白鼠走迷宫的实验中,他将小白鼠初始走迷宫能力分为"愚笨组"与"聪明组",泰伦让聪明的小白鼠互相交配,让愚笨的小白鼠之间互相交配,并繁殖出很多代,在其他实验环境都严格控制的情况下,聪明组的小白鼠和愚笨组的小白鼠的成绩差异出现了分化,并且随着交配代数的增长,差异越来越大。这说明,小白鼠学习迷宫的能力是受基因与遗传影响的。而施用在其他动物身上的研究,如关于小白鼠、小鸡的活动水平的研究也证明了这一点。

2. 家庭研究

对动物的关于遗传的研究很有说服力,但以人类为被试的研究由于受到研究伦理的影响,不能像动物研究一样采用选择性繁殖的方式,因此,常常采用"家庭研究"的方式替代。家庭研究通过比较有血缘关系的代际间、同胞间的相似性,间接证明基因的作用。

家庭研究主要有两种研究设计。第一种是"双生子设计",第二种是"领养设计"。双生子分为同卵双生子和异卵双生子(图2-5),同卵双生子是由同一个受精卵发育而成,其基因的相似率为100%,异卵双生子由不同的受精卵发育而成,有50%的基因相似率。"双生子设计"与"领养设计"往往一起构成研究。通过比较共同抚养的同卵双生子与异卵双生子相似性的差异,可以说明遗传的效力。领养研究的常见方法有,研究被领养的孩子与其亲生父母更为相似还是与其领养父母更为相似,以及研究不同领养环境的同卵双生子表现型的差异。这样便可剥离遗传和环境在决定各个表现型上的作用。

(二)遗传对个体发展的影响

1. 遗传对行为的影响

随着研究方法和手段的不断改善,人们对基因与人类行为关系的认识越来越深入。遗传学和心理学都用大量的研究证明了基因对人的行为产生和发展存在着确凿的影响。现代行为遗传学观点认为,人类的复杂行为并不是单纯地遵循孟德尔遗传定律,任何一种行为的"表现型"都存在着作用不完全相同但相互协同、相互作用的基因系统。

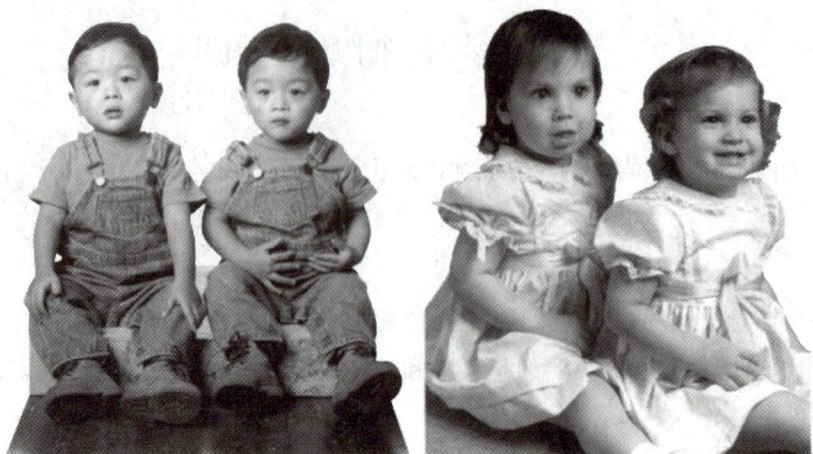

图2-5 同卵双生子(左)与异卵双生子(右)①

从生物体的内部看,复杂行为是遗传学多系统、多层面的网络作用的结果;从生命体的生存环境上看,是遗传基础和后天发育、发展环境交互作用的结果。2010年以来很多双生子研究发现,对于儿童精神健康发育②、阅读能力③、自尊④和行为表现⑤等,遗传都发挥着重要影响。

基因对行为的影响以概率性事件出现。一种行为的表现可由多个基因控制,一个基因也可对多个行为进行调节,但是基因对行为的控制并非一成不变,而是可能随年龄和环境等因素的变化呈现一种动态的趋势。将复杂的行为特征,如酗酒的遗传基础,简单地定位于某个基因是缺乏说服力的。

2. 遗传对心理健康的影响

任何一种基因的缺陷,对精神、神经、病理性行为障碍的发生都可能是危险因子。从对单胺系统的研究发现,单胺系统可实行相当广泛的功能,包括运动协调、动机与奖励、社会交互作用和学习与记忆等,还会控制焦虑与恐惧。因此,单胺系统的机能障碍会导致一系列复杂的身心紊乱。对五羟色胺(52HT)研究发现,五羟色胺是一种重要的神经递质,它与许多精神障碍有关,例如焦虑症、情绪障碍、强迫障碍等。2010年,有研究证实这一发现,认为重性抑郁障碍患者五羟色胺转运体基因多态性和抑郁相关,是治疗副作用的遗传影响因子。

3. 遗传对人格的影响

对人类遗传基因的深入研究,为早期教育提供了有效的参考。例如,对于人格的遗传成分,我们可以建立个体的人格特质遗传图谱。每个人都有一对父母,也就有两对"父母的父母"。通过追溯四组人格特征,找出不同的特征组合,就可以大致了解个体人格遗传成分的若干可能性。父母掌握了这样一种"可能图谱",就可以从婴幼儿时期开始观察儿童身上显示出来的特质,以逐渐了解儿童先天具有的人格特征状况。在儿童早期教育中,父母、学校与社会就能有的放矢地进行有针对性的教育,扬长避短,因材施教。

---

① 此图转引自 Shaffer, D. R. Developmental Psychology: Childhood and Adolescence (7th)〔M〕. Belmont, CA: Wadsworth Publishing Company, 2005.
② 王淞等. 阅读能力个体差异的遗传基础——双生子研究的元分析〔J〕. 心理科学进展, 2011, 19(9): 1267-1280.
③ 罗宇等. 自尊的遗传性: 来自双生子研究的证据〔J〕. 心理科学进展, 2013, 21(9): 1617-1628.
④ 方慧等. 遗传因素和环境因素对儿童外向性行为影响的双生子研究〔J〕. 四川大学学报(医学版), 2010, 41(3): 490-493.
⑤ 覃青等. 遗传对儿童精神健康发育影响的双生子研究〔J〕. 中国循证医学杂志, 2010, 10(3): 311-315.

4. 遗传对智力的影响

遗传对智力的影响力度中等,即遗传大约解释了人类 IQ 分数的 50%。关于双生子的研究和领养的研究都证明了这一点。有研究通过纵向追踪的方式,记录了 3~15 岁同卵双生子和异卵双生子的智力相似性。结果表明,同卵双生子一直保持着很高的相关系数(r),维持在 r=+0.85 左右,而异卵双生子的相似性在三岁时达到最高,约 r=+0.79,之后相似性不断减弱。其中,同卵双生子的 IQ 的相似度,正是遗传力不断增加的证明。

(三)关于遗传环境的思辨

心理的发展到底是先天遗传的结果,还是环境因素使然,即天性教养之争(Nature-Nurture)一直是发展心理学争论不休的话题。遗传决定论者认为遗传因素在心理发展的过程中起到更多的决定性作用,例如,格塞尔的成熟势力说认为,儿童心理的发展过程是有规律、有顺序的一种发展模式,每个孩子都有自身的发展时间表,这种模式是由物种和生物进化顺序决定的,是由生物体遗传的基本单位——基因决定的。环境决定论者也坚信环境对儿童的发展,正如行为主义代表人物华生所言"给我一打健康的婴儿,一个由我支配的特殊的环境,让我在这个环境里养育他们,我可担保,任意选择一个,不论他父母的才干、倾向、爱好如何,他父母的职业及种族如何,我都可以按照我的意愿把他们训练成为任何一种人物……医生、律师、艺术家、大商人,甚至乞丐或强盗"。即认为后天环境决定了个人的发展轨迹。事实上,众所周知,心理的发展受到遗传和环境的共同作用。

然而,值得思考一个问题,遗传和环境对心理发展的比重是怎样的? 何者占有更大的影响? 答案众说纷纭。学界使用的"双生子研究"来割离遗传和环境作用,学者总会提出有代表性的结果来支持自己的观点,认为遗传或环境的影响更胜一筹。正如前面章节提到,双生子研究得到的结果往往不能得到一致的结果或者是不可复制的。站在个体的视角,发展是一个极为复杂的过程,是各种影响因素的综合作用的结果,除了各因素作用于个体的带来的影响,每个幼儿已发展出的本身的特质、气质类型也会反作用于各影响因素,抑制或促进各因素带来的或好或坏的影响。

站在另一个角度,遗传与环境人也会产生复杂的交互作用。在生命发展的头几年,个体的行为较多是按照基因预设的方式进行着,正如,不管是全球哪一个角落的孩子,都在一致的时间学会爬、学会走路、会牙牙学语。但随着年龄的增长,环境的作用不断增加,比如某种特定环境可以唤醒某种"唤起的基因型";同时,个体发展出主观能动性,他发展出的"主动的基因型",如智力、气质、性格会促使他自主选择或回避一些环境,或者在与照料人的互动中强化或抑制某种行为。总之,受到幼儿所处环境和主观能动性以及各种经历影响,0~3 岁儿童的发展也开始逐渐偏离自身遗传所规划的道路。

国外的研究中更多地将个体发展的因素分为"危险性因素"和"保护性因素",这为帮助我们理解遗传与环境的交互作用提供了另一种思路。在人群里,大多数人的各领域的发展保持在一个相对正常的范畴,这实际是"危险性因素"和"保护性因素"相互制约的结果;反之,当危险性因素格外突出,而保护性因素不足以补救这些不利影响时,个体就会出现极端"表现"。所以,遗传和环境都可能处于从危险性因素到保护性因素连续体的某个点上,各因素的综合组合,决定着个体发展的最终形态。因此,并不能孤立地去评判某个因素的影响是不是决定性的。

综上,可以这么来理解遗传或环境的作用:(1)不存在绝对的遗传决定论或环境决定论,也没有确切的遗传或环境的影响比重。(2)基于双生子研究,在不同的发展领域,遗传与环境影响的比重不同,比如儿童的内外向性格主要受遗传影响,而情绪稳定性、神经质、延时性等方面主要受环境影响,行为则受遗传和环境的双重影响。（3）遗传是儿童心理发展的必要物质前提,它奠定了个体心理发展差异的先天基础,说明了发展的高低限度,但它不能规定发展的过程以及所达到的水平。个体最终发展形态是作为"保护性因素"和"危险性因素"的遗传与环境相互影响、相互制约,有着复杂的交互作用的结果。

二、先天素质

先天素质并不能与遗传完全剥离,是遗传基因和胎儿发育过程中环境因素之间相互作用的结果,先天素质也影响着个体出生后的发展形态。先天素质特指婴儿出生前在母亲子宫中获得的解剖生理特征,包括感觉运动器官、脑的结构功能等。

（一）常见的先天性疾病

先天性疾病是指个体在胎儿时期或生下来时即存在的疾病,即胎儿在子宫内的生长发育过程中,受到外界或内在不良因素作用,致使胎儿发育不正常,出生时已经有表现或有迹象的疾病。其中大多数表现为身体外部形态及内脏器官发育不正常。广义的先天疾病包括遗传性疾病,如:脑积水、无脑儿、脊柱裂、先天性无肛门等。而狭义的先天性疾病,则是排除了遗传因素,由母体环境因素所导致的胎儿疾病,如果母亲在怀孕期间接触有害物质,如农药、有机溶剂、重金属等化学品,或过量暴露在各种射线下,或服用某些药物,或染上某些病菌等,都能引起胎儿的先天异常,如:怀孕头三个月由于母亲感染风疹病毒、巨细胞病毒、弓形体或接触致畸物质而引起的胎儿先天性心脏病、先天性白内障等各种先天畸形或出生缺陷。该类疾病是由于环境因素所造成的,不携带于基因中,所以这类疾病不会传给后代,不是遗传病。

常见的先天性疾病还有先天性肺发育不全、先天性支气管囊肿、先天性脑积水、唇腭裂、鸡胸、先天性白内障、白化病、T细胞缺陷疾病、B细胞缺陷疾病、苯丙酮尿症等。

（二）母亲素质与孕期经历对心理发展的影响

母体作为儿童出生前的主要成长环境,母亲在孕期的营养、用药状况、身体健康状况、环境污染状况和情绪等都会影响胎儿的发育,造成儿童心理发育过程中的障碍。

1. 母亲的自身素质

（1）生育年龄。母亲年龄如果偏小或年龄偏大,为胎儿提供的胎内环境与正常孕妇相比通常有劣势。母亲的年龄在18岁以下的生育,胎儿体重容易过轻,神经缺陷的可能性增加。年轻母亲分娩困难的概率和得并发症的概率也要高于正常孕妇。母亲的年龄在35岁以上(特别是第一胎)易出现分娩困难和死胎,出现唐氏综合征的可能性会大大增加。研究表明,母亲最佳生育年龄为25岁左右。

（2）身高体重。过胖或过瘦都不利于胎儿的发育。母亲过胖儿童也容易成为巨大儿,患高血压的比例也大得多。如果母亲过瘦则缺乏营养,容易导致儿童贫血、肌肉痉挛、甲状腺肿等疾病。如果母亲过矮(低于1.40米)则会影响胎儿的发育和产出。

（3）母亲的孕史。一般认为,如果母亲多次怀孕或者有流产史,再怀孕会有更大的危险性,易出现低重儿或死胎、习惯性流产等,甚至不能怀孕。

2. 母亲孕期所处环境与不良习惯

（1）母亲孕期服药。药物对成长中的胚胎或胎儿会有潜在的影响,其作用的大小往往由使用的剂量、时间、次数及药物本身的性质而定。药物作用于胎儿的方式一般有两种:一种是透过胎盘,对胎儿和母亲产生同样的效果;另一种是药物改变了母亲的生理状况,从而也改变了胎内环境。在怀孕的早期几个月,对胎儿的不利影响往往最大。一般妊娠 7 个月后,胎儿发育已较为完善,药物对他们的作用可能降低。某些抗菌素,如四环素、抗凝剂、镇静剂等,抗恶心药物和镇静药在怀孕前 3 个月影响最大,导致畸形;在怀孕后期,链霉素、四环素和磺胺药物会产生消极影响,过量的维生素 A、B、C、K 等也有害。

(2) 母亲的抽烟与酗酒。妊娠期的酗酒和抽烟都会对胎儿发育造成损害。酗酒母亲容易导致胎儿酒精综合征,造成躯干畸形、中枢神经系统损害、心脏缺陷以及胎儿肌肉受损。酗酒发生在前 3 个月,会导致胎儿心脏缺陷、小头、关节畸变、心理障碍以及动作迟缓,还可导致流产。同样,当孕妇抽烟时,一氧化碳和尼古丁妨碍对胎儿的正常供氧,使胎儿缺少氧气的吸入,从而影响胎儿的呼吸运动,影响大脑发育,造成智力缺陷、情绪不稳、多动症等。同时,由于香烟中尼古丁的摄入,会增加胎儿将来患癌症的风险。

(3) 母亲的情绪状态。母亲如果在孕期遭受重大的创伤性事件或精神刺激,经历不良情绪时,大脑会释放神经激素,激素进入血液,使胎儿体内发生化学变化。不仅易造成新生儿身体瘦小、体质差等问题,心理上则表现为易神经过敏与偏执。一项追踪了 9 年的研究表明,父母"计划内生育"和"意外妊娠"而迫不得已生下的孩子相比,后者"计划外"的孩子更多地出现上医院看病、与同伴的关系不佳、敏感易怒等状况。这归因于,如果母亲没有对孩子做好足够的心理准备,也相应地缺乏积极的情感。

(4) 母亲所处的环境。如果母亲孕期时暴露在某些化学物质(如硫化物、二氧化碳、铅中毒)下,可能损害遗传基因,导致胎儿畸形或出生后的心理问题。同样,核辐射、X 射线或其他射线,可能导致染色体异常或染色体畸变,导致生理缺陷。另外,如果母亲有经历高空飞行或者去到高原地带,也容易导致胎儿缺氧,出生时易患各种慢性缺氧症。

第三节 社会性基础

每个人自出生开始都是社会人,发展同样也会受到来自社会环境的影响,正如马克思所指出的,人的发展归根结底是一切社会关系的总和。大量的研究证明,遗传和生长等生物性因素只是提供了儿童心理发展的可能性,而一系列社会因素,包括家庭的经济状况、生活条件、教养方式等在很大程度上决定了儿童发展的现实性。本书在讨论影响学前儿童心理发展的社会环境时,主要把它聚焦于儿童生长发育的人文生态环境。所谓的人文生态环境,是指以文化底蕴、价值观念和人际关系为主要标准的环境。对学前儿童来说,出生地的物理环境千差万别,但最重要的是有亲人的养育,这是不管任何国家、民族和地区共通的第一人文生态环境。我们把学前儿童周围的人以及这些人与人之间的关系,他们的理念、态度、价值观念、行为方式等称之为"人文生态环境"。在本节中,将着重探讨影响学前儿童心理发展的人文生态环境的构造以及特点。

一、社会生态学理论视角看待 0～3 岁儿童发展

根据布朗芬布伦纳(U Bronfenbrenner)的儿童发展的社会生态学理论,个体嵌套于相互影响的一系

列从直接环境(像家庭)到间接环境(像宽泛的文化)的几个环境系统的中间。此系统从内到外,依次是微观系统、中间系统、外层系统、宏观系统。微观系统指个体活动和交往的直接环境,对大多数0～3儿童来说,主要指家庭,随着儿童的不断成长,活动范围不断扩展,幼儿园、学校和同伴关系不断纳入到儿童的微系统中来。中间系统是指各微系统之间的联系或相互关系,比如家庭与托幼机构的联系。外层系统是指那些儿童并未直接参与但却对他们的发展产生影响的系统。例如,父母的工作环境就是外层系统影响因素。宏观系统则指的是存在于以上3个系统中的文化、亚文化和社会环境。除了这五个系统,布朗芬布伦纳的模型还包括了时间纬度。一方面,随着时间的推移,儿童生存的微观系统环境本身不断发生变化,同时,随着个体的发展,自身的主观能动性也使幼儿能够主动去选择环境。所以,时间维度强调了儿童或儿童所在的系统是处于动态变化中的。

因此生态系统理论强调个体的成长受来自他所处的整个环境的影响,而不可孤立地看待。在过去的研究中,发展学家会检验儿童成长环境的某个方面的作用,并将儿童之间的所有差异都归于环境在这个方面的差异。但是,布朗芬布伦纳的理论则改变了发展学家思考儿童发展环境的方式,提示我们,儿童发展是受到不同水平和类型环境的共同作用的。

下文将依据生态系统理论重点聚焦在三个系统上:微观系统中的父母育儿实践与托幼机构的师幼关系和幼幼关系;外层系统中的社区与家庭共育;宏观系统中的文化传媒因素与政策因素。并且,探讨各因素是如何影响0～3岁儿童心理发展的。

(一)微观系统

环境层次的最里层是微观系统(Microsystem),指个体活动和交往的直接环境,0～3岁儿童从中经历和体验着各种活动与人际互动,对0～3岁儿童的心理发展产生最直接的影响。对大多数儿童来说,微系统主要指向于家庭。

1. 家庭

家庭中0～3岁儿童与主要照料人直接的相互依恋关系,父母的个性、行为模式、教养方式等都直接影响着0～3岁儿童心理的发展。

布朗芬布伦纳指出微观层次对儿童发展的影响是双向的,而不是单向的由照料者指向幼儿。一方面成人的行为影响着儿童的反应,另一方面,儿童的生理属性、人格和气质类型也影响着成人的行为。例如,婴儿饥饿的时候会以哭泣来引起母亲的注意,母亲便给婴儿哺乳。但是,不同母亲婴儿的哺乳互动方式是不同的,例如气质类型为困难型的婴儿,往往哭闹不止、难以安抚,很难对环境感到满意;气质类型为容易型的幼儿则表现出情绪更积极更稳定,生活规律。显然最初相同心态的父母照料不同的两类孩子,久而久之形成的互动模式是不同的,可能前者容易让父母失去耐心,产生消极情绪。

生活场景再现

现代电子技术的发展让电视、电脑、手机变得更加泛化,这样的影像媒体很容易吸引母亲的视线,因而在喂奶时,就会形成妈妈看电视玩手机、孩子自顾自喝奶这样"各不相干"的情况,见图2-6。

图 2-6　边喂奶边看电视的妈妈①

　　一旦孩子习惯了没有视线交流的世界，出现即使身边没人孩子也不哭等现象，就极易影响到他们的语言、社交发展能力，日后还可能造成亲子关系疏远等问题。

　　喂奶时，妈妈应通过身体的触碰让孩子感受妈妈的存在，同时保持和孩子的目光交流，见图 2-7，用温和的话语与孩子进行交流，这些都可以为其带来愉快的体验。

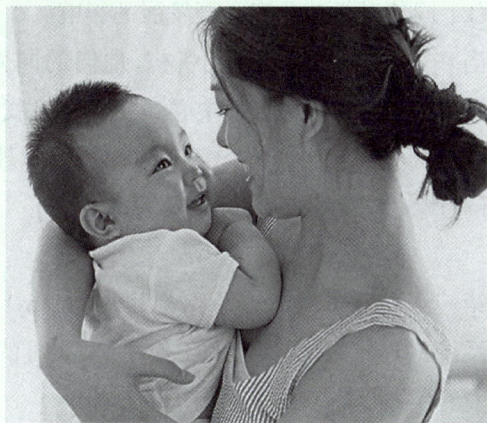

图 2-7　建立视线的接触②

　　具体做法如下：

　　1. 尽情享受亲子间的肌肤接触

　　通过身体的触碰让孩子感受妈妈的存在，这对刚刚出生的孩子来说十分重要。哺乳时最好轻轻握着孩子的小手或是摸摸他的小脸，每一次亲子间的肌肤接触都能为孩子心灵成长注入新的营养。

　　2. 一边哺乳一边和孩子聊天

　　妈妈的声音可以带给孩子快乐的刺激，即使是对于还不能和妈妈眼神交流的孩子，妈妈最好也能在哺乳的同时和孩子聊聊天。如果不知道和孩子说些什么，不妨只是向孩子解说一下你的每个动作，比如"现在妈妈坐下来，小手放在妈妈身后，就要吃奶了哦"。

　　3. 保持和孩子的目光交流

　　孩子在看人脸的时候最关注的就是人的眼睛了，所以妈妈哺乳的时候也要尽可能注视孩子的眼睛。如果孩子感觉到在吃奶的时候妈妈一直看着自己，内心就会充满安全感。

---

　　①　转引自 http://img2. cache. netease. com/2008/2014/4/28/20140428143125cf277. jpg.
　　②　转引自 http://www. quanjing. com/topic/48027. html.

2. 托幼机构

随着婴儿的不断成长,活动范围不断扩展。部分0～3岁儿童会选择进入托幼机构,并建立起与幼儿园(托儿所)教师的关系以及同伴的关系。在托幼机构中,教师的行为模式、接触方式、情感表达都会对0～3岁儿童发展产生影响,并且与同伴的交往,会初步发展出幼儿的社会性和规则意识等。

进入托幼机构,儿童便开始正式发展他的社会性能力,托幼机构对儿童的影响主要体现在师幼互动与同伴关系两方面。

(1) 教师对0～3岁儿童心理发展的影响

教师是幼儿园教育的实施者,教师的教育观念、人格特征、期望都会直接影响到儿童的身心发展。首先,教师的教育观念会影响到儿童的发展。教师是教育的实施者,教师拥有的教育观念决定着教师的教育行为,并对0～3岁儿童产生影响——是把儿童作为教育主体尊重儿童发展规律与个性特征,还是教师作为权威。其次,教师的人格特征对儿童的影响。由于儿童具有好模仿的特点,教师作为影响其发展的重要他人,一言一行、一举一动都会对儿童产生非常重要的影响。

(2) 同伴对学前儿童心理发展的影响

当0～3岁儿童进入托幼机构,他们的同伴便走入儿童的生活。通过同伴之间的交往、互动、游戏,0～3岁儿童开始从自我中心演变为去自我中心,建立最初的社会性。随着儿童年龄的增长,在游戏中开始懂得合作与交流,遵守游戏的规则,理解他人的行为意图,控制与合理表达情绪……这对于儿童的社会性发展具有十分重要的意义。

(二) 外层系统

第三个环境层次是外层系统(Exosystem),是指那些儿童并未直接参与但却对他们的发展产生影响的系统。具体来说,父母的工作单位、父母的交友关系以及生活所在地、社区的各种服务设施等,都会对0～3岁儿童的心理发展产生影响。

1. 父母的工作与交友

对这个环境的研究,特别是对父母的交友与儿童心理发展之间的关联研究尚为数不多。如果要进行这方面的研究,可着眼于父母的工作性质、职务与儿童的意识、自我评价的形成之间的关联。例如,父母工作的类型和工作中产生的情绪会影响父母与0～3岁儿童的互动;父母的友人与儿童的父母的亲密程度也能对儿童的心理发展产生不同层面的影响。

2. 社区服务

正如布朗芬布伦纳社会生态系统理论所提到的,社区作为家庭系统的外环境,间接影响着0～3岁儿童的发展。不同于国外的社区概念,在中国的文化中,我们更多将小区、街道理解为概念中的社区。中国古代教育中,"孟母三迁"的故事体现的就是对社区文化的选择。对于0～3岁儿童来说,由于还未进入幼儿园,家庭成为最主要的生活环境,而其次来自社区。

社区服务对0～3岁的影响较多体现在健康教育领域。家庭教育是0～3岁儿童健康教育的摇篮,也是决定0～3岁儿童健康教育的关键。但家庭中的健康教育往往受限于知识技能不足,不能对很多健康问题有准确的判断与解决方法。社区则很好地弥补了这一点,社区健康教育往往以街道居委会为依托,社区卫生服务为发展平台。中国卫生部规定婴幼儿随访服务由乡镇卫生院、社区卫生服务中心负责开展进行[①],包括询问上次随访到本次随访之间的婴幼儿喂养、患病等情况,进行体格检

---

① 冯正仪. 社区护理[M]. 上海:复旦大学出版社,2003.

查,做生长发育和心理行为发育评估,进行母乳喂养、辅食添加、心理行为发育、意外伤害预防、口腔保健、中医保健、常见疾病防治等健康指导。① 社区卫生服务中心还要负责每岁 1 次的血常规检测,以及半岁 1 次的听力筛查,还有常规的疫苗接种。社区资源除了上述医疗保健方面发挥着巨大的作用,也是宣传 0～3 岁发展与保教知识的重要渠道。

对 0～3 岁儿童来说,社区也是其室外活动的主要场所,在平时的茶余饭后或是节假日周末,社区往往都是家庭的重要外出活动地点。小至小区的草坪或运动器械,大至周边的公园商场,社区的文化建设在潜移默化中影响着 0～3 岁儿童的发展。例如,有的小区不仅配备有设计精良的儿童健身器材,便于幼儿玩耍的大草坪、沙坑等,并能做到定期检修维护,那么,这个小区的公共区域一定是孩子们玩耍的乐土,让整个小区的同龄的孩子能够彼此认识。让孩子能在进入幼儿园前就发展同伴关系,不仅锻炼了身体,而且在同伴游戏中发展了认知、语言、社会性,儿童彼此玩耍的同时,也给了家长们互相认识互相交流的机会。等于极大地拓展了以家庭为单位进行教育的局限,为 0～3 岁儿童的发展带来了更大的可能性。

所以,社区资源作为位于社会生态系统中的"间接系统"间接影响着 0～3 岁儿童的发展,当然家庭与社区并非相互独立,社区作用发挥的程度,有赖于家庭能否有效利用社区的众多资源。

图 2-8 社区中的儿童②

（三）宏观环境系统

宏观系统(Macrosystem)指的是存在于以上 3 个系统中的文化、亚文化和社会环境,实际上是一个广阔的意识形态。它规定如何对待儿童,教给儿童什么以及儿童应该努力的目标。例如以中国为代表的东方文化和西方文化是不同的,对应的教育政策与大众的教育观是迥然不同的。下面将从时代文化背景、国家教育政策、社会传媒阐释宏观系统对 0～3 岁儿童的影响。

1. 时代文化背景

首先,不同的时代背景会影响 0～3 岁儿童的心理发展。以我国为例,新中国成立初期的整个国家的目光集中于工业建设,并不重视教育尤其是学前教育,在自然灾害和文革的年代,教育更是受到

---

① 中华人民共和国卫生部. 国家基本公共卫生服务规范(2009 版).
② 图片转引自 http://bbs.zol.com.cn/dcbbs/d35_9.html.

了忽视与诟病。而当今时代,随着我国综合国力的提高,无论是国家还是社会,开始注重下一代的教育问题。20世纪30年代,美国经历了大恐慌时代。美国的心理学家爱尔达对这个时期的儿童心理发展过程作了追踪调查,结果发现在这一时期度过幼儿期的人有着更高的成就动机。20世纪50年代,苏联的人造卫星上天,给幼儿教育的科学化起了极大的推进作用,从而使认知理论成为儿童心理发展研究的主流。因此,不同的时代背景影响着整个国家社会对教育的认识。

其次,文化环境也对0～3岁儿童的心理发展有所影响。文化环境不仅指当今的文化,还包括一个民族在悠久历史中积淀的风俗。文化环境对儿童的心理发展给予的影响是以一种潜在的、渗透式的方式进行的。例如,日本是一个自然灾害频发的国家,其民族也积淀出这样对环境的适应性和积极调试的能力,对一个日本幼儿来说,当他的玩具被拿走,他也会选择其他玩具,而不是大吵大闹。

再次,社会经济也是重要的影响因素。国家有发达国家和发展中国家之分,同一个国家也有经济发达地区与落后地区之分,在很多西欧国家,还存在种族之间的歧视。这些不同社会经济条件下0～3岁儿童享受到的教育资源是不均的,这些贫富悬殊阶级的对立给儿童的心理发展带来很大影响。

2. 社会大众传媒

大众传媒是社会文化传播的主要渠道,街道地铁中的广告、电视中的节目、书本报纸等传媒都是大众传媒的主要形式,其传达了希望传达的文化价值。对于0～3岁儿童来说,电视为儿童接触最多、影响最大的传媒,而在近年,手机、平板电脑等电子设备也开始走入0～3岁儿童的生活。

大众传媒对0～3岁儿童的影响,首先体现在传递给儿童。以电视举例,电视丰富的色彩、鲜活的形象受到儿童的喜爱,观看动画片可以发展0～3岁儿童的认知能力、语言能力,在0～3岁儿童的认知和社会发展中起着一定积极作用。但是当今的媒体内容良莠不齐,0～3岁儿童缺乏基本的是非判断能力,一些不适宜的内容可能引起孩子的模仿。例如,很多家长会选择让孩子看动画片,但是有的动画片内容的适宜性是值得考量的事情,有的动画片所含的暴力镜头可能会对儿童的社会认知带来不利影响。

大众传媒的过分遍及也会间接导致0～3岁儿童其他形式活动的减少,例如亲子交往、室外活动等,而且对于0～3岁儿童的视力发展是有百害而无一利的。在一项研究中,研究者对加拿大一个小镇上的居民进行研究,研究者让从来没有看过电视的小镇上的学龄阶段的儿童收看了两年的电视,然后对其进行测验,并与以前的情况加以比较,发现他们在看了两年电视后,阅读能力和创造思维能力衰退,而其性别意识及游戏中的言语和身体攻击有所上升。所以,这要求父母要严格控制0～3岁儿童看电视、使用电子媒体的时间,同时要帮助孩子挑选和收看有意义的节目。

3. 早期教育政策

基于中国发展不平衡、东西差异大、城乡差异大的特点,很多地区受制于其经济文化水平,家庭与社区不能提供促进儿童发展的积极有利因素。因此,国家层面的相关政策支持就显得格外重要了。

0～6岁学前期的教育不属于九年义务教育的体制内,因此早期教育的相关政策文件在20世纪初几乎是一片空白。近年来国家开始重视幼儿园教育,先后出台了《幼儿园教育指导纲要》《3～6岁儿童学习与发展指南》等政策性文件,并且也将目光转向0～3这个发展阶段。

国家出台的方针政策是一个指挥棒,从根本上决定着早期教育的重视程度、开展模式。特别是一些"保底型"的文件,对保障我国很多欠发达地区对0～3岁儿童基本的教育重视和教育投资,规范托幼机构的办学质量至关重要,从而为全国0～3岁儿童的发展提供了基本保障。

二、社会性因素的影响分析

社会性因素的影响分析将从关键期理论和早期生活经验两个方面来分别阐述。

（一）关键期的理论

关键期是指人类的某种行为和技能、知识的掌握，在某个特定的时期发展最快，最容易受环境影响。如果在这个时期施以正确的教育，可以收到事半功倍的效果；而一旦错过这一时期，就需要花费很多倍的努力才能弥补，或者将可能永远无法弥补。在关键期内，机体对环境影响极为敏感，对细微刺激即能发生反应。有的研究者因而改称其为"敏感期"。关键期最基本的特征是，它只发生在生命中一个固定的短暂时期。环境因素对0～3岁儿童发展的影响并非是平均的，而是与幼儿本身发展的"关键期"息息相关。

很多心理学家通过大量的实证研究也证明了关键期的存在，例如鸟类的印刻（图2-9）、恒河猴的社会性发展、人类语言的习得以及哺乳动物的双眼视觉。

图 2-9　印刻现象①

胎儿的神经细胞从第3个月开始迅速增长，每分钟超过25万个。人类新生儿是在脑发育未成熟的状态下出生的，出生后还要继续生长发育，完善大脑的功能。到一岁时脑的重量已达到成人的一半。0～3岁是人的一生中大脑发育最快的时期，在这个阶段应该完成的功能就应该完成，错过了就可能终生难以弥补。在关键期内，越早给孩子进行教育和训练，孩子的大脑就越聪明、灵活。例如，有的研究者发现人类胚胎最容易受到损害的关键期是怀孕后6周以内，即主要器官发育时期。例如，胎儿的胚胎期（2～8周）是机体各系统与器官迅速发育成长的时期，若受到外界不良刺激的影响，就极易造成先天缺陷。一切先天缺陷都发生在妊娠的关键性的头3个月内。但是关键期不是绝对的，根据幼儿本身发展状况的不同存在着个体差异，例如早产儿的关键期会略迟于足月儿。表2-2列举了0～3岁儿童成长的关键期。

---

① 此图转引自 Shaffer，D. R. Developmental Psychology：Childhood and Adolescence（7th）[M]. Belmont，CA：Wadsworth Publishing Company，2005.

表2-2　0～3岁儿童年龄与发展关键期的对应

年　　龄	各领域的发展关键期
4～6月	吞咽咀嚼关键期
8～9月	分辨大小、多少的关键期
10～12月	站走的关键期
1.5～4岁	对细微事物感兴趣的敏感期
2～3岁	口头语言发育的关键期;计数发展的关键期
2～4岁	秩序发展敏感期
2.5～3岁	书写发展敏感期
3岁	培养性格的关键期

关键期的理论启示我们,要科学地确定儿童发展各方面的关键期,而不是出于简单的推断;要充分利用关键期良好时机,采取积极的教育措施促进发展,而不是等待自然发展;要重视关键期对发展的作用,但不局限于此;错过关键期的儿童或成人仍可通过适宜的教育获得良好的发展。

(二)早期生活经验影响分析

正如关键期理论所指出,0～3岁是心理发展的关键。良好的早期生活经验,将有助于学前儿童的心理发展。反之,对学前儿童的心理发展会带来很大的负面影响。

0～3岁不良的早期经验对儿童发展的影响是重大而不可逆的,这首先体现在大脑的结构上。出生伊始是遭到忽视还是受到关注,是否收到相应的社会刺激直接影响着学前儿童的大脑神经传递和被激活的程度。科学家借助脑成像技术帮助我们了解大脑的运作及其对儿童心理的影响。例如,一项研究对比了不同成长背景的两个孩子的脑激活成像,可以发现,出生至3岁前一直生活于孤儿院的男孩与同龄生活于普通的家庭的女孩相比,前者脑成像图的大脑神经细胞更多处于低活动水平,而后者的大脑神经细胞大多处于高激活状态。究其原因,孤儿院的生活遭遇的是忽视和冷淡,环境刺激也相对贫乏。这也证明了早期生活经验对大脑发育的不同影响。孤儿院生活环境对0～3岁儿童发展的影响也得到英国心理学家伯特(Bart)对同卵和异卵双生子进行的智力研究的佐证。

除此之外,更有研究表明,儿童自出生到三四岁的阶段中,如被剥夺感性经验,缺乏社会交往,疏忽智力教育或没有双亲的抚爱、照料等,都会严重影响日后心理的正常发展。

视野拓展

回应型关系对婴儿的健康成长和发展至关重要

回应型关系(Responsive Relationship)指成人对儿童的需要做出积极的回应并且建立充满爱的关系。回应型关系能够帮助儿童感受周围环境的善意,并且了解自己的感受。当儿童感到自己是被接纳的,他们就可以自由探索身边的世界。儿童在自主动手探索的同时,吸取周围世界的经验,发展解决问题的能力,并且培养自信。研究表明,积极回应型的养育关系可以使儿童较少受到压力、抑郁症和焦虑的困扰。

这一理念要求教师与儿童建立积极友爱的关系,同时保证儿童与其生命中重要的成人(如父母)也要有积极的关系。教师需要敏锐及时地了解他们的需求,并进行回应。了解他们的长处、需要和兴趣,并优先考虑建立起积极的关系。父母和家庭环境对婴幼儿的发展更起着至关重要的影响,需要加强婴幼儿与其家人之间的关系,并要及时与家长交流信息和提出建议。美国北卡罗来纳州的《婴幼儿学习与发展指南》中指出:机构中的保育员要重视家庭在儿童发展中的积极作用,肯定家长对儿童发展付出的努力。保育员践行此理念及措施,尤其有利于残疾儿童的家长,推动其持续地、有信心地养育残疾儿童,在其能力范围内培养健康、快乐、成功的儿童。

同时,这种回应型的关系应该来自与儿童关系亲密的人群。美国科学院院刊在2013年有一个关于儿童辨音的研究,发现再高质量的视频,对于儿童的语言发展也没有任何帮助。调查还发现:为英语家庭出生的9个月的儿童配一个中文老师,每周一次,只需要12次与中文老师互动后,儿童对中文发音的辨识度就达到了中英双语家庭中成长的儿童的程度。而使用视频的孩子,通过同样的频率,而且视频中的老师与现实中的中文老师是同一个人,结果发现,儿童对于中文发音的辨识度与普通英语家庭出生成长的孩子没有任何差异。这说明,用机器或多媒体来代替与周边人的互动,儿童的能力是得不到发展的。因此,在日常生活中,家人或教师应尽可能多地与儿童进行互动与回应,帮助他们发展自身的能力。

【家园共育协调点】

很多家长认为,0～3岁阶段的儿童什么也不懂,只要养好就行了,其实不然。0～3岁儿童已经开始受到来自外界和自身生理性因素的影响。因此,家长应养教并重。不能自认为儿童什么都不懂,就忽视与儿童的交流,或者在儿童面前有不好的行为。这都会潜移默化地影响儿童,家长应该予以重视。

【0～3岁儿童教育机构看点】

0～3岁儿童在机构活动或者亲子游戏中会因为生理基础、心理基础或者社会性基础的不同,而表现出很大的差异,教师要认识到差异存在的必然性以及差异背后的原因。尤其是当某些儿童表现的不如其他儿童好时,应指导家长不要着急,每个儿童都是不同的个体,发展必然有差异性,以免家长给儿童过大压力,揠苗助长。当然,如果是发展严重迟缓,教师应果断建议家长带儿童到相关部门诊断。

【请你思考】

1. 大脑皮质可分为哪些功能区?

2. 什么是遗传?遗传会对0～3岁儿童发展的哪些方面产生影响?

3. 根据社会生态学理论,可从哪些方面分析0～3岁儿童的影响因素?

【实践活动】

根据0～3岁儿童发展的关键期理论,设计一个关于书写的亲子游戏。

【样例】

互动名称：宝宝画一画

适宜年龄：2.5～3 岁

活动组织者：家长

活动目标：适应儿童书写发展关键期，满足儿童书写的需求

活动准备：蜡笔 2 支、大张的白纸 2 张

活动过程：

1. 妈妈给宝宝讲一讲今天发生的某件事情。

2. 妈妈请宝宝说一说故事中他最喜欢或最熟悉的人或物。

3. 妈妈和宝宝一起画一画宝宝最喜欢或最熟悉的人或物。

【参考文献】

1. 周念丽.学前儿童发展心理学[M].上海：华东师范大学出版社,2014.

2. 周念丽.0～3岁儿童观察与评估[M].上海：华东师范大学出版社,2013.

3. 庞丽娟,李辉.婴儿心理学[M].杭州：浙江教育出版社,1993.

4. 刘金花.儿童发展心理学[M].上海：华东师范大学出版社,2006.

5. 孟昭兰.婴儿心理学[M].北京：北京大学出版社,1996.

6. 王振宇.幼儿心理学[M].北京：人民教育出版社,2009.

7. David R. Shaffer.发展心理学儿童与青少年(第 6 版).邹私等,译.北京：中国轻工业出版社,2005.

8. 王淞等.阅读能力个体差异的遗传基础——双生子研究的元分析[J].心理科学进展,2011,19(9)：1267-1280.

9. 罗宇等.自尊的遗传性：来自双生子研究的证据[J].心理科学进展,2011,21(9)：1617-1628.

10. 方慧等.遗传因素和环境因素对儿童外向性行为影响的双生子研究[J].四川大学学报(医学版),2010,41(3)：490-493.

11. 覃青等.遗传对儿童精神健康发育影响的双生子研究[J].中国循证医学杂志,2010,10(3)：311-315.

12. 冯正仪.社区护理[M].上海：复旦大学出版社,2003.

13. 中华人民共和国卫生部.国家基本公共卫生服务规范(2009 版).

14. 国务院.中国儿童发展纲要(2011～2020 年)[Z].2011.

15. David R. Shaffer. Developmental Psychology：Childhood and Adolescence(7th Edition) [M]. Belmont，CA：Wadsworth Publishing Company，2005.

16. Robert Siegler,Judy Deloache & Nancy Eisenberg. How children develop [M]. New York：Worth publishers，2002.

17. Diane E Papalia,Sally Wendkos Olds & Ruth Duskin Feldman(2005)．Human Development [M]．Posts & Telecom Press.

18. Danya Glaser. Child abuse and neglect and the brain-A review [J]. *Journal of Child Psychology and Psychiatry*,2000,41(1)：97-116.

第二模块

个体发展

第三章

动作发展

【学习目标】

1. 了解0～3岁儿童动作发展的意义。

2. 掌握0～3岁儿童动作发展的特点和规律。

3. 理解并掌握促进0～3岁儿童动作技能发展的方法要点和指导策略。

动作是人类生存和生活最重要的一种基本能力,也是个体早期与外界环境相互作用的重要手段之一,是个体进行各种实践活动所不可缺少的重要基础。动作发展作为个体生理和心理发展的重要领域,对个体其他方面的发展,如感知觉、注意、记忆、思维、想象、情绪和情感、个性以及社会性等都起着重要的作用。可以说,动作发展是0～3岁儿童早期发展的重要指标。

第一节　动作发展的意义和规律

动作是个体具有一定动机和目的并指向一定对象的运动。在运动学中,动作主要被视为在一定的时间和空间限定下,肢体、肌肉、骨骼、关节协同活动的模式,既指由多个部分共同构成的完整活动模式,也指某一部分的特定活动模式。

动作技能也叫操作技能或运动技能。日常生活中的写字、绘画、跳舞、弹唱、游泳、体操、骑车、开车等,都属于动作技能的范畴。心理学家一致认为,动作技能是一种习得的能力,受内部心理活动的控制。动作技能往往与知觉不可分,因此有人把知觉和动作联系起来,称之为"知觉—动作技能"。

一、0～3岁儿童动作发展的意义

动作是人类最基本、也最重要的一个发展领域,是建构儿童早期智慧大厦的砖块。有关研究表明,动作和运动在儿童早期心理发展中起着十分积极的作用。动作发展对心理发展的重要意义虽然存在着助长与诱导之争,但可以肯定的是,动作和动作发展使得儿童在与客体不断的相互作用中构建客体意识,并在这个基础上有了自我意识的发展。德国慕尼黑大学教授 Rolf Oerte 博士指出，运动对儿童是非常重要的，对于其知识的建构和感知觉的发展尤其如此，这一点在儿童以后的发展阶段中会显现出来。儿童通过运动和感觉来认识环境，通过物体的起落了解世界。儿童由此认识到事情都是有前因后果的，并以不同的途径理解事物的内部联系。Rolf Oerte 博士认为，运动还有助于儿童自尊和自信的建立。儿童对自己身体运动的控制能力可以迁移到日常生活中去，使他们能在各种不同的情境中应付自如。随着活动范围的扩大，儿童的自信心不断加强。Rolf Oerte 博士还认为，身体动作是交往的手段之一，"动作的重要作用更多地体现在它扩大了个体与周围环境互动的范围，使个体能够多角度深入地探索其周围的物质世界与社会环境，从而给个体带来大量新的经验，即经验的丰富与扩展才是真正重要的因素"。

皮亚杰的认知发展理论、布鲁纳的认知表征理论都高度重视和评价动作在儿童早期心理发展中的重要作用。皮亚杰以"感知运动阶段"来称呼儿童认知发展的最初阶段。在他看来，感知运动智力正是个体智力的最初表现形式。他还认为，心理运算源于内化的动作。布鲁纳认为，在人类智慧生长期间，儿童通过作用于事物而学习表征它们，以后能通过合适的动作反应再现过去的事物。在这个时期，儿童通过"做"和通过"看别人做什么"而学习。例如学习吃饭和走路等。

可以说，动作发展是0～3岁儿童最重要的发展领域之一，这一时期的动作技能是后来各种动作行为的前身。

0～3岁儿童动作的发展对其心理发展的重要意义表现为以下几方面。

（一）动作发展是0～3岁儿童心理发展的来源和必备工具

随着发展心理学研究的深入，对个体心理发展内在机制问题的探讨越来越深入。通过研究个体早期的动作发展规律，特别是动作在早期心理发展中的组织与建构功能，以及动作给个体所带来的各种认知、社会交往与情感经验的内在作用等可以发现，个体早期动作在心理起源与发展中有着极为重要的作用。从发生认识论的角度看，感知的源泉和思维的基础是动作。对个体而言，动作具有保障生存与促进发展的双重价值。儿童通过动作与物质环境交互作用，可以获取物理经验和数理逻辑经验，通过与社会环境的交互作用，可以获得社会经验，认识人的主观世界。可以说，没有动作，儿童心理就无从发展。

（二）动作发展是0～3岁儿童心理发展的外部表现

儿童动作的发展反映着心理的发展，通过动作发展的研究，可以了解儿童心理发展的内容和水平。人类的动作虽然极其复杂、灵活与可塑，但在发展早期，个体的动作相当贫乏，需要较多的时间去习得人类特有的各种适应性动作，并使动作日益丰富、分化、整合，不断提高作用于外界的有效性，从而更好地适应环境。在这个意义上讲，动作可视为个体早期的外显智力。

（三）动作发展促进了0～3岁儿童认知的发展

皮亚杰、布鲁纳等认为，动作可以为个体提供认知经验，丰富认知对象，使个体有更多的机会从事物的外在表现中鉴别出本质的特征，进而获得对事物本质的认识。动作是儿童认识世界的工具之一，随着动作的不断复杂化，儿童对于世界的认识也越来越清晰。另外，随着动作的发展，儿童的认知方式也在发生变化：儿童通过爬行获得了运动经验，促进了感知觉的发展，独立行走和抓握等动作的发展促进了儿童空间认知能力的提高，而手部动作在儿童与环境的相互作用过程中则发挥着重要的中介作用。因此，儿童的早期动作的发展促使儿童的认知结构不断高级化、复杂化。

（四）动作发展促进了0～3岁儿童社会交往能力的发展

随着动作能力的发展，儿童与周围人的交往从依赖、被动逐渐向具有主动性转化。动作技能的发展可以诱发儿童语言交流和社会交往能力的发展。儿童还不会说话时,他伸手指向某一物体,并做出抓握动作,以表示"我想要"。随着抓握动作的不断重复,儿童每当做出抓握动作就表示"我想要"的意思。这种抓握动作成了一种语言符号,表达了特定的意义,从而促进了言语交流的形成,也让儿童实现了与周围人的交流和交往。

0~3岁儿童动作的发展好与不好,在某种程度上可以促进或延缓其心理发展水平,因此应注意从早期开始对0~3岁儿童进行动作训练。应充分保证儿童的游戏和户外活动时间,使他们获得充分的运动和感知经验,并在此基础上自然掌握更加复杂的动作技能和提高运动协调能力,实现感觉运动系统机能的平衡发展,最终实现儿童的生理、心理与社会性等方面的和谐健康发展。

二、0~3岁儿童动作发展的类型

0~3岁儿童的动作可分为无条件反射性动作和随意动作两种类型。

(一)无条件反射性动作

无条件反射性动作是指儿童与生俱来、不学而能的先天性反射动作。个体最初的动作是一系列先天的无条件反射。新生儿借助无条件反射实现与所处环境的平衡,从而维持生存。这些无条件反射动作虽然会随着婴儿的生长发育逐渐消失,但是它们是个体形成大量灵活的人类特有的条件性动作的自然前提,对儿童适应后天的环境具有积极的作用。例如,当新生儿的头部转向一侧,他便将头转向这一侧的胳膊,并屈另一只胳膊,做出击剑式动作的强直性颈部反射。这一动作不仅可以产生较好的哺乳姿势,而且是儿童条件定向反射的开端,也是一些成熟的技能性动作的组成部分。这些无条件反射动作是否在特定的时间里消退,也可作为检验儿童神经系统发育是否正常的指标和依据,并为儿童的随意性动作发展打下基础。

儿童的先天性反射动作包括以下8项。

1. 觅食反射

如果用手指或其他物体轻轻地接触新生儿的面颊,新生儿会把头转向手指并把口张开。

2. 吸吮反射

用奶头、手指或其他物体触碰新生儿的嘴唇,新生儿立即做出吸吮的动作,这是一种吃奶的本能。出生后3~4个月会自行消失,逐渐被主动的进食动作所代替。但在睡眠和其他一些场合,婴儿仍会在一段时期内表现出自发的吸吮动作。若新生儿期吸吮反射消失或明显减弱,则提示脑内病变;若亢进则为饥饿表现。1岁后仍存在则提示大脑皮层功能障碍。

3. 抓握反射

用手指或笔杆等物体按压儿童的掌心,儿童会用手指紧紧握住手指或笔杆不放,甚至可以使自己的身体悬挂起来。这种反射一般在出生4~6个月后消失,随之出现随意的抓握动作。

4. 拥抱反射

儿童受惊或头部突然向下倒时,或握住儿童双手把他悄悄抬起又突然放下时,儿童两手会突然向前做拥抱状。如果9个月以后仍出现拥抱反射,则是大脑慢性病变的特征。

5. 击剑反射(又称为强直性颈部反射)

当儿童仰躺着的时候,他的头会转向一侧,伸出他喜欢的那一边的手臂和腿,弯曲另一边的手臂和腿,做出"击剑"的姿势。这种反射最早在28周时的胎儿身上发现,在出生后3个月左右消失。若继续存在，则可能为脑性病变。

6. 迈步反射（又称踏步反射）

扶着儿童的两肋，把儿童的脚放在平面上，他会做出迈步动作，两腿协调地交替向前迈步。这种反射在新生儿出生后不久即出现，6～10周时消失。若8个月以后仍有这样的反射，则可能有脑性疾患。

7. 游泳反射

让新生儿俯卧在床上，托住他的肚子，新生儿会抬头、伸腿，做出游泳姿势。如果俯伏在水里，新生儿会本能地抬起头，同时做出协调的游泳动作。满6个月以后，这种反射逐渐消失。如果再这样把儿童放在水里，他就会挣扎，直到8个月以后，儿童才拥有有意识的游泳动作。

8. 惊跳反射（又叫莫罗反射）

突如其来的噪声刺激，或者被猛烈地放到床上，新生儿就会立即把双臂伸直，张开手指，弓起背，头向后仰，双腿挺直。这种反射在3～5个月内消失，如果超过6个月还有，则预示可能有神经病变。

儿童的这些先天性反射动作，不仅对新生儿时期的生命安全具有一定的保护作用，而且为新生儿适应新环境以及后天的运动能力打下了基础，促进了儿童以后的抓握、爬行、行走、平衡等能力的发展。

（二）随意动作

随意动作（包括粗大动作和精细动作），是在神经系统的调节下，由人的主观意识控制和调节、具有一定目的和指向的动作。它是个体后天学习得来的复杂的机能系统，属于条件反射的性质。例如穿衣、吃饭、走路等。随意动作是意志行动的基础，没有随意动作，意志行动就无法实现。

1. 粗大动作

粗大动作指的是身体和四肢的运动，主要包括由头颈部肌肉群、躯干部肌肉群以及四肢肌肉群参与控制的抬头、抬胸、翻身、坐、爬、站、走、跑、跳、钻、攀登、下蹲等动作。儿童粗大动作的发展主要表现在身体姿势的发展和位移能力的发展方面。

2. 精细动作

精细动作是个体主要凭借手和手指等部位的小肌肉或小肌肉群的运动，在感知觉、注意等心理活动的配合下完成特定任务的动作能力。0～3岁儿童的精细动作主要包括抓握动作的发展、双手协调动作的发展、手眼协调动作的发展，表现在抓、放、捏、伸够、画画、剪贴、折叠、书写等方面。

三、0～3岁儿童动作发展的规律

大多数儿童动作技能的发展呈现相同的顺序并出现在大致相同的年龄，虽然每个儿童动作发展的方式及速度会有个体差异，但是一般都会按照一定的发展顺序和规律进行。

0～3岁儿童动作发展的顺序和规律主要有以下五种。

（一）从整体动作到分化动作

儿童最初的动作是全身性的、笼统的、泛化。例如，新生儿任何一个部位受到刺激或者有什么需要时，都是一边哭喊一边全身乱动，不论是愤怒的哭，还是高兴的笑，也不论是想吃奶，还是想睡觉，一般都表现为四肢乱动和全身性的反应。随着年龄的增长，儿童的动作才逐渐发展分化为局部的、准确化和专门化的动作。

（二）从上部动作到下部动作

儿童首先发展的是与头部有关的动作，例如喜怒哀乐的面部表情、追随性的转头、觅食活动等，然后才依次是抬头、俯卧，然后是俯撑、翻身、坐、爬、站立、行走等动作。儿童的动作是按照从上至下的顺序发展起来的。

（三）从大肌肉动作到小肌肉动作

儿童首先发展的是躯体大肌肉动作，如头部动作、躯体动作、双臂动作、腿部动作等，然后才是手部小肌肉群的精细动作以及手眼协调动作等。

（四）从中央部分动作到边缘部分动作

儿童最早出现的是头部的动作和躯干部分的动作，然后是双臂和腿部有规律的动作，最后才是手的精细动作。这种发展趋势可称为"近远规律"，即靠近头部和躯干的部位先发展，然后是远离身体中心部位动作的发展。

（五）从无意动作到有意动作

婴幼儿动作的发展越来越多地受心理和意识的支配，呈现从无意动作向有意动作发展的趋势。

0～3岁儿童动作的发展是心理发展的源泉和前提，是心理发展的外部表现。动作发展不仅使得儿童在与客体不断的相互作用中构建客体意识，并在这个基础上有了自我意识的发展。而且，动作的发展也促进了儿童空间认知能力和社会交往能力的发展。为了使0～3岁儿童的动作能够得到更好的发展，成人应当积极创造良好的环境和条件，提供充足的营养，有意识、有计划地鼓励和帮助儿童进行体格锻炼，来促进儿童动作能力的良好发展。

第二节　粗大动作的发展

儿童出生后第一年，是粗大动作发展最快的阶段。在出生后的几个月内，儿童就能基本实现对头部的控制。随着神经和肌肉的发育，儿童的肌肉力量和平衡能力逐渐增强，身体的协调能力和控制能力不断提高，他们开始学习翻滚、坐、爬、站立和走路等。民间把一周岁内儿童的粗大动作的发展归纳为"二抬三翻六会坐，七滚八爬周会走"。之后，儿童的粗大动作以"日新月异"的速度发展变化，逐渐出现跑、跳、钻、蹲等动作。粗大动作的发展被称为儿童生长发育的"里程碑"。

一、0～3岁儿童基本姿势的发展

姿势的发展使人能保持身体平衡，并在环境中维持一个特定的身体方位。姿势控制涉及神经系统、骨骼和肌肉系统以及感觉系统之间的连续且动态的相互作用，它是很多动作技能发展的条件。0～3岁儿童的姿势主要包括躺、翻身、坐、爬、站等。

（一）躺

正常情况下，新生儿除了吃奶之外，几乎所有时间都处于睡眠状态，因此躺姿是新生儿的基本姿势。大部分新生儿的躺姿是仰卧，这种姿势可使儿童全身肌肉放松，对儿童的心脏、胃肠道和膀胱的压迫最少，同时也减少了儿童猝死的概率。

但是，仰卧时，因舌根部放松并向后下坠，会影响呼吸道的通畅，因此应密切观察新生儿的躺姿和睡眠情况。观察时可将视线与儿童脸部高度平齐，由侧面观看儿童的脸部，如果发现其鼻尖及下巴均在最高点（而不是额头在最高点），就是理想的仰躺头部姿态。这种姿位称为"闻嗅姿位"，就是好像儿童在用鼻子寻嗅某种东西的气味一样。这时,鼻尖部位在身体的最前突位,是上呼吸道保持最顺畅的姿态。

从医学的角度看,侧卧最符合人体的生理需要,对儿童的身心健康最有利。侧卧位既对重要器官无过分地压迫,又利于肌肉放松,即使溢乳也不致呛入气管,因此是一种应该提倡的新生儿睡眠姿势。

但是由于儿童的头颅骨骨缝没完全闭合,且异常娇嫩,生长发育又十分迅速,因此,长期一个姿势的仰卧或侧卧,也可能使儿童出现头部扁平或扁头综合征,即头骨发育不对称,头睡偏了。这种情况不仅会影响儿童的外观形象,而且还可能对其心理和智力产生影响。因此应注意经常为新生儿翻身,变换体位,时常变换其睡眠姿势和方向,不要长时间朝着一个方向仰躺。如果出现了扁头现象,可以根据扁头的具体部位选择合适的睡眠姿势,及时进行矫正。

(二)抬头

根据动作发展的顺序和规律,头颈部动作是最先发展的,新生儿还不会抬头,慢慢地才学会左右转头、竖直抬头和俯卧状态侧抬头。

儿童抬头动作的发展是一个很自然的过程。婴儿出生后可以俯卧,但新生儿颈部的骨骼发育还不能支撑起自己的头部,儿童颈部的肌肉弹性也比较弱,没有足够的承托力,因此,婴儿俯卧时还不能自己主动抬起头,只是本能地挣扎,头也会摇摇晃晃不稳定。到2个月时才能稍稍抬起头和前胸部,3个月时才能够把头立稳。在儿童4个月时,脖子能够基本支撑起头部。有些儿童因为颈部肌肉弹性较弱,抬头姿势的发展会迟缓一些,但不一定会影响儿童的正常发育。但是如果到了5个月还不能稳住头部,最好去医院检查。

在儿童的脖子不能支撑住头部之前,成人不要过于焦急地让其抬头。也不要过早、刻意地进行抬头练习,应该顺应儿童的自然发育规律。

4个月以内的儿童,头部不能很好地稳住,因此在抱姿上有比较严格的要求,关键是托住儿童的头颈

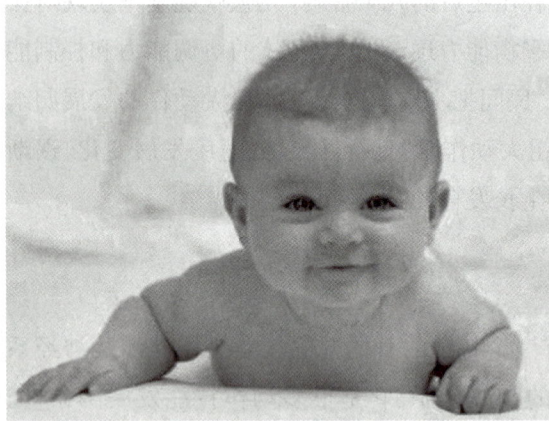

图3-1 抬头①

部。正确的抱姿应该是横抱:将婴儿的头放在左臂弯里,肘部护着婴儿的头,左腕和左手护住婴儿的背和腰部,右小臂从婴儿身上伸过护着婴儿的腿部,右手托着婴儿的臀部和腰部。成人的臂弯就好像一个小枕头,护住儿童的背部和脊椎,双手交握时正好在儿童的臀部形成一个重要的支撑点。如果需要竖着抱,一定要用手轻轻托住婴儿的脑后部和颈部,防止儿童因为头部摇晃而扭伤颈部。随着儿童的逐渐长大,抱姿的变化一般是从横抱开始,慢慢过渡到增加角度的斜抱、背贴胸口的竖抱,最后才能是托住臀部的竖抱。

(三)翻身

翻身是继儿童抬头挺胸动作后的又一个新动作,是儿童人生中最早的"大型"自主运动。对儿童来说,翻身不是件容易的事情,通常是在他身体各部分的发展到足以支撑他翻身时,才能够轻松地自主翻身。翻身是运动技能发展的源头,学会了翻身,接下来儿童将慢慢学会坐、爬、行走、跑、跳等动作,逐渐完成生长发育的各个步骤和过程。

---

① 图片转引自 http://www.jiankang.cn/baby/info/77216.html.

翻身可以使儿童更加积极地拓展自己的兴趣范围,用和大人一样的视线来看这个世界。当他能够翻过身来趴着抬头看周围世界的时候,他能看到的是完全不同于以前仰卧时看到的另一种新鲜世界。而且,当儿童能够比较容易地把周围的东西拿到手时,那种兴奋、好奇是"无与伦比"的。因此,翻身对于儿童来说是一次巨大的飞跃,它标志着儿童的身体机能和智力的发展迈上了一个新的台阶。

按照"三翻六坐七八爬"的规律,多数儿童会在三个月左右开始学会翻身,但儿童翻身的时间因人而异,翻身的状况也是由多方面因素所决定的。有的儿童在 3 个月之前翻过一次之后再也不翻了,直到隔了很长时间才又继续翻;还有的儿童因为被突然翻过去的状态吓了一跳,之后就有点"懈怠"了;有的儿童会省略掉翻身而直接就开始能坐或是能站了;也有的儿童能站立之后才开始学会翻身;还有的儿童因为太胖而翻身困难;有时候儿童累了,翻到一半就侧卧着不动了,像是等着大人去帮帮他⋯⋯因此,儿童不会翻身并不一定代表他的身体发育和行为发展出现了障碍,成人要谨慎、科学地对待。

图 3-2　翻身①

一般情况下,儿童翻身有以下三个信号:

信号一:趴着的时候,儿童能够自觉并自如地抬起头,而且头到胸部都能够抬起来。这说明儿童的颈部和背部肌肉都已经很有力量了。如果把玩具举到比儿童视线更高一些的位置,儿童也能够随之把头抬高。这时成人就可以拿着儿童喜欢的玩具,有意识地诱导儿童抬头,训练抬头的动作。

信号二:儿童不再满足于仰卧,会经常向某一个方向侧卧,这是儿童翻身的前奏,儿童此时可能已经有了翻身的意识,只是身体还不能很好地完成这个动作。成人可以轻轻地把儿童往侧身的方向拉,如果儿童也跟着一起动,成人就可以协助他完成翻身的动作。

信号三:仰卧的时候脚向上扬,抬起脚摇晃,或者总向一个自己感兴趣的方向侧躺着。不要以为这只是他们在调皮,有可能是儿童在借力,想要翻身但是腰部还使不上劲,试图通过摆动双腿的惯性来实现目的。成人可以轻轻推一推儿童的身体,或者轻轻牵着他的胳膊,往他侧身的方向拉一下,给他一个"助力",让他们体会翻身的乐趣。

生活场景再现

近几天,朵朵频繁的练习左侧翻身,可惜功力不够,总是翻不好,累得满头大汗,想翻翻不过去急得直哭。即便是这样她也并未放弃,而是继续努力尝试她的"工作"。看到女儿如此"勤奋",旁观的妈妈又高兴又有点不忍心,她过去给女儿助了一臂之力,朵朵终于翻过去了。可是朵朵没有想象中的高兴,她似乎并不喜欢妈妈的帮助,她更喜欢去享受独立奋斗获得成功的喜悦!

---

①　图片转引自 http://www.jiankang.cn/baby/info/77216.html.

如果儿童在翻身时,手总是内旋到身子下面,就要多加注意,可能是因为手臂两侧的神经尚未发育成熟所致,最好去医院请专业医生做诊断。

（四）坐

坐是儿童继翻身之后的另一个具有标志意义的基本动作。会坐以后,儿童扩大了自己的活动范围,能够接触到许多过去够不到的东西。因此,坐对于儿童心理的整体发展来说,具有重要意义,尤其是对于感知觉和触觉的发展,具有重要促进作用。

儿童学会坐,是和他的神经系统、骨骼发育以及肌肉协调能力等密切相关的。刚出生时,儿童的脊柱几乎是直的。3个月左右,儿童出现了第一个生理弯曲——颈部脊柱前凸,即颈椎向前凸起,开始支持儿童抬头和自如的转头活动。到了6个月左右,儿童出现第二个生理弯曲——胸部脊柱后凸,即出现胸椎向后凸起,开始支持坐的动作。

虽然儿童出生时就可以扶着坐,但真正能够独立坐着则要等他能控制头部以后才能实现。大约从第4个月开始,儿童的颈部和头部肌肉开始迅速变得强壮,不仅趴着的时候能把头抬起来,而且甚至能够用胳膊撑起身体,使胸部离开地面。到5个月时,儿童可以初步坐着,通常会靠着椅背或沙发呈现半躺半坐的姿势,身体微微向前倾,并以双手在两侧辅助支撑。从6个月左右开始,儿童开始学会独立的坐姿,但有时会倒向两边,需要大人帮他才能重新坐起来。7个月左右时,儿童就能自己坐稳或从趴位自己坐起来了。坐着时还可以腾出双手来做其他的事情,或扭转身体去拿自己想要的东西。到了8、9个月时,儿童的坐姿基本已经没有问题了。

生活场景再现

宝宝4个月零3周了,他早已不愿意躺着,经常翻过身来趴在那里,还要把头高高地扬起来。妈妈怕他趴久了压迫上肢影响血液循环,有时就让他靠在沙发上坐着,他很高兴。6个半月的时候他就可以自己独自坐着玩了,大人给他在后面放了个大靠垫,让他的后背有个支撑点,这样可以缓解腰背部的力量,也防止他突然倒过来。15分钟左右,妈妈就给他换个姿势,以免宝宝长期保持一个姿势太累。

如果儿童到了6个月还完全不会坐,甚至靠着东西也不能坐,头向前倾,下巴抵住前胸部,甚至倾到腿部,或者到了八九个月时还无法自己坐稳,最好带儿童到医院检查。

（五）站立

站立是人类生命中的一个重要里程碑,而且是很多后来出现的动作技能的基础。如行走、跳跃等,都依赖站立的姿势。站立是走的前驱期,儿童在学会了站立和行走之后,其活动力会比之前增加好几倍。同时,站立不仅标志着儿童运动机能的发展,也是儿童智力发展的重要条件。当儿童能够站起来时,他的视野更加广阔,探索的欲望更加强烈,尝试的机会更多。因此,站立有利于儿童感知觉、注意、记忆、思维等多方面的发展。

儿童会站的前提是双侧脚跟能轻松着地,并能平衡身体自主的晃动。一般来说,五六个月的儿童,在成人的扶持下可以站立,七八个月的儿童可以在成人拉着手的情况下站立片刻或者扶着身边可以利用的东西站立。进入 10 个月以后,儿童的身体平衡能力飞速发展,多数儿童能够自己扶住东西站立。11 个月时,多数儿童已经能够独自站立、弯腰和下蹲,并开始练习扶物行走或抓住成人的手,在成人的牵引下蹒跚学步。1 岁以后,儿童就能自己独立向前迈步行走了。表 3-1 展示了儿童站立的发展情况。

表 3-1　儿童站立的发展

新生儿时期	会出现踏步反射
3～4 个月	成人用手扶着儿童腋下站立时,儿童的膝关节和髋部往往呈屈曲状,显得无力,站不住
5～6 个月	成人用手扶着儿童的腋下站在地上或站在成人腿上时,儿童会像一个皮球一样在成人腿上跳上跳下,显得比较兴奋,被称为"弹跳的皮球"。这是他这段时间非常喜欢的一种"运动"
7～8 个月	儿童能较好地支撑身体,成人搀扶时能站立片刻,背、腰、臀部能伸直
9 个月	儿童可以自己扶着东西站立
10～12 个月	儿童可以自己独站片刻

有的儿童能够独站的时间比其他儿童稍晚,成人不必过分着急。一定要参考儿童其他方面的发展情况以及儿童的身体健康状况来看待和评估,不要操之过急,更不可过早让儿童学习站立。如果过早学习站立,儿童可能会因为骨骼的发育还不能达到承受自身重量的程度而导致双腿弯曲,形成"X"型腿或"O"型腿,影响儿童未来的运动功能和姿态美观。

二、0～3 岁儿童位移能力的发展

位移能力是人的基本运动技能之一,是指爬、走、跑、跳、滑动等能产生位置移动的运动技能。

（一）爬行

爬行是儿童生长过程中的一个重要环节,是儿童降生后的第一次全身协调运动,更是儿童的一种综合性的强体健身活动。

爬行在成人看来很简单,但儿童爬行是在感官讯息、手、眼以及脚的协调配合下,运用胳膊及手腕的力量支撑起上半身,并调动手部、腿部、臀部等不同的肌肉群,借助上肢和下肢的交替协调运动才能有效完成的。因此爬行可以锻炼躯干以及四肢的肌肉,促进儿童的肌肉、骨骼、神经、大脑的发育,使儿童的运动、神经等系统得到充分锻炼,增强全身动作的灵活和手脚动作的协调。同时,充分的爬行可以为儿童认识周围世界打下良好的生理、心理基础。

Adolph 等对 15 名 1 岁以内的儿童进行了纵向追踪研究,他们把儿童的动作与成人的高效率动作相比,发现儿童最初的动作不受主观意识的控制,需要大量的爬行和行走经验才能对环境的变化做出适应性的反应。同时,随着动作的不断发展,儿童不断学习对新环境的适应,从而提高了认知的发展。他们还对 29 名健康儿童从他们开始爬行的第一周到开始行走为止进行了纵向研究,发现随着爬行经验的丰富,婴儿的判断日渐准确,探索活动也更加有效。

1. 爬行能够促进儿童空间感和空间知觉能力的发展。

儿童爬行时,会逐渐知道自己身处何地以及如何避开障碍物前行,这就促进了其空间感和空间知觉的发展。

Mark A. 等发现丰富的视觉信息(光线、颜色)与自由的身体移动可以提高儿童搜索目标的成绩。Yan. Jin H. 等总结了 19 次研究,被试包括了年龄为 4 到 144 个月的 1 029 个儿童(男 510,女 519),发现年龄越大,动作对空间搜索行为的影响越大。而且对儿童进行动作训练可以显著地提高儿童的空间搜索能力,儿童的动作经验是空间搜索行为的影响因素。除此以外,爬行对儿童的空间定向能力也具有良好的促进作用。

2. 爬行可以刺激儿童的内耳或前庭系统,促进儿童身体协调性的发展。爬行有助于儿童平衡感和感觉统合能力的提高,使儿童学会走路后不易跌跤,增强动作的灵活性。爬行少的儿童,长大后产生感觉统合失调的比例远远高于那些爬行多的儿童。

3. 爬行可以扩大儿童的视野范围和活动范围,为儿童提供主动探索和独立尝试的机会。儿童会爬行后,自己的行动空间得到了进一步的扩展,也同时拓展了采集信息的范围和渠道。在实际接触周围的环境、事物以及周围人的过程中,儿童的认知能力、交往能力、迂回行为、学习能力、语言表达、概念形成等都得到了提高。Eppler 等研究发现,当物体的听觉和视觉信息能指导儿童的行为时,儿童会增加对这些信息的注意。儿童通过爬行获得了自由移动的能力,并获得大量经验信息,这些信息和经验促进了感知觉的发展,从而提高了儿童的认知能力。因此有人说,爬行能够让儿童更聪明。

4. "摸爬滚打"的过程也锻炼了儿童的意志和胆量,给儿童带来了许多意想不到的乐趣,有利于儿童良好个性的形成。

通常,在 5～6 个月时,儿童就开始为爬行做准备了。他会趴在床上,以腹部为中心,向左右挪动身体打转转。渐渐地,儿童会匍匐爬行,但腹部仍贴着床面,用手肘的力量往前匍匐前进。到了 6～7 个月,儿童趴着时四肢开始不规则地划动,他会把头抬来,向四周看,充满信心地"划"着四肢,但是往往不是向前爬而是向后退,速度也较慢,看上去像一只可爱的小蜗牛。大多数儿童在 8 个月左右,开始学会主动向前爬。9、10 个月左右,儿童就能慢慢悬起身体离开地面,借助膝盖的力量,采用两手、两膝盖前后交替前进的方式顺利向前爬行了。

生活场景再现

小刘发现,自己 6 个月的宝宝开始有爬的愿望了,但是他只能以腹部为支点,四肢腾空,在床上打转! 7 个月的时候,开始用肚子贴地蠕动前行。有趣的是,他一开始只会往后退,就是不会往前,竟然是朝着与目标相反的方向而去。到了 8 个月,宝宝又开始了泳状运动:四肢乱划,简直像个小螃蟹!

随着爬行动作越来越熟练,婴儿还能学会从爬的姿势转为坐的姿势,甚至还能掌握一种"高级"爬行技巧:移动一只胳膊和另一侧的腿向前爬,而不是同时移动同侧的胳膊和腿。但是,如果儿童在爬行时总是用一条腿来带动另一条腿的爬行方式,或者总是用坐姿向前蹭爬,这可能是儿童的肌肉神经或大脑发育出现问题的信号,需要带儿童去医院检查。

有些儿童没有经过爬行很快就学会了走路,家长误认为这是孩子发育好、聪明的表现。其实不然,儿童如果爬行少或没有经历爬行,可能会引起对称性颈紧张反射的动作不成熟,表现为身体的上半部和下半部不自觉地对抗,也容易发生感觉统合失调症。例如,视觉和听觉不协调、视觉和动作不协调、听觉和动作不协调等。统计表明,3~13岁儿童中,有10%~30%的儿童存在感觉统合失调症状,表现为不同程度的注意力不集中、平衡能力差、易摔倒、胆小、内向、手脚笨拙、爱哭、脾气暴躁、不易与人沟通等。这些感觉统和失调的儿童中,90%以上没有经历爬行阶段或爬行时间很短。因此,儿童保健专家呼吁,为了儿童的健康成长,一定要让儿童多练习爬行,爬行是目前国际公认的预防感觉统和失调的最佳手段。

（二）行走

行走是用双脚来移动位置的运动技能,是人类最重要的和最有意义的物种独特性之一。直立行走是人类独有的姿势,是人类在智慧上领先其他动物的第一步。走路对儿童来说是个重要标志,是儿童动作发展的一个里程碑。走路正常,说明他的骨骼、肌肉发育以及平衡、协调能力都是正常的。而且,行走使儿童的躯体移动从被动转为主动,使活动具有了一定的主动性。同时,直立行走解放了儿童的双手,并使儿童的眼、手配合的动作大大增加,这对儿童的脑发育和认知发展都有着良好的促进作用。

儿童1岁左右学会站立后,腰部向前方的生理弯曲逐渐成熟,这个生理弯曲的形成,支持了儿童直立行走的姿势。直立行走扩大了儿童主动活动的范围,扩大了儿童的生活空间,增加了与周围人交往的机会。行走也扩大了儿童的视野和认知范围,使得儿童接受的刺激越来越多,见识更加多、广。

一般来说,一周岁左右的儿童基本上能开始蹒跚独步。但也有些儿童直到16个月才能自己走。11~16个月会走都属于正常现象。14个月左右的儿童可以熟练走路,能够蹲下再起来,有的甚至能够倒退一两步拿东西。15个月左右的儿童可以自由地行走,而且大部分儿童都能够走得比较熟练,他们喜欢边走边推着或拉着玩具玩。18~24月的儿童能够用脚尖走步,但不稳。2~2.5岁的儿童行走能力有了很大进步,他们能向不同方向走、曲线走、侧身走,还能上下楼梯。有些儿童还能倒退行走,但步伐不稳,容易摔跤。如果儿童从学走路开始就出现跛行,可能是单侧髋关节脱位,需要马上去医院检查。

如果儿童在学步期间还具有以下几种表现,也一定要予以重视。

1. 跌跌撞撞

刚开始学走路的时候,所有儿童都难免会跌跌撞撞。一般情况下需要大约3~6个月的时间,儿童才能很好地控制脚步。但如果儿童走路特别容易跌倒,那就可能是儿童的运动功能发育不好或跟腱偏短造成的,或者是骨架结构或控制平衡感的小脑有问题。如果这种情况没有随儿童发育明显改善,建议去医院神经科、小儿外科或骨科进行检查。同时应多加强儿童腿部肌肉的锻炼,多带儿童参与户外活动。

还有的儿童走路总是跌跌撞撞,可能是因为鞋子不合适。鞋子太大或者不跟脚就容易摔跤、绊倒。还有的儿童穿的鞋子太小,这会使脚部血脉不通,让儿童感到不舒服而脚步趔趄。还有的儿童穿厚底鞋从而减少了儿童足底和地面的紧密接触,使儿童不容易感觉到地面的软硬度和斜度,因而身体容易失去平衡而摔倒。因此,学步阶段的儿童,应该选择有纽扣或绑带的鞋子,不能太大或太小,鞋底要薄厚适中,还要柔软、透气。

2. 内外"八字"

人走路时,足的长轴和步伐前进方向有个夹角,称为足的前进角。通常人们走路时脚尖都是朝前的,但有些人走路时脚尖向内或向外。如果向内或向外的夹角大于5度以上,则称为"内八字"脚或"外八字"脚。新生儿出生时胫骨是极度内旋的,但是随着发育成熟,绝大多数的"畸形"会逐渐消失。但是如果到了8岁左右还是"八字"脚,有可能是儿童的下肢出现旋转畸形,需要到医院进行检查。如果"八字"脚引起功能障碍或明显影响美观,就需要考虑手术矫正。如果情况严重,还需要检查是否有痉挛性瘫痪、髋关节发育不良、股骨头骨骺滑脱等疾病。

3. "鸭子步"

如果发现儿童走路像鸭子那样一摆一摆,两条腿移动得很慢,拖拉着往前走,那就有可能是因为扁平足。学龄前的儿童有平足现象是很正常的,在日后的走路过程中,足底会慢慢形成弧度。一般95%的儿童在5岁前脚底会自然出现弧度,扁平足消失。但如果儿童在6岁左右,"鸭子步"依然没有改善,那就可能是因为肌张力低等原因造成的,应及时就医检查。

4. "X""O"型腿

1岁以内的儿童骨质脆弱,肌肉组织娇嫩,肌力很弱,再加上走路姿势不对,因此容易造成双腿弯曲出现畸形,形成"X"型腿或"O"型腿。不但会影响形体健美,还会影响儿童的生长发育。因此,一定要遵循儿童的发育规律,在合适的时间引导儿童学习走路,不能操之过急,一定要讲究科学、安全。

视野拓展

学步车的弊端

儿童学步阶段,要不要使用学步车?经过调查研究,答案是否定的。原因如下:

1. 学步车把儿童束缚在狭小的车身里,限制了儿童自由活动的空间;

2. 学步车减少了儿童锻炼的机会。在正常的学步过程中,儿童是在尝试、摔跤和爬起中学会走路的,这种锻炼有利于提高儿童身体的协调性。同时,儿童在挫折中慢慢成功会产生自豪感,对增强其自信心很有好处。然而,学步车则减少了儿童自主锻炼的机会。

3. 学步车容易酿成可怕的意外事故,增加儿童的危险性。一些成人将儿童搁置在学步车中,就去忙其他的事情,这样容易使儿童发生撞伤,或者接触到危险物品。儿童借助学步车能够自己快速进入危险地带(包括利器、火炉、热水、有毒物品、香水、漱口水、酒精等),本身又没有防范意识和能力,因而容易发生手指夹伤、擦伤、划伤、烫伤和意外中毒等安全事故。根据美国消费者产品安全委员会的统计,每年约有8 800名15个月以下的儿童由于使用学步车而受伤。英国也曾有研究数据显示,儿童用学步车时发生的伤害事故远高于使用其他儿童用品发生事故的概率。

同时,学步车给予儿童快速运动的能力,坐在学步车中的儿童以每秒1米的速度移动,加之学步阶段的儿童头部较重,因此,一旦从楼梯上翻下或因地面不平而翻倒,儿童的头部很容易受伤。

Siegel等的研究也发现儿童学步车弊大于利,因为学步车减少了儿童爬行的机会,减少了儿童本应获得的经验,从而影响其认知能力的发展。

（三）跑

3岁以内儿童的跑实际上是在走的基础上,加大步伐和频率的一种行动方式。跑也是儿童智能发展的标志之一。跑意味着儿童四肢肌肉及腰腹肌肉的力量以及身体的爆发力的进一步增强,意味着儿童可以提高运动速度,并能够参与到年龄较大的儿童的玩耍中。跑还能刺激儿童前庭器官的发育,促进儿童感觉综合功能的发展和平衡能力的提高。

儿童在13~18个月时开始学会跑,但是步伐和节奏都不均匀,上下肢动作也不够协调,只是近似于一种快步走。2岁左右的儿童开始喜欢到处跑,也能较好地控制自己的身体平衡。经常有机会练习上下楼梯的儿童,到了这个年龄开始能够独自上下楼。两周岁以后,儿童能够迈开较大的步子奔跑,还可以追逐跑、绕开障碍跑等。

让儿童进行跑的练习时,可以先牵着儿童的手跑,面对面牵手、侧面牵手都可以。但注意不要用力拉着儿童的手,应尽量让儿童自己掌握平衡,然后逐渐放开儿童的手,让他自己跑。跑的练习还包括让儿童练习自动放慢脚步平稳地停下来,这样才算真正学会了跑。成人可以用口令让儿童学会渐渐放慢步子停稳,还可以通过追逐某个移动的目标(例如皮球、小动物等),让儿童学习停下脚步。

（四）跳

0~3岁儿童的跳表现为双脚离开地面,身体向上腾空的动作。19~24个月的儿童,开始能在原地做并足跳跃动作,还可以原地跳、向前跳等。2岁半时,儿童能单脚原地跳,还能从楼梯末级跳下。2.5~3岁时,能双脚离地腾空连续跳跃2~3次,能跨越一条短的平衡木。3岁左右的儿童能双脚交替上下楼梯,还能并足跳远。

幼小儿童在蹦跳时,容易失去平衡而摔倒,成人一定要注意适当地给予保护,也要创造条件让儿童发展跳跃技能。

三、促进0~3岁儿童粗大动作发展的方法和策略

0~3岁儿童粗大动作的发展对其身体和心理的发展具有重要意义。因此,一定要采取适当的方法和策略来进行训练,有效地促进儿童动作技能的发展。

1. 以儿童为中心,按照儿童的动作发展规律和实际发展水平进行训练

儿童的生理发育有一定的规律和特点,而且每个人的发育水平不同。因此,成人应根据儿童的发展水平和特点选择适当的练习内容,不要过分超前或滞后。还要考虑儿童在动作发展方面的个人差异,动作训练要因人而异,使训练有针对性。每次练习还要注意时间和次数,不要盲目追求运动量和运动强度,以免让儿童的骨骼、肌肉受损。训练过程要循序渐进,动静交替,繁简搭配。

2. 在儿童情绪良好的情况下进行训练

无论是哪种动作的练习,都应该选择儿童情绪良好时进行。如果在儿童身体不适、困倦、情绪不佳的状态下训练,会使儿童感到害怕、紧张、厌烦。儿童情绪不佳时,最好选择一些安静而平和的游戏,使儿童感到平静和舒适,例如说歌谣、拍手等。还可以利用色彩鲜艳、丰富的玩具或其他有趣的东西来吸引儿童,并及时给予儿童鼓励。

3. 选择安全、适合的训练空间和适宜的穿着

适宜的运动空间对儿童进行粗大动作训练是十分必要的。可以根据居住条件,为儿童准备适当的运动空间。如果是在床上,则要注意在床边最好安装护栏,旁边有成人看护,周围移掉不需要的东

西,周围不要有硬的尖角和小东西、小物件,最好将所有的角上套上护垫,以免儿童翻身时碰伤或误食。并根据需要准备被子、枕头、软垫子、玩具等,让儿童在床上安全地"摸爬滚打"。如果是在地面上,则需要在地面上铺上软硬、厚度合适的地毯、地板或席子,让儿童做翻、滚、爬行等各种练习。但是一定要让儿童远离电源插座,远离其他危险物品和环境。除此以外,还需要在窗户、露台和门廊上安装护栏、挡板和安全防护网,防止儿童从高处坠落。如果是在室外,则需要选择宽阔、安全、明亮的地方进行,例如相对柔软的平地、草地,坡度、梯度较小的台阶等,让儿童在自然环境中愉快地练习。

练习时,还要为儿童选择合适的上衣、大小合适的裤子和舒适的鞋子,以免因为穿着不当而影响儿童的活动。

4. 教儿童学习初步的自我保护

大一些的儿童,成人可以教给他们必要的安全常识,提高儿童的自我保护意识和能力。例如,正确的运动姿势,避让和躲闪他人,远离危险品和危险环境等。

第三节　精细动作的发展

精细动作是指个体凭借手以及手指等部位的小肌肉或小肌肉群的运动,在感知觉、注意等心理活动的配合下完成特定任务的动作能力。表现为手和手指的较小动作以及手眼协调能力的发展方面,如抓握、放、捏、伸够、画画、剪贴、折叠、书写等等。手部精细动作的发展是儿童早期最重要的发展成果之一,在0～3岁儿童生理和心理发展上具有非常重要的意义。

手是人体最复杂、最精细的器官之一,人们的生活、学习、劳动等都离不开手的动作。科学家认为,手是使人能够具有高度智慧的三大重要器官之一,是日常活动的重要基础。手也是人类进化的标志,正是因为有了一双灵巧的手,才使人和动物有了本质的区别。它使人类能制造和使用工具,因而获得了其他动物无法实现的生活方式。

儿童双手精细动作的发展不仅标志着大脑神经、骨骼、肌肉和感觉组合的成熟程度,为儿童日后的书写、使用工具等行为打下基础,而且在儿童智能发展中非常重要。手是儿童认识客观世界、与外界交往的重要器官。儿童通过手可以认识事物的各种属性及彼此间的联系,提高自己的知觉能力、思维能力和语言能力。因此有人认为,儿童的智慧产生在手指尖上。手的动作越多、越精巧,就越能在大脑皮层建立更多的神经联系,从而刺激脑部机能,使大脑更聪明,所谓的"手巧心灵"也是这个道理。

与粗大动作发展的逐渐分化不同,儿童精细动作的发展不是与生俱来、自然而然的过程。它不仅需要一个相当长的发育过程,是在多种因素的影响下逐渐发展的。同时,儿童精细动作的发展还是一个逐渐统整和协调的过程,因而涉及手和其他部位的配合与协调。例如,手指之间的协调、手腕和关节的协调、双手之间的配合协调、手眼之间的配合协调等。随着年龄的增长,儿童的精细动作会越来越娴熟、准确。

0～3岁是儿童精细动作发展极为迅速的时期,这一时期发展起来的许多基本动作,成为后来的各种复杂动作的基础。李惠桐等所做的3岁前儿童动作发展调查证明,3岁前儿童手的动作发展在出生后第一年和第三年发展较快,第二年发展较慢,形成了发展的阶段性。出生后第一年,儿童手的动作从什么都不会发展到用手大把抓、拇指和其他四指的抓握,再进一步发展到拇指和食指合作的捏拿、手眼动作越来越协调等,这些都为将来的复杂动作发展做好了最基本的准备。出生后第二年只是巩固了在第一年已经掌握的拇指和食指配合的活动以及手眼动作协调,第三年则在第二年动作的基础上迅速发展,动作更加复杂化。不仅能够完成一些诸如喝水、吃饭、穿衣等事情,也逐渐能够做一些技巧动作,如折纸、画画、搭积木等等。

0～3岁儿童精细动作的发展主要表现在抓握动作、双手协调动作以及手眼协调动作的发展等方面。

一、0～3岁儿童抓握动作的发展

抓握动作是最基本的手部动作之一,是各种复杂动作的基础。儿童大约在两三个月左右时开始出现抓握动作。起初是使用整个手臂,由肩、肘部运动开始,逐渐发展到用拇指,再发展到用四个手指和拇指的指尖进行抓握。儿童从不成熟的抓握模式发展到成熟的"对指抓握"模式,大约在周岁时接近完成。

儿童用手抓握物体,使手成为一个重要的认知器官。儿童通过抓握、抚摸来主动探索和认识周围事物。而且为其知觉的发展以及表象和概念的建立奠定了基础。物体的许多属性,诸如冷暖、软硬、轻重、质地等,都是通过抓握、触摸才能获得的感性经验。成年时对事物的知觉就是依靠这些早期积累的经验,使整体知觉得以迅速实现。同时,儿童在抓握摆弄物体时,"够不着、够得着"这样的实践经验是他们理解远近距离、发展空间知觉的基本条件。在摆弄物体时,反复同一动作总是引起同样效果,这就使儿童获得了关于实际动作跟直接效果之间的因果关系的认识,这种因果关系的认识使儿童对自己的行动后果产生预见性,并在此基础上开始形成有目的的意志行为。在反复做某种动作而达到预期结果的时候,就会使儿童认识到自己是发出动作的主体,并因动作达到预期结果而对自己的能力产生自信心和满足感,这是以后儿童形成自我认识的途径之一。

（一）0～3岁儿童抓握动作的发展特点和规律

抓握动作的发展是一个比较复杂的过程,受大脑视觉中枢、手的运动中枢的联合支配。儿童抓握动作的发展表现为以下几个过程和趋势。

1. 由无意抓握发展到随意抓握(主动抓握)

正常情况下,新生儿的手呈现拇指在手心的握拳状,手还不能主动地张开,也不会抓住物件,即使抓住了物件也会不经意地扔掉。当成人用手指触碰他的掌心时,他就紧紧握住成人的手指,这是一种先天性的抓握反射。2～3个月的儿童,当成人把大小合适的东西放到儿童的手心时,他就能抓住并在手里握较长的时间,好像舍不得放手的样子。三、四个月时,抓握反射消失,儿童的双手从握拳状变为双手张开状,手掌大部分时间都是半开着,而不再像以前那样呈握拳状。之后开始出现无意识抓握,即碰到什么就抓什么,碰不到时手就自由挥舞,这标志着儿童抓握动作的开始。4个月的儿童,吃奶时能用手扶住奶瓶,还经常把手指或拳头放在嘴里吸吮,并且当成是一种快乐的享受。有时还能无意中抓住身边的衣服玩。随着年龄增长,到了5个多月,儿童的抓握动作逐渐由无意抓握发展为随意抓握,表现为拇指和其余四指对立的抓握动作,以及抓握动作过程中的手眼逐渐协调,这标志着儿童手部动作发展的一个重大飞跃。

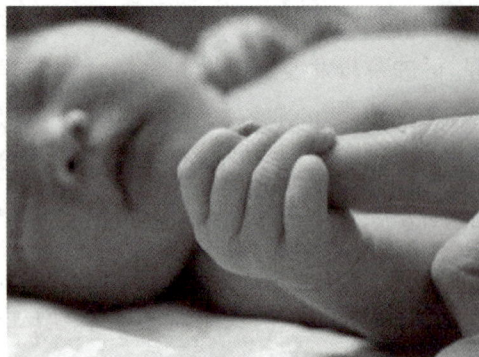

图 3-3　儿童的抓握反射①　　　　　　图 3-4　儿童的随意抓握动作②

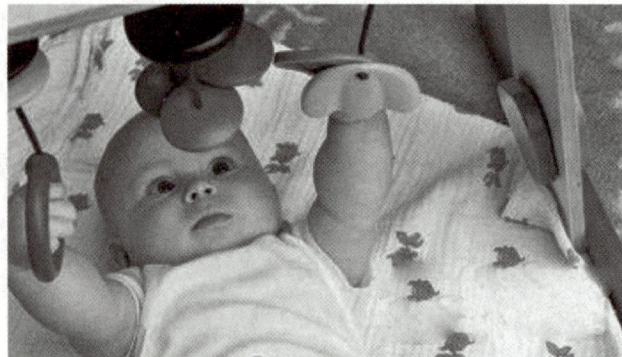

2. 由手掌的尺侧(小拇指侧)抓握发展到桡侧(大拇指侧)抓握

儿童开始抓握时,往往是用手掌的尺侧(小拇指侧)握物,然后逐渐向桡侧发展(大拇指侧),最后发展为用手指握物。五、六个月的儿童,手的动作明显灵巧了,能够抓住近处的玩具,但仅限于大把抓握。8个月的时候,他可以用拇指、食指和中指3个手指把小的东西(葡萄、糖果、花生米、小块积木等)拿起来。九、十个月的时候就可以用拇指和食指对捏,拿起这些物体或者颗粒物。

儿童拇指与其他四指的分化通常在5～6个月期间出现,但会因营养、健康、教养方式等环境因素而有所提前或滞后。

3. 由不成熟的抓握模式(全手掌抓握模式)发展为成熟的对指抓握模式

不成熟的抓握模式是指拇指向下或在与手背平行的高度弯曲取物的模式,即用中指对掌心一把抓。在上肢动作未分化阶段,儿童往往采取此种模式抓握。手的抓握动作有了进一步的发展之后,儿童才逐渐学会用拇指与其余四指对捏的方式,并在抓握过程中,逐步形成眼和手,即视觉和运动觉联合的协调运动。同时,5个月左右的儿童开始具备根据物体大小选择使用单手或双手来抓握物体的能力,抓握动作中的手指随物体尺寸增大而增多,而且受物体形状影响。

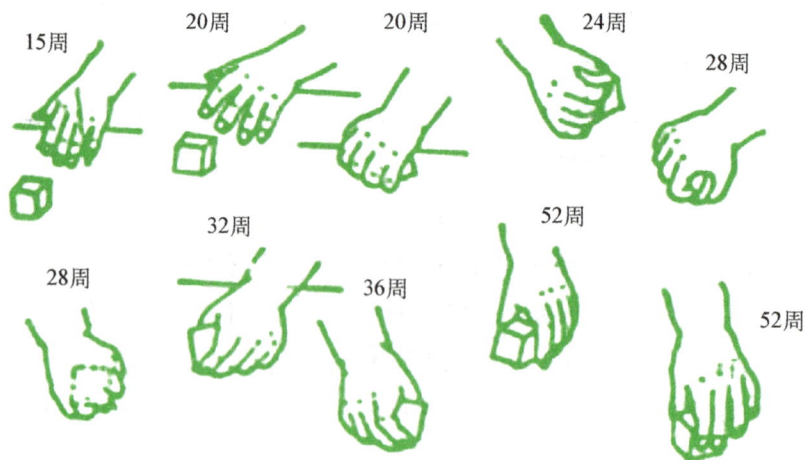

图 3-5　抓握时手型的变化

4. 由抓握物体到放开物体

儿童抓握动作的发展遵循这样四个连续的动作过程:视觉搜索物体——接近物体——抓住物

---

① 图片转引自 http://www.baobao001.com/baby/bbzj/content-2015.html.
② 图片转引自 http://www.mama.cn/.

体——放开物体。当儿童发现他眼前新奇的玩具后,首先是将握着的小手张开,接着在视觉的引导下,用小手接近物品,抓住并握在手中,然后再学会松开手把东西放下。也就是说,儿童首先学会抓握动作,然后再逐渐学会张开手放开物体。

(二)促进0～3岁儿童抓握动作发展的方法和策略

抓握能力是儿童手部精细活动的第一步,抓握动作对促进儿童的手和手臂神经、肌肉的发展十分重要。进行抓握动作训练时,成人应该注意以下几点。

1. 创造条件,利用生活中的各种机会和各种物品对儿童进行抓握训练

光滑、细柄的玩具、成人的拇指或食指等都是训练儿童抓握动作的好"玩具"。最初,成人可以用玩具或物体去轻轻地触碰儿童手的各个部位,引导儿童出现主动的抓物动作,让他们发现自己的手,产生抓握的感受。然后逐步让儿童抓一些软硬、粗细、凉热、方圆、大小不同的物体,让他们感受物体形状、特征的不同。还可以将带响的、容易抓握的玩具挂在儿童床边合适的位置,吸引儿童向左、右、上方、前方去抓握。当儿童轻而易举地抓到玩具时,可以逐渐提升玩具的高度和距离。还可以逐渐通过让儿童自己捏东西吃、拿取物品、填塞、套杯子、捡拾各类物品、敲敲打打、堆叠物品、翻书、撕纸、涂鸦画画、套圈圈、串珠子、使用汤匙和筷子、搭积木、扣扣子、盖瓶盖等方式进行手部抓握动作的训练。

2. 和儿童愉快互动,用游戏等方式提高儿童的练习兴趣

成人在训练儿童进行抓握时,要选在儿童情绪愉快时进行。可以用愉悦的声音或语言引起儿童的兴趣,然后和儿童一起进行抓握练习。例如,成人可以将自己的食指或拇指放在儿童的手心轻轻挠,让他抓握,并轻轻摇动儿童的手向他问好;婴儿会抓后,成人可把手指从儿童的手心移到手掌边缘,或者用玩具碰碰他的手背,吸引儿童转动手腕抓握,提高儿童的手腕、手指的灵活性。

成人还可以与儿童一起玩各种抓握"游戏",来提高儿童的练习兴趣。例如"捉迷藏"游戏:在儿童脸上盖一块手绢或干净的面巾纸,成人在旁边说话,引导儿童自己用手移开手绢或面巾纸。开始时可抓住儿童的手帮助他将手绢移开,以后逐渐减少帮助,促使儿童自己用手抓住手绢移开。儿童成功后,成人应报以微笑、亲吻、拥抱、表扬等,使儿童保持继续游戏的兴趣。

练习抓握动作的游戏很多,成人应注意运用娱乐的方法保持儿童的兴趣,让儿童在愉悦中达到练习的目的。

3. 根据儿童的发展水平和能力来选择训练内容,注意环境的安全性

开始练习抓握动作时,一定要让儿童抓一些大小、形状适合的物品,然后再逐渐抓握一些方块、圆球类的物品,要按照儿童手的大小和抓握能力来选择训练内容。练习内容和方式要由易到难,让儿童逐渐提高抓握能力。

让儿童抓握的物品和玩具要安全,不要太过尖利、刺手,温度要适宜。周围环境不要有插座、热水瓶、刀具等危险品。

4. 不要强制纠正儿童的左利手或右利手

儿童是左利手还是右利手,成人都不要过多干预,更没有必要迫使儿童纠正,两手同时并用更有助于左右大脑的发育。成人不可强求儿童使用左手或右手,否则可能会引起儿童口吃、阅读困难等一系列心理障碍。

左利手更聪明吗?

关于智商和左右利手之间的关系研究早在70多年以前就开始了。1933年,巴克内尔大学的心理学家让339名新入学的男学生接受智商测试,随后,这些学生又接受了左右两只手的力量测试。研究结果显示,这些大学新生的智商不仅和左右手的力量大小没有关系,和两手力量的比例也没有关系。

澳大利亚、英国和新西兰3国的科学家通过大脑研究和整合生物学网络数据库(Brain Research and Integrative Neuroscience Network)获得了895个样本。他们发现,那些不专一的右手使用者的一般认知能力(General Cognitive Ability, GCA)比专一的左利手和右利手都要强一些,而左利手和右利手的一般认知能力则没有很大的不同。

左利手和右利手在认知能力上是否存在差异,是一个仍有争议的问题。即使存在差异,这种差异也不会很大,而且这只是从统计的角度而言。对于某个个体来说,意义更小。

孩子从出生到1岁多时,左右手的使用频率基本一样,没有明显的偏向。2岁多的时候,开始偏向右边;3～4岁时,左利、右利有了明显的分化。这里不仅指左利手、右利手,也包括左利脚、右利脚。我国的左利手比例远远低于西方国家,这与我们的文化环境有关。由于右手在生活、学习中的便捷性高,于是我们潜意识里就将这种用手方式强加给了孩子,不自觉地、强制性地"帮"孩子选择了右手。比如给婴儿喂饭,通常会坐在他的右手边,递东西给他时也习惯递到他的右手;儿童自己尝试吃饭时,全家人示范的大多都是右手拿筷子和勺子;儿童开始涂鸦,成人也习惯将彩笔递到他的右手,并通常握着他的右手进行示范;当儿童开始玩球时,成人示范的是右手拍球、右脚踢球;用剪刀时,右手拿剪刀,左手拿纸……所以到3～4岁时,孩子并不是自然发展的左利或右利,而是被成人训练出来的。

在婴幼儿期,当孩子还没有形成明显的左利、右利时,可以让左手、左脚多多参与活动,如握勺、握笔、拍球、踢球、翻书页、插牙签、用剪刀、穿珠子、摆积木、涂色画画等,都可以用双手进行。不要过早提示、强调让孩子只使用右手。1～3岁时,最好是左右手共用,如果儿童6岁之前形成了右利手,也一定要有意识地锻炼儿童的左手,不要让左手就此"空闲"。

二、0～3岁儿童双手协调动作的发展

儿童的双手协调动作是指同时使用双手操作物体的能力,例如,儿童将物体从一只手传递到另一只手,同时使用双手进行游戏等。儿童双手动作协调发展的过程也是他手部精细动作逐渐发展的过程,伴随着双手协调动作的发展,儿童逐渐学会用双手配合拿取、捏、抓、撕、拍、团、砸、敲、拧、剪、夹、舀、套、拼、画、折纸、镶嵌等动作。

(一)0～3岁儿童双手协调动作发展的特点

4个月之前的儿童,还不能用两只手进行协同活动,还没有出现双手协调动作,一般是单手抓握。4～5个月时,当儿童看到亲人或玩具时,会主动伸出手来抓摸和玩弄,而且发出快乐的声音。之后能每只手各抓住一样东西,并逐渐地能向家人同时伸出双臂,或用双手抓住物体并保持在身体中线处。

6个月后的儿童,双手的动作发展越来越复杂,也更加灵活。儿童的兴趣也从自身的动作转移到了对动作对象特征的探究。他们能双手抓住物体,初步感受物体的大小,并能从一只手摆弄物体到两只手同时摆弄物体。他们还特别喜欢把手或者任何人给的任何东西放入口中,甚至经常双手抓住自己的小脚放到嘴里。但是,这个时期的儿童抓物时,通常会像"狗熊掰棒子"那样,抓住第二次给他的东西而扔掉先拿着的其他东西。

7个月后的儿童,开始双手摆弄抓到的物体,并能同时摆弄两个物体,还能把双手之间的物体进行交换。儿童不再抱着自己的手或脚啃咬,而开始对外界的事物感兴趣,继而出现扔、撕、咬、抓等行为,如撕纸、扔玩具、咬玩具等。

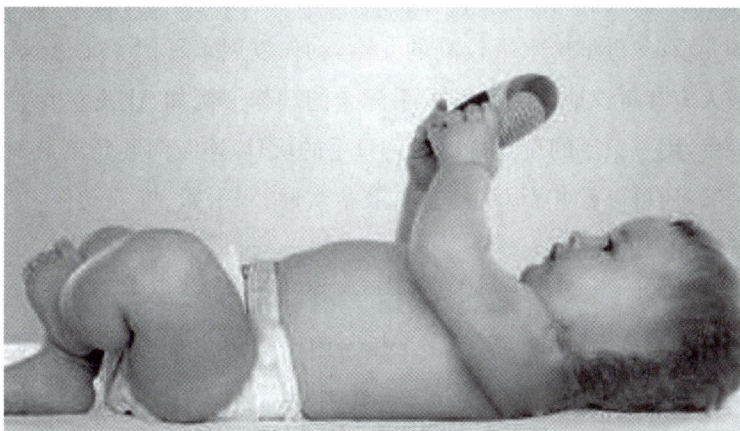

图 3-6　双手抓握①

8～10个月的儿童,开始学习用手探索所有的东西,他们可以准确地把大多数固体物质放入口中。10个月的儿童有时会拿着棍子、钩子、耙子等把本来够不到的东西够过来,并且有时会根据要够的东西选择合适的工具。

1岁以内的儿童,使用工具的时候还不会提前计划使用过程,而是在操作过程中不断调整。例如,当9个多月的儿童抓起了一把勺子,可能手抓的是勺头,不是勺把,当他发现勺把不能舀东西后,就开始转手、转胳膊,把勺子换到另外一只手上。这些调整有时不一定能解决问题,但是儿童的尝试加上成人的指点,会让儿童逐渐知道该抓哪头、怎么抓、如何伸手够到东西等。他的动作得到了锻炼,经验得到了提升,并伴随成功而使某种动作得到强化。

12～15个月的儿童,会双手合作打开瓶盖,进行两物对敲。也可以用一只手固定容器,另一只手从中取出或向其中放入物体。

13～18个月的儿童,会用双手将两三块积木垒高,能双手捧碗,并试着自己双手配合用勺进食,还能左手扶住纸张,右手抓住笔来涂画。

19～24个月的儿童,能双手合作把五六块积木搭成塔,并能双手配合用线穿进扣眼,还能自己用汤勺吃东西。他们可以用不同的方式摆弄各种物体。例如,把小盒子放在大盒子里,用小棒击打铃铛等。

25～30个月的儿童,会自己洗手擦脸,画垂直线、水平线,还能一只手摁住书,另一只手一页一页地翻书,会两手配合穿鞋袜、解衣扣、拉拉链等,进行简单的自我服务。

---

① 图片转引自 http://www.mama.cn/.

31～36个月的儿童,能用积木搭成较形象的物体,能模仿画圆、十字形等图形,并开始使用筷子等。

儿童在双手摆弄物体的过程中,手部小肌肉群得到了很好的锻炼,双手动作也越来越娴熟、精细、协调,并逐步形成手和眼的协调运动。

(二)促进0～3岁儿童双手协调动作发展的方法和策略

成人应根据儿童精细动作发展的顺序和特点,创设丰富、有利的环境,有意识地对儿童进行精细动作训练,有效促进其生理和心理的发展。

1. 成人要进行耐心细致的示范

成人的示范对儿童双手协调动作的发展有促进作用。有研究显示,父母抚养的儿童动作发展水平优于非父母抚养的儿童;父母学历水平较高的儿童,动作发展水平优于父母学历水平较低的儿童。因此,在儿童面前,成人应有意识地示范各种双手配合的动作。例如,让儿童看着自己将手中的东西从一只手传到另一只手,用一只手的玩具打击另一只手的玩具,连续向儿童的某只手传递玩具或食物等,让儿童学习"倒手"。还可以教儿童双手对捏、鼓掌欢迎、双手搬、推等动作,促进儿童双手协调以及手、眼、耳的感觉统合能力的发展。

2. 让儿童发现自己的双手

3个月大的儿童会认识到自己有两只手,并开始用两只手去探索世界。成人可以有意识地让儿童双手碰、拉在一起,抓住儿童的手对蹭。4～5个月以后,可以让儿童双手抱瓶喝水、喝奶,让儿童双手抱在胸前练习双臂交叉的动作,感受双臂的力量,还可以让儿童进行"爱的拥抱"游戏,即双手交叉握着儿童的双手,然后将儿童的双手慢慢地拉至另一边的肩膀上,就像自己抱着自己。然后让儿童用自己的手轻摸自己的背部和脸部,最后放松双臂复原。随着年龄的增长,可以用面团、黏土、橡皮泥、陶土等能任意变形的物质,让儿童体会到双手具有改变物质形态的力量。还可以用开关抽屉、开关瓶盖、开关各类盒子、把东西拿出来装进去、够取小物体等方面的动作,让儿童体会手的动作带来的物体位置和空间的变化。还可以让儿童多做撕纸、剪纸、积木拼插、手掌对搓等游戏,让儿童在活动中发现双手,发展双手协调动作。

三、0～3岁儿童手眼协调能力的发展

手眼协调动作是指人在视觉配合下,手的精细动作的协调性,是儿童在抓握动作发展的过程中逐步形成的视觉和动觉的联合协调运动。表现为眼睛将所看到的刺激传达给大脑,大脑再发出指令由手来操作完成。手眼协调动作是人体运动智能中精细动作能力的一部分,是精细动作发展的关键。手眼协调能力的发展,对促进儿童的运动能力、智力以及行为等具有非常重要的作用和意义。研究表明,新生儿对外界的认识,是借助视觉引导手部的运动而获得的。通过手和眼的共同作用,儿童可以认识手中物品的特性。例如,眼睛可以看到物品的色彩、形状、大小等,而手则可以触摸物品,感受它的软硬、粗糙度、冷热等特性。通过这些,儿童可以更快更全面地了解周围环境。此外,在眼睛的监控下,通过手的摆弄,儿童还可以发现物体的上下、左右、前后等空间特性,认识事物的关系和联系,提高知觉的完整性和具体思维能力。

手眼协调能力的发展是随着神经系统的发育成熟而逐渐发展起来的,手眼协调能力的发展也标志着神经发育的成熟程度。能看清物体,分辩物体的空间位置,是儿童手眼协调的基础。5～8个月是

儿童建立手眼协调的时期,独坐能力的获得,更加解放了儿童的双手,使儿童手眼协调能力和双手协调自主控制动作的能力得到了迅速发展,也进入了用眼睛引导手的动作以及手功能呈现多样化的发展阶段。随着动作灵巧性的不断提高,儿童双手和上下肢的协调能力也得到了进一步的发展。

（一）0～3岁儿童手眼协调能力发展的特点

儿童刚出生时,还没有空间的概念。他的眼睛不能停留在任何物体上,直至第2个月时,视觉才逐渐集中起来。而且,在这一时期,儿童的视觉距离是非常有限的,只能较清晰地看到距离20厘米左右的物件。如果这个物件慢慢地移动,而且移动的范围很小,儿童的视觉还能够追随这个物件,如果物件移动得太快或距离太远,儿童就无法跟上这个物件而注视它。

2个月之后,儿童开始能够注视物体,并学习控制自己手的能力,他会端详自己的小手或摇晃玩具,或者吮吸自己的手指。开始时,儿童将整个手放到嘴里,然后过渡到吮吸两三个手指,最后发展到只吮吸1个手指。对于儿童来说,吮指是一种学习和玩耍。从笨拙地吮吸整只手发展到灵巧地吮吸某一个手指,这说明儿童支配自己行为的能力在提高。儿童吮吸手指是智力发展的一个信号,是儿童进入手指功能分化和手眼协调准备阶段的标志之一。

3个月时,当一个物体在儿童的视线之内缓慢移动时,他会盯着那个物体,如果他觉得那个物体很靠近他,他会伸出手去触碰,但是手的活动范围与视线不交叉。

5个月时,儿童开始看自己的手和辨认眼前目标,会将东西放进嘴里,但是伸手够玩具时往往抓不准。

6个月之后,手的活动范围开始与视线交叉,能基本准确地抓握,而且还会两手互相传递。双眼可以监控双手玩弄物品,但手眼协调能力仍然比较差。

9个月时,儿童能用眼睛去寻找从手中掉落的物品,而且喜欢用手拿着小棒敲打物品,尤其喜欢敲打能发出声音的各类玩具与物品。

10～12个月的儿童,能用手指捏东西,能够理解手中抓着的玩具与掉落在地上的玩具之间的因果关系,因此喜欢故意把抓在手中的玩具扔掉,并且用眼睛看着扔掉的玩具。如果成人对此故意做出"恼怒"状,并柔声"呵斥"儿童时,儿童会咯咯大笑,并一次次扔掉成人捡回来的玩具,他以为成人在逗他玩儿。

1周岁以后的儿童手眼动作已基本协调,已能完成一些基本的操作活动,开始尝试拿笔在纸上涂画,还能翻看带画的图书。

18～24个月的儿童,出现更高级的手眼协调动作,即独自用三、四块积木搭"楼房",2岁能搭七八层高。还喜欢拿着笔在纸上画长线条,把水从一只杯子倒入另一只杯子等。

3岁以后,手眼协调能力获得大幅度的发展,能够比较准确地拿到视线范围以内的东西。

（二）促进0～3岁儿童手眼协调能力发展的方法和策略

每个儿童手眼协调能力的发展与他们所处的环境、成人的教育有着非常密切的关系。在这个时期给儿童提供丰富的感觉运动经验,帮助儿童协调各种感觉运动,对于儿童动作的发展以及整个心理的发展都有重要意义。成人应积极创造条件,在儿童成长的不同阶段,采用不同的方式帮助儿童提高手眼协调能力。

1. 通过涂鸦、画画等操作活动提高儿童的手眼协调能力

发展手眼协调的途径和方法虽然多种多样,但对于0～3岁儿童来说,涂鸦是十分有效的途径。

一岁多时，儿童开始喜欢涂鸦，喜欢拿笔在纸张上涂出线条与色彩。儿童涂鸦的目的也许并不是想画出什么，他们只是喜欢这种特别的活动。涂鸦不仅可以发展儿童的手眼协调能力，还能激发儿童的创作兴趣。因此，成人需要用心观察，及时捕捉儿童的"涂鸦敏感期"和"感官敏感期"，抓住合适的教育契机。一方面要给孩子涂鸦提供必要的条件，包括纸、笔和适合涂鸦的场所，使孩子有更多的创作机会；另一方面，要利用涂色、染色、想象故事情节来保持儿童涂鸦的兴趣。

成人还可以运用其他有趣的方法来激发儿童涂画的兴趣。例如，手指画、沙画、在泥土上画画等。有意识地引导儿童画小雨点、小草、小花、小汽车等物体和情节，同时成人要给儿童自由创作的空间，多让儿童自己去发挥，不要过多限制。

2. 利用日常生活和各种游戏活动锻炼手眼协调能力

成人在日常生活中要多给儿童提供练习的机会，例如，孩子吃奶时，可让孩子扶着妈妈的乳房或奶瓶；大一点的孩子可以逐渐练习自己吃东西，自己用杯子喝水，自己动手使用汤匙和筷子吃饭，自己穿脱衣服、扣扣子、脱鞋、照镜子指认五官、拿钥匙开锁、开关抽屉、拾物、找物等，成人要给儿童尽量多的锻炼机会，不要事事包办代替。

成人还可以从儿童感兴趣的活动出发，用游戏的方式来锻炼儿童的手眼协调能力。例如，较小的儿童可以玩撕纸、翻书、敲敲打打、套圈、套杯子等游戏活动，大一些的儿童，可以玩串珠、拼图、插板、捡豆豆、堆叠物品、串珠子、搭积木、旋转瓶盖、撕纸、开锁、抛气球、弹球、自制玩具等游戏活动。还可以让儿童从事一些大运动方面的游戏，例如投篮、拍球、传球、爬行等，这些也是促进儿童手眼协调能力发展的良好途径。

应该注意的是，儿童在做各种游戏活动时，可能会造成环境的脏、乱、差等情况，成人应予以谅解。

3. 带儿童到大自然中去

大自然为儿童提供了广阔的锻炼空间，成人可以带儿童到大自然中去，捡小石子、扑蝴蝶、捉蜻蜓、抓蚂蚱、捉小蚂蚁……让儿童听一听、摸一摸、看一看，感受不同颜色、形状、质地的物体，体会大自然的神奇。大自然多姿多彩的环境以及不断变化的场景，都能给儿童带来不同的惊喜，吸引着他们用手去看、去触摸、去行动，而这些正是让儿童手、眼互动起来的动力。成人应该学会利用大自然这本教材，引领儿童在其中进行各种探索和锻炼。

【家园共育协调点】

儿童发育过程中，抬头、翻身、坐、爬、站、走、跑等阶段的发展是有规律的，如果提早或是剥夺了孩子的发育过程，那么孩子的四肢及各种感官协调得不到足够的训练，大脑中本应由此而形成的各有关部位的协调运动和神经联系就不能建立，这样就会导致孩子出现感觉统合失调。孩子长大后，就有可能出现学习困难、多动症、脾气不好等种种情况。因此，"拔苗助长"对孩子的健康是不利的。应按照儿童生长发育的规律进行适当的训练。

孩子个体发育不但受遗传影响，而且还受所处的环境、抚养方式等多种因素的影响和制约。因此，尽管年龄、月份相同，但就个体来说，其发育情况会有一定的差异。有的快些，有的则慢些。儿童的发育还与季节有关，如果是冬天出生的婴儿，走路可能迟些，因为他们1周岁左右正值第二年的冬季，穿着臃肿的厚衣服，活动受限不方便，因此走路可能会晚一些。只要按照儿童的生理发育规律科学育儿，保障营养，经常户外活动，到一定年龄自然会坐、会走，父母不必过于担心。

3 岁之前的儿童,手指发育不完全成熟,一些精细的动作还需要慢慢练习。让孩子拿着笔,轻松地涂涂画画,做一些涂画练习,都能很好地提高孩子的精细动作能力,也能培养孩子对"拿笔"的兴趣。而写字对孩子的结构把握能力、空间感受能力、手关节技巧都有一定要求,如果过早接触的话,很容易养成错误的执笔、书写习惯,甚至可能引起孩子手指变形和对书写的厌恶与反感。因此,3 岁前的孩子可以早"拿笔",但不必早写字。

【0～3 岁儿童教育机构看点】

所有动作训练都应该在儿童安静、觉醒、愉快的状态下进行,此时,儿童注意力最集中。如果在训练过程中,儿童出现注意力不集中、哭闹等现象,应停止训练,待儿童安静、觉醒时再重新进行。

早教机构不应片面关注儿童的表现,而应该注意对家长进行指导。对家长的指导也不应局限于简单的招式示范,或者让家长简单、盲目地模仿,而应该对教育原理进行解释,让家长知道其然,又知道其所以然。早教机构应该对家庭教育起到引领、示范的作用。

【请你思考】

1. 0～3 岁儿童动作发展的意义是什么?

2. 0～3 岁儿童动作发展的规律是什么?

3. 什么是粗大动作? 0～3 岁儿童粗大动作的发展有什么特点?

4. 什么是精细动作? 0～3 岁儿童精细动作的发展有什么特点?

5. 促进 0～3 岁儿童粗大动作发展的方法和策略有哪些?

6. 促进 0～3 岁儿童精细动作发展的方法和策略有哪些?

【实践活动】

从 0～3 岁儿童粗大动作和精细动作发展中任选一个主题,根据其发展特点设计一个适宜的亲子游戏。

【样例一】

活动名称:"放进去,拿出来"

适宜年龄:9～10 个月

活动组织者:家长或早教指导师

活动目标:

1. 促进婴儿的手部抓、捏动作和手眼协调能力的发展;

2. 促进婴儿言语和认知能力的发展。

活动准备:"百宝箱"一个,里面可以放一些大小、形状、种类不同的玩具,或者合适的糖果等。

活动过程:

1. 儿童坐在大人的旁边,大人拿出"百宝箱",让儿童看着把玩具(或糖果)一件一件地放进"百宝箱"里,边做边说"我把╳╳放进去"。

2. 然后让儿童看着一件件地拿出来,边做边说"我把╳╳拿出来"。

3. 让儿童把某件东西"放进去"或"拿出来"。

活动注意：

可反复进行，儿童拿对了要表扬鼓励。每次练习以儿童的兴趣和情绪为参考，时间不要过长。

随着儿童的长大，可以加上一些描述性的语言，如："我把××颜色（形状）的××放进去"，提高儿童的言语和认知能力的发展。

放进"百宝箱"的东西可以随时更换。

大人要注意防止儿童把东西放进嘴里呛住。

【样例二】

活动名称："你追我赶"

适宜年龄：18～24个月

活动组织者：家长

活动目标：促进婴儿走、跑、跳等动作的发展

活动准备：室外相应的场地

活动过程：

1. 家长与儿童相约做"你追我赶"游戏，一方跑、躲闪，另一方追逐。家长跑时可以一边跑一边说"你都追上我了，我快跑不动了"，激发儿童的活动热情。

2. 在地上画长度适宜的"S"形线或其他样式的路线，双方踩着线做"你追我赶"游戏。

3. 随着儿童渐长，可以让儿童骑小三轮童车或其他方式和成人做"你追我赶"游戏。

（游戏过程要注意安全还要根据儿童的情绪和体力进行，不要太过劳累。）

【参考文献】

1. 李红，何磊. 儿童早期的动作发展对认知发展的作用[J]. 心理科学进展，2003，11(3)：315-320.

2. 林崇德. 发展心理学 [M]. 北京：人民教育出版社，1995.

3. 李惠桐，李圣丽. 三岁前儿童动作发展的教养[M]. 天津：天津科学技术出版社，1988：88-89.

4. 陈春梅. 0～3岁儿童动作发展与训练[M]. 上海：复旦大学出版社，2014.8.

5. 董奇，陶沙，曾琦. 论动作在个体早期心理发展中的作用[J]. 北京师范大学学报（哲学社会版），1997(4)：48-55.

6. 发育指标[EB/OL]. 2015.04.27. http://baobao.sohu.com/20150427/n411943261.shtml.

7. 崔晓文. 宝宝的精细动作发展[EB/OL]. http://baobao.sohu.com/s2010/jingxidongzuo.

第四章

认 知 发 展

【学习目标】

1. 掌握 0～3 岁儿童几种主要的感觉和知觉的发展特点与规律。

2. 掌握 0～3 岁儿童注意发展的特点,重点掌握无意注意的发展规律。

3. 掌握 0～3 岁儿童记忆发展的特点和规律。

4. 掌握 0～3 岁儿童思维发展的特点和规律,重点掌握皮亚杰感知运动阶段的思维发展特点。

第一节　感知觉的发展

感觉是人脑对直接作用于感觉器官的客观事物的个别属性的反映,其实质是回答作用于感官的事物"怎么样"的问题。例如,当我们欣赏一朵花的时候,我们通过眼睛能看到花瓣的形状和颜色(视觉),通过鼻子能嗅到它的香味(味觉),通过手能触摸到它花瓣的柔软(触觉)。事物的颜色、声音、气味、形状、软硬等都是其个别属性。

知觉是人脑对直接作用于感觉器官的客观事物的整体属性的反映,其实质是回答作用于感官的事物"是什么"的问题。例如,当我们观察一朵花时,不会孤立地反映它的颜色、形状、气味等个别属性,而是通过大脑的分析与综合活动,从整体上、几乎与感觉同时地反映出这是一朵花,而不是一根草或一块砖头,这就是知觉。

感觉是人与生俱来的、最早显现、最简单的心理现象。大量的研究表明,某些感觉在胎儿期就已经出现,比如,20 周的胎儿已能对声音作出反应,4～5 个月的胎儿可以对妈妈腹外的强光刺激作出反应。对于婴儿来说,感知觉是他们认识周围环境和自我的主要手段,也是其今后记忆、思维、想象等高级心理现象发展的基础。感知能力发展得越充分,记忆贮存的知识经验就越丰富,思维、想象发展的潜力就越大。感知觉在婴幼儿期发展最为迅速,很多感知觉都已接近或达到成人水平。

一、感觉的发展

根据刺激来源的不同,可以将感觉分为外部感觉和内部感觉。外部感觉反映的是来自体外刺激的个别属性,主要有视觉、听觉、嗅觉、味觉、肤觉等;内部感觉主要反映的是来自个体内的刺激的个别属性,如个体自身的位置、运动和内脏器官的不同状态,包括运动觉、平衡觉和肌体觉。Richard Brodie指出6个月之前儿童的发展主要是运动技能和五大感觉的发展,五大感觉分别是味觉、触觉、嗅觉、听觉和视觉。0～3岁儿童的感觉发展有何特点和规律? 下面从这几种0～3岁儿童认识世界的主要感觉通道来展开介绍。

(一)视觉

视觉是人最重要的感觉通道。据研究,人对外界信息的感知有80％左右是通过视觉获得的。对难以通过语言听觉获取信息的0～3岁儿童来说,视觉对于其认识和探索周围环境具有非常重要的意义。0～3岁儿童的视觉发展主要表现在视觉集中、视敏度和颜色视觉这几个方面。

1. 视觉的发生

"儿童刚生下来时既盲又聋,而且要经过很多周以后才能注视物体",这是20世纪初医学界的普遍共识。随着对儿童视觉研究的不断推进,人们发现新生儿即具备了一定的视觉分辨和视觉记忆能力,会对长时间观察的物体的注意时间逐渐缩短,似乎有些厌倦,而当新的物体出现时,又会表现出兴趣,注意的时间延长。当妈妈的装扮发生变化,例如突然戴上口罩或是框架眼镜,宝宝会表现出迷惑不解的神情。有研究甚至发现4～5个月的胎儿就已经能够对照射在母亲肚子上的强光作出视觉反应。

2. 视觉集中能力的发展

由于眼肌协调能力差,在最初出生的2～3周内,儿童很难将视觉焦点保持在客体上。这个时候,常可以看到儿童两眼不协调的运动,如两只眼分别向右和向左,或是合在一起(俗称"斗鸡眼")。出生2～3周后,儿童开始能够将视线集中在物体上,集中的时间较短。当新生儿注视一个运动的物体时,其很难像成人那样灵活地控制眼球、连续地追随物体的运动轨迹,而是会出现间断的、跳跃式的注视。2个月左右的儿童开始出现明显的视觉集中活动,尤其是对人脸容易产生视觉集中,并出现了"追视"现象,即能够用眼睛追随物体做缓慢的水平运动。3个月时,能够追随物体做圆周运动。儿童的视觉集中能力在其出生后的6个月内一直在不断发展提高,视觉集中的时间和距离都在逐渐延长。3～5周的儿童能对距离1～1.5米的物体注视5秒,3个月的儿童能对距离4～7米的物体注视7～10分钟,5～6个月的儿童已经能够注视相当远距离的物体了,如天上的飞机。

3. 视敏度的发展

视敏度即是我们常说的"视力",是指眼睛精确地辨别细小物体或一定距离以外物体细微部分的能力。例如标准视力表就是通过检验被测者在5米的距离处分辨"E"字缺口方向的能力来确定其视敏度。

人们往往以为儿童的视敏度要高于成人,但实际上1岁之前儿童的视敏度尚未达到正常成人水平,是随着生长成熟不断发展的。新生儿眼睛看到的东西是什么样的呢? 由于新生儿晶状体的变形能力很差,难以对视觉对象进行有效的聚焦,因此视觉对象投射在其视网膜上的影像是模糊的,甚至是重叠的。根据Snellen标记,正常成人的视敏度为20/20,是指正常成人在距离视觉对象20英尺地方的视力与在 20 英尺处的标准视力一致。如果一个人的视敏度为 20/40,则表示其在 20 英尺处的视力相当于在 40 英尺处的标准视力,说明此人是近视。研究显示,一个月以下的新生儿的视敏度的范围是 20/200 到 20/600 之间(Schiffman et al.,2000),即正常成人在距离 200～600 英尺距离能看清的细节,一个月以下的新生儿要在 20 英尺处才能看见,可见其是"高度近视"的。新生儿的最佳注视距离约 15～20 厘米,因此悬挂玩具或其他提供给新生儿观察的物件应该放在距离婴儿眼前 20 厘米处。有趣的是当妈妈给新生儿喂母乳时,其面孔与新生儿的距离正好处于最佳注视距离,因此喂食母乳是新生儿观察母亲、熟悉母亲的天然最佳时机。

出生 1 个月后儿童的视敏度快速发展,6 个月时已经达到 20/100,因此出生后半年是儿童视敏度发展的关键期。

4. 颜色视觉的发展

颜色视觉是指辨别颜色细微差异的能力,也称辨色力。

儿童出生后不久便具备了一定的颜色视觉。有人做过这样一个实验:向 3 个月大的婴儿呈现两个除了颜色不同的一模一样的圆盘,一个圆盘是灰色的,另一个是彩色的,测量婴儿分别注视两个盘子的时间。结果发现,婴儿注视彩色圆盘的时间几乎是注视灰色圆盘的两倍。说明婴儿已经能够分辨灰色和彩色,并且更偏爱彩色。

研究发现,3 个月前的婴儿对视觉感受器——红、绿、蓝三色椎体细胞中来自蓝色椎体细胞的信息未能有效利用,因此对蓝色比较不敏感。所以对这个时期的婴儿进行颜色视觉的练习时尽量不选择蓝色。3 个月的婴儿已经获得三色视觉辨别,具有分辨各种颜色的能力,4 个月时颜色的感知能力已经接近成人。

2 岁左右的儿童已经能认识一些颜色,认识红、黄、蓝、绿等基本色要比混合色(如紫红)和近似色(深蓝和浅蓝)更容易。

3 岁儿童能认清基本颜色,但对各种颜色的色度难以辨别,如蓝和天蓝,绿和草绿。儿童在颜色视觉习得过程中,一般先能分辨和认识颜色,然后才掌握颜色的名称。3 岁的儿童开始能说出一些颜色的名称。研究发现,2～3 岁儿童比较偏爱暖色,而不太喜欢冷色,对颜色偏爱的一般顺序为:红、黄、绿、橙、蓝、白、黑、紫。

生活场景再现

沫沫一周岁了,按照传统习俗可以抓周了。沫沫爸爸找来书、钢笔、百元大钞、饼干、手机、小算盘,在离沫沫一段距离处排成一排,让沫沫去抓。结果沫沫爬过来最先抓起了百元大钞,大人们都笑着说沫沫以后会挣大钱。抓周是否能预见未来发展暂且不谈,或许沫沫只是因为喜欢百元大钞的红色呢!

采用适当的早期教育,可以帮助 0～3 儿童发展颜色认知能力。了解儿童的变色能力常用的方法有:配对法(将相同的颜色进行配对)、指认法(在听到颜色名称后指出正确颜色)和命名法(说出颜色的名称)。

（二）听觉

听觉也是儿童探索世界、获取外部环境中信息的极其重要的感觉通道。对于儿童来说,听觉还是其学习言语的基础,一些出生即失去听觉能力的儿童往往即使有健全的发音器官,也是难以学会说话的。

1. 听觉的发生

儿童心理学鼻祖普莱尔曾说过:"一切婴儿刚生下来都是耳聋的。"然而生理、心理相关研究均证实,听觉在胎儿5～6个月的时候就已形成。一些孕妇报告,6个月以上的胎儿会在外界出现诸如汽车喇叭之类的大声响时做出翻身、踢腿等动作反应。法国心理学家认为,8个月以后的胎儿,对低音比高音的感受更敏感,因此父亲的声音比母亲的声音更能引起胎儿的反应。所以此时父亲多跟胎儿交流,将对胎儿的发展很有益处。国外曾有报道:在胎儿7～8个月时,开始隔日一次对胎儿播放《彼得和狼》的乐曲,一直持续到出生。出生后,当婴儿哭闹时播放该曲,婴儿就会很快平静下来,甚至会随着音乐的节奏摆动双手,而其他的乐曲则达不到此等效果。这些事实和研究表明,胎儿即具备了基本的听觉能力,并且有了听觉记忆。

2. 听觉敏度

新生儿的听觉敏锐度较差,对较弱的声音不敏感。刚能引起新生儿听觉的声音刺激比刚能引起成人听觉的声音刺激,在较好的状态下,大概高10～20分贝,在较差的状态下,大概高40～50分贝。在刚出生的几小时,新生儿的听力跟成人感冒时的水平差不多,这可能与其内耳的羊水还未排干净有关。从出生开始,随着年龄的增长,儿童的听力逐渐提高,大概在14～19岁达到听力最好的状态。

新生儿不仅能够听到,而且具有一定的辨别声音差异的能力。声音的差异主要有:高低、强弱、品质和持续时间等。通过练习,出生两天的新生儿就可以学会听到"嘀嘀"声向左转头,听到"咔嚓"声向右转头。研究者还发现低频声音比高频声音对儿童具有更好的安抚作用,这其实在8个月的胎儿时期就表现出来了。

儿童与生俱来对语音非常敏感,这可能是人类在漫长的种族进化过程中积累的本能。美国的一项研究发现:东部出生1～2天的婴儿对成人语音、磁带播放的美国口语、汉语的行为反应明显多于对分散元音和有规律敲击声的行为反应。2～3个月的儿童能够分辨非常相似的发音(如 ba 和 pa)。4个多月的儿童能够记忆和分辨经常听到的词语,如听到有人叫自己的名字会将头转向声音传来的方向,虽然此时的儿童也许并不理解名字代表的就是自己。儿童语音听觉的敏度随着年龄的增长而提高,早期如果为儿童创造丰富的语音环境将对其语音听觉的发展和后期口语的发展起到积极的促进作用。因此成人应多与儿童进行语言交流,即使他们还不能给予语言的反馈。

3. 听觉偏好

儿童对于语音和音乐的偏爱是具有先天性的。研究发现,1～2个月的儿童似乎已经偏爱乐音(有规律而和谐的声音)而不喜欢噪声(杂乱无章的声音);2个月以上的儿童更喜欢优美舒缓的音乐,而不喜欢强烈紧张的音乐,因此贝多芬音乐比摇滚乐更适合这个时期的儿童;7～8个月的儿童已经会合着音乐的节拍而舞动四肢和身体。儿童喜欢听说话的声音,尤其喜欢母亲说话的声音。即使是出生只有3天的新生儿,也能表现出对母亲声音的偏好。研究发现,新生儿听到母亲的录音时比听另一个妇女的录音时,吸奶的速度更快、更有力。儿童喜欢安详、愉快、柔和的语调,而对生硬、呆板、严厉的声音则会表示烦躁、不安。

（三）触觉

触觉是胎儿最先获得的感觉。当胎儿约 5～6 周时，触觉功能已开始运作；2 个月时胎儿就已出现觅食反射的迹象了；4 个月的胎儿已会借由吸吮拇指来安抚自己；妊娠期 32 周时，胎儿身体的各个部位都能感觉到触碰。新生儿触觉最灵敏的部位为唇、舌、耳朵及前额，靠着唇部敏锐的触觉搜寻奶嘴或乳头，以获取口腹的满足，并带来舒适放松的情绪。新生儿的手、脚对触觉刺激也很敏感，可借着双手到处摸索、操弄玩具，以了解物质的温度、湿度、硬度与质感。一般来说，轻拍背部或按摩全身肌肤可使新生儿安静下来，疼痛刺激则可使其出现哭泣、皱眉或扭曲脸部等生气、难过的表情。

20 世纪 40 年代初纽约市一名儿科医生为了挽救濒死的早产儿，要求所有的医护人员每天都要搂抱襁褓中的宝宝，结果婴儿死亡率迅速下降趋近于零。美国迈阿密接触研究机构负责人菲尔德指出：人体的肌肤和胃一样需要进食以消除饥饿感，而进食的方式便是抚爱和触摸。心理学家米拉尔德提出"皮肤饥饿"理论，认为儿童天生就有被触摸的需求。如果让孩子长时间处于"皮肤饥饿"状态，会引起孩子食欲不振、智力发育迟缓及行为异常。这些患"皮肤饥饿症"的孩子，往往会表现出咬手指、啃玩具、哭闹不安等极度缺乏安全感的特征。常在亲人怀抱中的儿童，能感受到与亲人紧密相连的安全感，因而啼哭少，睡眠好，体重增加快，抵抗力较强，智力发育也明显提前。在日常生活中，父母可利用喂奶、洗澡或换尿布等时机，用手轻柔地抚摸、拥抱或轻拍新生儿。父母也可用手指或小刷子等轻轻刷新生儿的手心或脚底，或提供安全的抓握玩具，让新生儿可以碰触物体。清醒时，也可让新生儿穿着宽松、手脚较容易活动的衣物，使手脚能接受到触觉刺激。

婴儿的触觉发展主要表现在口腔触觉和手的触觉两个方面。

1. 口腔触觉

在手的触觉探索活动出现之前，口腔触觉是儿童进行探索的重要途径，其先天的吸吮反射、觅食反射就属于口腔触觉活动。婴儿可以通过口腔触觉认识和分辨物体。有研究者发现 2～3 个月的婴儿对熟悉的物体（吸吮过的）的吸吮速度逐渐降低，出现习惯化的现象。然而当吸吮新的物体时，则速度马上变快。

当手的触觉探索活动出现后，口腔触觉的重要性退居次要地位。但 0～3 岁儿童在其发展相当长的一段时间内（1.5～2 岁之前，有些甚至到 3 岁），仍会以口的探索作为手的探索的补充。所以我们常常看到这个时期的儿童看到什么、抓到什么都喜欢往嘴里送，其实这不是什么可怕的"毛病"，而是儿童在"认识"物体呢。

2. 手的触觉

较大的儿童和成人主要是通过手的触觉来获取外界物体的信息。婴儿期是手的触觉探索产生时期，其发展大致经历以下几个阶段。

（1）手的本能触觉反应阶段

抓握反射即手的本能触觉反应。在此阶段，当物体碰触到儿童的手掌心时，他会立即收起手指，紧握物体，必须要把他的手掰开才能拿开物体。

（2）手眼协调阶段

手眼协调是儿童认知发展过程的重要里程碑，是手真正开始探索的标志，一般出现在婴儿 5 个月左右。在此之前，视觉和手的触觉还无法为了达到一个共同的目的而进行协同活动，婴儿不能用视觉指导手的动作。此时，当婴儿看到玩具时也会出现伸手够物的动作，但他无法将手移动至眼睛看到的玩具的位置,可能只是在身体周围胡乱地抓握。当婴儿发展出手眼协调后,再看到玩具时往往先把手伸到视觉范围,用视觉检查手的位置后,再通过视觉把手移至玩具所在处。

(3)双手协调探索阶段

7个月以后的婴儿开始可以用双手去对自己感兴趣的物体进行挤、甩、滚、摆弄。双手协调的探索可以更详细更全面地了解物体的各个方面。

哈里斯(Harris,1971)通过研究发现,婴儿用视觉和触觉同时探索过的东西比仅仅是看过的东西更能吸引儿童。这也启发我们可以在婴儿认知外界事物时,提供条件让其能同时应用视觉和触觉进行探索。

(四)嗅觉和味觉

胎儿6个月大时即有嗅觉功能,并能将母亲气味保存在记忆中,所以出生后当闻到母亲的气味时会感到很快乐,且能透过嗅觉来辨认母亲。此外,新生儿的嗅觉具有鉴别能力,会对不同的气味表现不同的反应。如当闻到风油精、酒精或醋等强烈或刺激的气味时会将头转开或皱眉,但当闻到母乳的香味时则会将头转向或钻进母亲怀里,且能分辨出母亲的乳汁与其他妇女乳汁的味道,所以嗅觉也可说是新生儿寻找母亲乳房或食物来源的侦测器。

胎儿8个月大时即有味觉能力,出生时已有完整的味觉功能,所以新生儿有能力分辨不同的味道,并对各种不同的味道会有不同的脸部表情,如吃到甜味会引起急切的吸吮及满足的表情,酸味会噘嘴,苦味会皱眉、难过或生气,且当吃到酸、苦的东西时,通常会拒绝吞咽而吐出来,对于无味道液体则无面部表情。婴儿对甜味的偏爱是与生俱来的,带甜味的水可以安抚哭闹的婴儿。婴幼儿时期所形成的味道偏爱会持续到儿童早期。

生活场景再现

小林与丈夫在日本工作定居,刚刚诞下一个男宝宝,全家都很开心。宝宝出生不久,护士过来说小林的奶水不够,不能满足宝宝的成长需要,要补充些婴儿奶粉。然后,护士列出了七八种婴儿奶粉供小林选择,并补充道:无论选择哪一个品牌的奶粉,在住院期间都由医院免费提供。一听是免费提供,小林于是就选了最贵最好的一个品牌。等到宝宝出院后,却发现宝宝对家里买好的婴儿奶粉不屑一顾,饿得哇哇哭也不肯喝。直到买了医院免费提供的那个品牌的奶粉,宝宝才咕咚咕咚地喝起来。新生儿已经具备区别不同味道的能力,并且会对最初品尝的味道产生深刻记忆。

二、知觉的发展

知觉是在感觉的基础上,通过整合各种感觉信息而产生的综合反映,受过去经验、需要、动机、兴趣、情绪和态度等因素的影响。根据知觉对象的不同,可以将知觉分为对"物"的知觉和对"人"的知觉。后者属于"社会性知觉",会在第七章"社会性发展"部分讨论,故本节不再涉及。本节主要介绍0～3岁儿童的空间知觉和时间知觉的发展。

（一）空间知觉的发展

空间知觉是指人对物体空间特征的反映，它包括形状知觉、大小知觉、方位知觉和距离知觉。

1. 形状知觉的发展

形状知觉是对物体的轮廓及各部分组合关系的知觉。心理学家通过视觉偏好实验证明，出生不久的儿童就已具备一定的形状知觉。他们对不同的图形注视的时间是不同的，这表明他们已有一定的图形辨别能力。研究发现婴儿对形状的知觉有如下偏好。

（1）0～1、2个月婴儿的形状知觉偏好：容易关注运动变化的图案；偏爱对比鲜明（如黑白）的图案；更喜爱中等复杂的图案；更偏爱人脸的图案；关注图形的局部特征（如三角形的角），而不是图形整体（整个三角形）；更多注视图案的边缘，而不是图案内部；更偏爱有一定意义的成形图案，而非不成形的图案。

生活场景再现

宁宁的姐姐刚生了个宝宝，宝宝才1个多月。宁宁非常喜欢宝宝，每次去姐姐家都要逗宝宝玩。宝宝可喜欢盯着宁宁看了，看着宁宁各种表情，宝宝乐得咯咯笑。宁宁发现，不管是谁，只要出现在宝宝面前，宝宝都会目不转睛地盯着别人的脸看一会，比对玩具还感兴趣呢！

（2）2个月以后婴儿的形状知觉偏好：更喜欢复杂的和轮廓密度大的图形；与直线相比，他们更喜欢曲线和弧线；偏爱同心圆多于非同心圆；喜欢立体图形多于平面图形；更爱注视新奇的图形；偏好不规则的图形；与不对称的图形相比，更喜爱对称的图形；开始从注意图形局部向注意整体发展；从只注意图形轮廓向注意图形内部发展。

生活场景再现

毛毛13个月了，妈妈经常带她去超市的淘气堡玩。毛毛特别喜欢那五颜六色的泡沫大积木。在各种形状的大积木中，毛毛最喜爱圆形的了，每次都会摆弄很长时间。

儿童在3个月时已有了分辨简单形状的能力，在8～9个月前获得了形状恒常性。3岁的儿童能够掌握一些简单的几何图形，如圆形、正方形、三角形等。主要表现在形状的匹配能力上，但正确说出几何图形名称的能力较差。他们往往会用自己熟悉的物体名称代替几何图形的名称。例如，将圆形称为太阳、气球，将梯形称为屋顶，将半圆形称为月亮。因此早期教育的教师应根据儿童掌握图形的规律，引导儿童把形状识别与身边熟识的事物相联系，由易到难地辨认、识别形状，在此基础上反复提示形状名称，指导儿童说出名称，完成名称与形状的结合。此外，注意让儿童在认识形状时能够将触觉、动觉与视觉相结合。

2. 大小知觉的发展

大小知觉是对物体的长度、面积、体积在量方面的变化的反映。研究发现,6个月前的婴儿已能辨别大小。婴儿已具备有限的大小恒常性,即当物体由于距离远近在视网膜上的映像大小发生变化时,并不导致婴儿对客体本身大小的知觉。2.5～3岁的儿童可以根据成人的语言指示拿出大皮球或小皮球,3岁后儿童判断大小的精确度有所提高。2.5～3岁是儿童判别平面图形大小能力急剧发展的阶段。

3. 方位知觉的发展

方位知觉是对自身或物体所处空间位置的反映。如对上下、左右、前后、东西南北中的知觉。有研究证明,儿童出生后就有听觉定位的能力,会将头转向声音传来的方向。儿童方位知觉的发展遵循的顺序是:上下→前后→左右。一般认为,3岁儿童能辨别上下,前后和左右分别到4岁和5岁才能辨别。适当的早期教育可以对儿童方位知觉的发展起到促进作用。由于3岁前的儿童是以自身为中心辨别方位的,并且对方位词的掌握要滞后于对方位的辨别。因此,教师在对0～3岁儿童进行方位知觉的早期指导教育时,应注意多以儿童为中心让其辨别方位,多以上下方位进行练习,3岁时可适当增加对前后方位的练习。方位知觉的练习多与日常生活相联系,在练习时多重复方位词,在潜移默化中帮助儿童将方位与方位词相结合。

4. 距离知觉的发展

距离知觉是对同一物体的凹凸程度或不同物体的远近程度的知觉。立体知觉和深度知觉都属于距离知觉。研究者通过设计视觉逼近实验和视觉悬崖实验来探讨儿童何时具备距离知觉。

视觉逼近实验是向儿童呈现一个以一定速度向其逐渐逼近的物体或影像,观察儿童是否有闭眼、后仰、抬胳膊阻挡等防御性反应。实验发现:0～1个月的新生儿已对逼近物有初步反应,2～3个月的婴儿对逼近物有保护性闭眼反应;4～6个月的婴儿对逼近物有躲避反应。这些实验结果说明婴儿即有一定的距离知觉。

沃克和吉布森(Walk & Gibson,1961)设计的视觉悬崖实验是研究儿童深度知觉的经典实验。一块大的玻璃板平台下面被分成了两个区域,一边是平面,另一边是几英尺深的"悬崖"(如图4-1所示)。平面和悬崖上都铺上了相同图案的方格纸。把不同月龄的婴儿放在"悬崖"边,让其母亲在"悬崖"的另一侧招呼他,观察婴儿是否会爬过"悬崖"。如果婴儿尚不会爬行,则测量将其放在平面和"悬崖"上时的心率是否有变化。如果婴儿不敢爬过"悬崖"或者在"悬崖"上时心率加快,则说明其已具有深度知觉。该研究表明:6个月甚至更早的婴儿已有深度知觉。

婴儿虽已具有一定的距离知觉,但他们的距离知觉还不精确,随着年龄的增长,距离知觉的能力也会不断发展。适当的早期教育和练习也可以促进其距离知觉的发展。

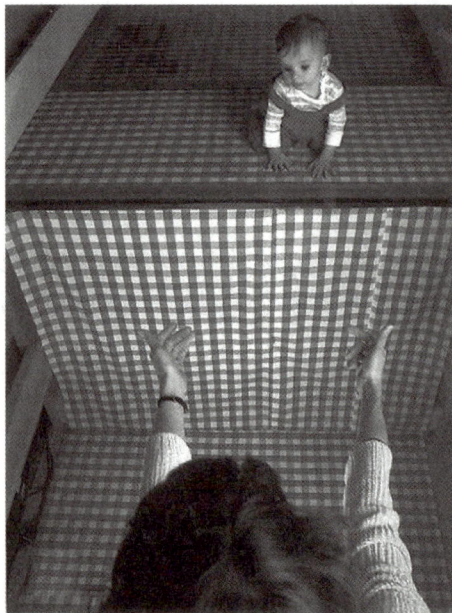

图 4-1 深度知觉测试

(二)时间知觉的发展

时间知觉是对客观事物运动的连续性和顺序性的反映。它是一种对快慢、先后、时间长短等的知觉。

儿童刚出生时对时间的感知是无意识的、不自觉的。婴儿主要依据其内部生理状态的变化来反映时间。比如对吃奶的时间形成条件反射,到点就感到饿、想要吃奶;到点就感觉到困乏,想要睡觉。2 岁左右的儿童会模仿成人说一些表示时间的词,但却对时间词的意义不大理解。例如,当他们在玩玩具的时候,大人喊吃饭,他们会一边说着"马上就来",一边若无其事地继续玩。3 岁左右的儿童开始形成初步的时间概念,但多与他们具体的生活事件相联系。例如,他们对"周末"的理解就是"不用去幼儿园的时候",对"晚上"的理解就是"睡觉的时候",对"早晨"的理解就是"起床的时候"。这个时期的儿童对一些相对性的时间概念仍难以理解,如把过去的时间都称为"昨天",把未来的时间都称为"明天"。

💡 **视野拓展**

父 亲 与 胎 教

随着胎教越来越受重视,父亲在胎儿教育中的重要性也备受关注。怀孕 4 个月时,胎儿大脑中心调节本能欲望和心理活动的神经已经发育,如果母亲情绪纷乱、心情不佳,则大脑的荷尔蒙会产生变化,经由血液传给胎儿,进入胎儿的大脑,使胎儿活动发生不正常变化,因此当夫妻吵架时,超音波可发现胎儿的异常行为。英国产科学的研究指出,若母亲有高血压对胎儿造成的危害是"1",那夫妻吵架对胎儿的危害就是"6",可见母亲情绪对胎儿的影响远胜于疾病。怀孕过程中,若父亲对怀孕中的母亲表现温柔体贴、说话轻声细语,使孕妇感受到爱时,这样的心情也会影响胎儿,因此有体贴的父亲这样的胎教才有意义。(选自《人类发展学》p. 61)

第二节　注意的发展

为什么带着儿童逛街,他总能发现卡通人物的气球、各种玩具、零食,而对妈妈感兴趣的衣服包包却视而不见? 这是因为在这个多姿多彩的世界上,我们能感知到什么是受注意影响的。

注意是心理活动对一定对象的指向与集中。注意的指向性是指人在清醒状态时,每一瞬间的心理活动只能选择倾注于某些事物,而同时离开其他事物。注意的集中性是指把心理活动贯注于某一事物。因此当儿童在聚精会神地看动画片时,其心理活动是指向并集中在动画上的,父母在一旁的"谆谆教诲"是进入不了他们的小耳朵的。

根据注意时是否有目的,以及是否需要意志的努力,将注意分为无意注意和有意注意。下面分别介绍 0～3 岁儿童这两种注意的发展。

一、无意注意的发展

无意注意是指无预定目的,也不需要意志努力,自然发生的注意。例如,当婴儿正在哭泣时,拿一个颜色鲜艳的玩具在其眼前晃动,婴儿很快停止哭泣,目不转睛地盯着玩具看。这种注意没有预定的目的,也无需意志的努力,而是在外界刺激的作用下,不自主地产生的。对于 0～3 岁儿童来说,由于自控力尚未发展起来,很难通过意志的努力集中注意,因此他们无意注意的发展要优于有意注意的发展。

影响无意注意的因素主要有两个方面:一个是外界刺激物的特点,一般强度大(巨大的响声)、对比鲜明(万绿丛中一点红)、新异(从未见过的动物)、运动变化(会动的玩偶)的刺激物更能引起无意注意;另一个是个体本身的主观状态,一般能满足个体需要、符合个体兴趣、贴合个体生活经验的事物更容易成为无意注意的对象。此外,个体的身体健康状况和情绪也会影响其无意注意。

新生儿即有一定的表现注意的能力。当出现巨大的声响时,新生儿会暂停吸吮;明亮的物体会引起其视线的片刻停留。新生儿的这种反应被称为无条件定向反射,是无意注意发生的标志。

1个月左右的婴儿开始对不同的刺激物表现出不同的选择性反应,出现"感觉偏好"。例如,他们会更多关注出现在眼前的母亲的脸、色彩鲜艳的物体、活动的事物等。但他们的这种选择性反应并不是有意识、自觉的,而是无意识的、被动的。

1~3个月婴儿的无意注意的发展主要体现在其感觉偏好的发展特点上:偏好复杂的刺激物;偏好曲线多于直线;偏好不规则图形多于规则图形;偏好轮廓密度大的图形多于密度小的图形;偏好具有同一中心的图形多于无同心的刺激物;偏好对称的刺激物多于不对称的刺激物。

3~6个月婴儿无意注意的发展特点主要体现在以下几个方面:(1)由于头部运动自控能力加强,可以更容易地扫视环境,同时双手的触摸和抓取能力更加精细和稳定,婴儿获取可注意的信息的能力得到了发展。(2)婴儿的视觉注意进一步发展,视觉搜索的平均时间变短,更加偏好复杂的和有意义的视觉图像。(3)由于对外部世界的好奇心增强,主动探索和学习的内驱力增强,婴儿会更积极地寻求可能引发无意注意的事物。(4)随着对物体的观察和操作能力的发展,婴儿注意的品质有所提高。(5)婴儿的知识基础和生活经验不断丰富,其注意愈来愈受到其知识经验的影响。

6~12个月婴儿觉醒的时间增长,有更多的时间去探索各种外部事物,从而获得新信息的机会增多。他们有更多的机会玩耍和进行社会交往,因此常处于警觉和积极探索状态。随着婴儿从能够独立坐、爬行、站立,到开始行走,他们的活动范围和视野有了飞跃性的拓展,注意的对象更加广泛。6个月以后,婴儿对熟悉的事物更加注意。这在社会性方面表现得更明显,婴儿开始特别注意母亲。

1~3岁儿童无意注意发展的主要特点有:(1)注意的发展开始受到表象的影响。当看到的事物和儿童已有的表象之间出现矛盾或差距较大时,儿童会产生最大的注意。例如,在一个对2岁儿童注意进行研究的实验中,发现半数以上的儿童在看到幻灯片中的一个女人把自己的头拿在手里时,表现出了明显的心率减速,产生最集中的注意。(2)注意的稳定性提高,2.5~3岁的儿童最多能集中注意20~30分钟。(3)注意开始受到言语的支配。例如在马路上大人说到"汽车",儿童便会把注意集中到汽车上。(4)注意对象增多,范围变广。儿童开始能够注意到自己的内部状态,也开始注意周围人的活动。(5)注意转移和分配能力有了较大发展,但还不成熟,这与其大脑神经系统抑制能力和第二信号系统的发展有关。

生活场景再现

仔仔的妈妈很担心仔仔是不是有多动症。仔仔2岁半了,妈妈发现每次给仔仔讲故事,仔仔听了一会就东张西望,坐不住了。有时给他讲道理,他也是三心二意,根本听不进去。吃饭也会吃一会就想去玩玩具或吵着要看动画片。

其实仔仔仍处于无意注意占主导的阶段,有意注意才刚刚萌芽,还不能很有目的地去注意要做的事。这个现象是儿童成长中的正常现象。

二、有意注意的发展

有意注意是指有预定目的,需要一定意志努力的注意。有意注意是一种积极、主动的注意,它往往与一定的任务和目的相联系,并且受人的意识自觉调节和支配。例如,当儿童正在画画时,窗外突然传来一声狗叫,儿童立马被吸引,跑到窗口向外看,但想到自己的画还没有完成,于是又坐到画纸前开始继续画画。在这个例子中,儿童对狗叫声的注意是不由自主的无意注意,而将自己的注意又集中到画画上来,这就是有意注意,是为了完成画画的任务,且付出了意志的努力。

有意注意是由脑的高级部位,特别是额叶控制的。额叶的发展比脑的其他部位迟缓,0～3岁儿童的额叶发育尚不充分,主要仍以无意注意为主。但随着儿童大脑发育和自我控制能力的发展,儿童的有意注意也开始萌芽,并逐步发展。

当儿童双手的操作能力得到发展,特别是可以独立行走后,他惊奇地发现可以探索的世界变大了,更惊喜的是可以进行一些独立的探索活动了。他们开始主动关注周围的环境和各种事物,充满了好奇心和探索的欲望。但他们还很难自我控制,让自己的注意集中在当前的探索活动中,注意总是一不小心就被其他事物"勾走"了。但是当有成人在一边协助,给予一定的引导和鼓励时,儿童的有意注意时间可以得到延长,促进其有意注意的发展。例如,当儿童玩玩具时,成人可以先在一旁陪伴,观察儿童玩玩具的过程,不要打扰,让儿童专心地投入到游戏中。当发现儿童有点"玩腻了",开始东张西望时,家长可以适时地介入:"宝宝,刚刚妈妈看到你把小猴子放在小树上,妈妈觉得好有意思哦! 小猴子在树上做什么呢?"再一次引发儿童对这个游戏的兴趣,延长其有意注意的时间。一般认为近3岁时儿童才开始出现真正的有意注意。

💡 视野拓展

多动症与注意力

多动症是儿童期较为常见的一种行为障碍,主要表现为与年龄不相符的注意集中困难、注意持续时间短暂、活动过度及冲动等症状。美国精神病学会将多动症分为三类亚型:注意缺乏型、多动冲动型、复合型。其中,注意缺乏型多动症儿童主要表现为难以集中注意力、易健忘和分神。这种类型的多动症儿童没有明显的多动和冲动表现,相反往往表现得比较迟钝、安静,经常发呆,沉浸在自己幻想的世界中;多动—冲动型多动症儿童时常表现出坐不安稳,话过多,而且很难安静下来,容易伴有尿床、睡眠障碍、执拗和发脾气,容易意外受伤;复合型多动症儿童表现出注意缺乏和多动—冲动两者特征兼有。相关研究结果显示,85%的多动症属于复合型(Barkley,1988)。

多动症的DSM-IV诊断标准主要有以下几点。

1. A 或 B。

A. 注意缺陷：有下列 6 项以上，至少持续 6 个月，达到难以适应的程度，并与发育水平不相一致。

(1) 在学习、工作或其他活动中，往往不能仔细注意到细节，或者常发生粗心所致的错误。

(2) 在学习、工作或游戏活动时，注意往往难以持久。

(3) 与之对话时，往往心不在焉，似听非听。

(4) 往往不能听从教导以完成功课作业、日常家务或工作（并非因为对立行为或不理解教导），往往难以完成作业或活动。

(5) 往往逃避、不喜欢或不愿参加那些需要精力持久的作业或工作，如做功课或家务。

(6) 往往遗失作业或活动所必需的东西，如玩具、课本、家庭作业、铅笔或其他学习工具。

(7) 往往易因外界刺激而分心。

(8) 往往遗忘日常活动。

B. 多动—冲动：有下列 6 项以上，至少持续 6 个月，达到难以适应的程度，并与发育水平不相一致。

(1) 常手脚不停地动或在座位上扭动不停。

(2) 在课堂中随意离开座位或在要求其坐下的环境中随意离开座位。

(3) 常在不合适的场合中过多地奔跑或攀爬（在青少年或成人中，可能只限于主观上感到无法停止）。

(4) 常难以安静地玩或享受休闲活动。

(5) 常说话过多。

(6) 常表现出似乎受"马达驱动"，一刻不停地活动，无法保持安静。

(7) 常在他人（老师）问题还没有说完时就急于回答。

(8) 常难以排队等候或无法在游戏或团体情景中等到自己的机会。

(9) 常打断或打扰别人。

2. 开始时间不晚于 7 岁。

3. 症状必须在两个或更多情况中出现（如学校、工作或家中）。

4. 这种失调在临床上引起显著的痛苦或造成在社交上、学业上或职业方面的损害。

5. 不只出现于弥散性发展障碍、精神分裂症，或其他心理疾病中，也不只是由于情绪障碍，焦虑障碍，分离障碍或人格障碍引起的。

（注：以 A 症状为主的，称为注意缺乏型多动症；以 B 症状为主的，称为多动—冲动型多动症；以 A、B 兼而有之，称为复合型多动症。）

第三节 记忆的发展

俄国伟大的科学家谢切诺夫曾言:一切智慧的根源都在于记忆。因为有了记忆,儿童知道每天都要按点吃饭,可以学会穿衣服,可以从妈妈的表情了解妈妈是高兴还是生气,可以跟着老师学唱歌学跳舞,可以跟小朋友分享暑假出去玩的见闻和激动的心情……儿童是从什么时候开始有记忆能力的?0～3岁儿童的记忆发展有什么特点和规律?这是本节要探讨的主题。

记忆是人脑对过去经验的反映。过去经验包括过去感知过的事物,思考过的问题,产生过的情绪,进行过的动作和操作等。记忆包括识记、保持和回忆三个环节。识记是在脑中留下认识过的某种事物的痕迹的过程,有人形象地将之比喻为图书馆购进新书。那么,保持就是把图书储存在书库中。但这种储存并不是简单地、原封不动地把书放在那里,而是要经过一定的登记、整理,分门别类地储存起来。人脑对识记后的信息进行保持时,也会进行一定的加工处理,随着时间的推移和后来经验的影响,可能在质和量上发生某些变化。回忆是人脑对过去经验进行提取的过程,对应的就是从书库中取出所需要的藏书的过程。是否能够提取成功,取决于是否购买过该图书,保存的时候是否按照一定的规则或线索摆放在合适的位置,提取的时候是否能够找到储存时的规则或线索。回忆包括再认和再现两种形式。再认是指识记过的事物再次出现时,能够重新识别和确认。再现是指识记过的事物不在面前时,能够在头脑中将其重新浮现出来。可见记忆是一种较为复杂的认知过程,要能成功记忆,需要保证识记、保持、回忆三个环节的顺利进行。

关于记忆的分类,根据不同的标准可以分为不同的维度。例如,根据记忆时间的长短可划分为瞬时记忆、短时记忆和长时记忆;根据记忆的意识程度可划分为内隐记忆和外显记忆;根据记忆的内容可以划分为动作记忆、形象记忆、情绪记忆和语词逻辑记忆。

一、胎儿记忆的发生

有研究发现,5个月的胎儿的大脑即开始有记忆功能。如在本章第一节"感知觉的发展"中"听觉的发生"中提到的,对胎儿播放乐曲《彼得和狼》的实验就说明了胎儿末期已出现了听觉记忆。法国一组研究员在孕妇的腹部前对着9个月的胎儿重复播放"babi"的音节,刚开始胎儿在听到该音节时会出现心率短暂的、明显的下降。随着声音不断重复,胎儿开始对这个音节产生习惯化,心率不再发生变化。这个时候将音节的顺序颠倒,变成"biba"再向胎儿呈现,发现胎儿的心率又开始发生变化。从该实验结果可以推断,胎儿会对同一刺激产生记忆痕迹,且能分辨不同的刺激。

胎儿期的记忆甚至可以保持到出生后。有研究将胎儿母亲的心跳声录下来,经过扩大,当出生不久的婴儿大哭时播放给婴儿听,婴儿就会停止哭闹,安静下来。

二、新生儿的记忆

新生儿的记忆主要表现在条件反射的建立和对熟悉的事物产生"习惯化"。

(一)条件反射

有人认为新生儿对条件刺激形成的条件反射可以作为记忆发生的指标。出生10天左右的新生儿就会对喂奶姿势进行再认,每当被抱成将要喂奶的姿势时,奶头还未触及嘴唇,新生儿就会开始做吸吮动作。这说明新生儿"记住"了喂奶的"信号"——被抱的姿势。

（二）习惯化

当新异刺激出现时,人往往会停下正在进行的活动,开始注意该刺激。例如,当成人带着儿童在公园散步时,突然天上有飞机飞过,立刻吸引了儿童的注意,儿童会停下脚步抬头注视飞机。如果同一刺激反复出现,人们对其的注意就会下降甚至完全消失,即出现了"习惯化"。也就是如果儿童每天在公园散步的时候都能看到天空飞机飞过,其抬头注视飞机的时间可能会越来越短,最后可能不再抬头关注。视觉研究发现,即使出生只有几天的新生儿,也会对多次出现的图形产生习惯化。习惯化的出现说明新生儿能够辨别刺激物是否是感知过的、熟悉的,证实了其记忆的存在。

三、婴儿的记忆

胎儿和新生儿对识记过的信息的回忆都属于再认,婴儿期的回忆仍主要是再认的形式。比较典型的再认是婴儿在 6 个月左右开始"认生":只愿意跟妈妈或是经常接触的人亲近,当陌生人接近时则会紧张不安,甚至大声啼哭。

婴儿末期,回忆的再现形式开始出现,主要表现在其"客体永久性"观点的产生和延迟模仿行为的出现。

（一）客体永久性

客体永久性由瑞士心理学家皮亚杰提出,指当知觉对象从视野消失时,认识主体仍能知道它存在。在婴儿获得客体永久性的概念前,当原先感知的客体从其视野中消失后,他就会以为该客体不存在了。如果当这个时期的婴儿正要伸手去够眼前的某个物体时,成人用一块布将该物体遮住,婴儿会呆呆地看着物体消失的地方,但是不会揭开布去寻找该物体,并很快将注意力转移到其他地方。一般认为婴儿的客体永久性在其接近 1 岁时出现。这个时候如果在他眼前将物体用布遮住,他会知道东西仍然存在,会掀开布去寻找。从记忆的角度来看,婴儿会去寻找被隐藏的物体,是因为虽然物体的形象从眼前消失,但其大脑中保存有该物体的印象。

（二）延迟模仿

模仿是儿童的本能,出生不久的新生儿即能模仿成人吐舌头、眨眼等。但这种模仿是在直接感知的基础上进行的。延迟模仿则不是直接模仿眼前的原型,而是在原型消失后进行的模仿,需要记忆的支持。皮亚杰认为延迟模仿的能力出现于 18～24 个月的婴儿。而梅尔佐夫(Meltzoff, 1988)的研究发现,9 个月的婴儿即能模仿他们 24 个小时前看到的一个新异动作(例如,按压一个按钮以产生某种声音)。到 14 个月时,这种延时跨度可以扩展到整整一周。

生活场景再现

3 岁的涛涛这天跟小朋友玩的时候,因为争夺玩具吵了起来,涛涛突然大喊了声:"你活得不耐烦了吗?"妈妈听到大吃一惊:涛涛从来没有说过这样的话,平时大人在孩子面前也很注意用语,他是跟谁学的呢?后来妈妈找到了答案,原来在涛涛爱看的动画片《熊出没》中经常会有这样的语言,涛涛肯定是在看动画片的时候学会的。

　　婴儿早期经验与当前行为之间的这种非直接性的、非目的性的特征,与成人、健忘症病人等的内隐记忆特征十分相似。因此推测,婴儿的记忆在性质上属于内隐记忆。例如我们在前文中提及的对婴儿习惯化和新颖性偏好的研究,婴儿对新异的刺激会格外注意,但随着对刺激感知的次数增多,其注意会逐渐降低。婴儿对熟悉刺激的兴趣降低可能因为其能够对某一刺激的信息进行编码并贮存在记忆中,当该刺激出现时,婴儿能够"认出"。婴儿的这种再认具有内隐性,因为这是不要求对过去的刺激进行有意识回忆的再认,其过程是无意识的、不自觉的。

四、0～3 儿童记忆发展特点

（一）记忆保持时间逐渐延长

　　虽然不同研究者采用不同的研究材料和研究方法,所得出的0～3岁儿童的记忆保持时间并不完全相同,但这些研究都揭示了一个共同的规律:0～3岁儿童记忆的保持时间随着年龄的增长在逐渐延长。

　　20世纪60年代,Carolyn Rovee-Collier和其团队设计了研究早期儿童记忆发展的经典实验——旋转风铃实验,揭示了儿童记忆发展的这一规律。研究者让9～12周大的婴儿舒适地躺在摇篮中,其眼睛上方呈现一个色彩鲜艳的木质旋转风铃。在婴儿的脚上系一根绳子,另一端系在风铃上,当婴儿踢脚时,风铃就会被牵动。如果婴儿踢得用力,风铃的木块之间就会相互碰撞发出悦耳的敲击声。Carolyn Rovee-Collier发现8周大的婴儿就可以掌握踢脚和风铃响动之间的关联。在45～55分钟之后,婴儿仍然"记得"这种关联。

　　在后续的实验中,Carolyn Rovee-Collier进一步发现,3个月的婴儿在1周后依然记得如何通过踢脚来使风铃响动,6个月的婴儿可以将此联结保持2周。

　　Hartshorn等人在一个实验中,让儿童学会通过按压一个操纵杆来使玩具火车沿着轨道移动,结果发现18个月的儿童在训练13周后依然记得如何按压操纵杆。

　　在Bauer等人的研究发现,21～29个月的儿童能够成功地再现他们8个月以前学习的由3个动作组成的系列。McDonough和Mandler通过研究发现,23个月的儿童能够再现一些他们在一年前看到过的某些单个动作。

　　综合各种研究结果,0～3岁儿童的记忆保持时间大致发展趋势是:2个月的婴儿能保持24小时;3个月的婴儿能保持7天;6个月的婴儿能保持15天;18个月的婴儿能保持13周;此后儿童的记忆保持时间随年龄增长不断延长。

（二）记忆容量不断扩展

　　0～3岁儿童的记忆容量也是随其年龄增长而不断扩展的。Mandler、Bauer等通过对儿童模仿榜样动作的研究发现,婴幼儿不仅能够记住独立的单个动作,而且能够记住动作的顺序:13个月的儿童能完成由3个简单动作组成的系列的再现;24个月的儿童能够记住5个步骤的顺序;30个月的儿童已经可以记住8个不同动作构成的顺序。

（三）记忆内容以动作、情绪、形象为主,语词记忆逐渐发展

　　2岁前儿童的识记以无意识记为主,一般缺少明确的目的,因此其感兴趣的、外部特征突出的、带有情绪色彩的事物、动作以及相关动作顺序等最容易被记住。2岁以后,随着认知能力的提高以及语言能力的迅速发展,儿童的语词记忆开始增多,可以逐渐记住一些简单的儿歌、故事,可以根据成人的指令完成简单的任务。但其关于记忆的言语报告常常需要成人大量的提示或直接询问才能被诱发出来。

（四）记忆提取的情境独立性提高

新生儿期的记忆提取主要是条件反射式的再认，只有条件刺激出现才能诱发其记忆再现。这是一种对情境高度依赖的记忆提取，这种依赖大概会一直持续到出生后6个月左右。例如，Carolyn Rovee-Collier等人在另一项旋转风铃实验中，对8周的婴儿进行了为期三天、每天9分钟的旋转风铃训练。24小时之后，分别给婴儿提供训练时所使用的风铃和其他风铃，结果发现只有使用训练时所用的风铃，婴儿才会比基础水平踢的多。这说明婴儿的这种动作记忆的提取依赖于训练时的情境。

随着年龄的增长，儿童记忆提取对情境的依赖性逐渐降低。7个月后，婴儿具备了客体永久性所包含的短暂回忆。Hartshorn等人的操纵小火车实验显示，9个月的婴儿在玩具火车的特征被改变、在不同的房间测试时，依然可以记得如何使玩具火车移动。尤其在儿童2～3岁时，开始出现自传体记忆后，其记忆的情境独立性进一步增强。

（五）记忆缺失现象

人们曾以为3岁前的儿童是没有记忆能力的，这可能是因为大多数人能追溯到的最早记忆是从3岁左右开始的。这一记忆缺失的现象称为"婴儿期健忘"。为什么研究证明胎儿就已经具备一定的记忆能力，而人们却又无法保持其生命最初2～3年的记忆呢？目前尚无关于婴儿期健忘的被一致认同的解释。有人认为导致这一现象的原因是关系人的记忆和学习的大脑皮层的海马区是在人类2～3岁才基本形成；有人认为婴儿期健忘是因为婴儿缺乏有效的记忆策略，不能很好地组织记忆材料；也有人认为这是因为婴儿主要运用内隐记忆，其记忆水平程度是无意识和自发的；还有人认为婴儿尚未形成自我概念，无法将自我嵌入记忆中，因此不具备有关个人事件的记忆能力。当儿童出现自传体记忆时，标志着婴儿期记忆缺失阶段的结束。

视野拓展

自传体记忆

自传体记忆是我们每个人产生的贮存在长时记忆中关于我们生活中特别有意义事件的表征，这种记忆是特定的、持续时间较长的。婴儿期记忆缺失阶段的结束伴随着自传体记忆的开始，大部分人的自传体记忆通常可以追溯到3～4岁，有些人的自传体记忆甚至可以追溯到2岁（Howe，2003）。

对于自传体记忆出现较晚的一种可能解释是,儿童有了自我概念后,才能在记忆中保存有关自己生活的事件(Howe,2003;Howe & Courage,1993,1997)。自传体记忆的出现也可能与语言发展有关。儿童只有把记忆转化为语言的形式,他们才能将其保存在头脑中并进行反思,以及与其他记忆进行比较(Fivush & Schwarzmueller,1998)。

早期记忆持续的时间长短主要有三个影响因素。第一个因素是事件的独特性。第二个因素是儿童的积极参与程度,包括积极参与事件本身或重述事件以及重视该事件的程度。与看过的事件相比,学龄前儿童能更好地记住做过的事情(Murachver, Pipe Gordon, Owens, & Fivush, 1996)。第三个因素是与父母是否谈论过去的事件。一项研究让2.5～3岁的儿童和妈妈共同参与假装游戏、参与野营旅行、参加观察鸟的探险活动、模拟冰激凌点开幕式活动。研究发现,与自己参与游戏,或自己谈论与这些游戏有关问题的儿童相比,与母亲一起参与并讨论的儿童,在1～3天的回忆成绩更好(Haden & Ornstein, Echerman & Didow, 2001)。

成人的引导性对话对儿童自传体记忆的发展起着重要的支持作用。例如:

成人:你今天在动物园看到什么了?

儿童:老虎。

成人:老虎是怎么叫的?

儿童:嗷呜……

成人:还有一只老虎在干什么?

儿童:睡觉觉。

成人:我们看过老虎以后还看了什么动物?

儿童:小猴子。

成人的提示与询问,实质上是给儿童提供了具有时间和因果关系的叙述结构,以及儿童所缺乏的情境信息。儿童会以此为线索对记忆进行搜寻,从而学会如何记忆以及如何以连贯的方式讲述自己所经历的事件。

(选自《0～3岁婴幼儿认知发展与教育》)

第四节　思维的发展

人之所以自称为高级动物,其高级之处大概就是其思维能力的高级。思维是在感觉、知觉和记忆的基础上产生的高级认知活动。感知觉是对客观现实直接的反映,反映的是事物的表面属性和外在联系。而思维是人脑对客观现实间接的、概括的反映,反映的是客观事物的本质属性和内在规律。例如,儿童可以感知到不同积木的形状、颜色、体积等,可是要将不同的积木搭建成一定的造型就需要运用思维。思维作为一种较为复杂的心理活动,在婴幼儿心理发展中出现较晚,它的发生标志着婴幼儿已经具备了人类的各种认识过程。

思维是认识过程的核心。儿童一旦发展出思维,其各种认识就会发生重要的质变。例如,在知觉外界事物时,不再单纯地反映事物的外部特征,而开始反映事物的本质特征和事物之间的内在联系。一个3岁的托班的儿童,看到一个女孩因为想妈妈哭闹,老师实在没办法就让这个女孩给她妈妈打了个电话,该儿童于是也马上大哭起来,想以此达到也给妈妈打电话的目的。由此可见,该儿童可以知觉到另一个儿童的哭闹和给妈妈打电话这两件事之间的内在联系,而不是表面地、孤立地知觉这两件事。由于思维的出现,儿童的记忆不再是低级的条件反射或是被动的无意记忆,而是进一步发展出了有意记忆、意义记忆和语词记忆。此外,思维的获得和发展也促进了儿童情感、意志、社会性和个性的发展。

根据不同的划分标准可以将思维分为不同的类别。例如根据思维的凭借物不同,可以分为动作思维、形象思维和抽象思维;根据探索答案的方向不同,可以分为集中思维和发散思维;根据思维的创新程度,可分为常规性思维和创造性思维。

一、思维的产生

心理发展研究中,一般将对客观事物反应的间接性、概括性和解决问题的能力作为思维产生的指标。新生儿只有一些先天的本能反应,尚不具备思维。那么,儿童从什么时候开始产生思维?

(一)表意性动作出现——认知出现间接性(11～12个月产生)

表意性动作是指向一定目的、表达意愿的行为。11～12个月大的婴儿会用手指向想要的东西或想要去的地方。这种动作包含着婴儿对一系列关系的认识:自己的目的(获得某个东西或去某个地方);依靠自己的力量达不到该目的;成人有能力且愿意帮助自己达到该目的。这种表意性的动作并不直接指向目的,而是一种向成人的求助信号,以间接的方式达到目的。手在这时成了一种具有象征性的、类似语言的符号,因此有人将手的这种表意性动作称为"手势语"。"手势语"表明婴儿的认知超越了被动感知的水平,有了初步的间接性。

(二)工具性动作出现——认知出现概括性(1岁左右产生)

工具性动作是指按照物体的结构特征和功用使用物体的行为。1岁左右,儿童拿到物体后不再只是盲目地敲敲打打,而开始按照物体的结构特征或功用来操作物体。比如,会用玩具食物喂洋娃娃或是动物,而不会喂汽车、房子;会用推或拖来玩带轮子的玩具;会用拍、滚、踢等方式玩球类的玩具。工具性动作的出现说明儿童开始理解各种物品的功用,对不同种类物品操作方式的差异说明儿童出现了初步的"类"的意识,这是其认知概括性的表现。

(三)试误出现——初步解决问题的能力(1～2岁产生)

试误是由美国心理学家桑代克提出,指的是通过不断尝试错误、减少错误尝试而最终形成正确反应的过程。1～2岁的儿童在遇到新问题时,会通过试误来寻找解决问题的方法。在积累了一定的经验后,错误的尝试越来越少,头脑中思考的越来越多。试误的出现说明儿童有了初步的分析综合与判断推理能力。

生活场景再现

2岁的桐桐在玩形状镶嵌的玩具,他拿了一个圆形的木块,先往正方形的格里放,发现放不进去,又往三角形的格里放,发现也放不进去,尝试了多个错误形状后,发现可以放进圆形的格里。

第二次再玩这个玩具时,他犯的错误变少了,很快就找到圆形的格子。这样玩了一段时间后,再拿到圆形木块,他会观察思考一会,然后直接放到圆形的格子里。

当儿童的认知出现了对客观事物概括性、间接性的反映,出现了初步解决问题的智慧型动作时,就标志着思维的产生。综上所述,儿童从其人生的第 11 个月时就开始显现出思维的特征,因此可以认为思维的产生时期在 11 个月~2 岁之间。皮亚杰认为,儿童的思维与言语真正发生的时间相同,即 2 岁左右。2 岁之前,是思维发生的准备时期。

二、皮亚杰关于 0~3 岁儿童思维发展的理论

虽然近年受到很多最新研究成果的挑战和质疑,但毫无疑问,皮亚杰的儿童认知发展理论是 20 世纪最具广泛而持久影响的心理学理论之一。它帮助我们能更清晰地认识和把握儿童思维、智力和认知的发展过程。

皮亚杰将儿童思维的发展分为四个阶段:感知运动阶段、前运算阶段、具体运算阶段和形式运算阶段。0~3 岁儿童的思维发展主要体现在感知运动阶段和前运算阶段。

(一)感知运动阶段(0~2 岁)

处于这一阶段的儿童从只会简单反射和随机行为,变得更有行动目的。但他们还不能独立地进行内在的思维活动,需要借助一些最简单的身体动作(如吸吮、抓、抚摸等)和感知觉(如视、听、触、嗅、味等)来认识和适应外界环境。例如,12 个月的儿童想够放在桌子上的玩具,伸出手发现够不到,在反复够物中不小心扯动了桌布,发现桌布的移动会带动玩具的移动。在不断尝试中儿童掌握了拉桌布和玩具移动的关系,于是通过拉桌布拿到了玩具。在这个过程中,如果没有"拉"这个动作的反复进行和视觉的辅助,儿童是无法发现拉桌布和获得玩具这两者之间的关系的。

感知运动阶段又被细化为 6 个亚阶段。

1. 反射练习阶段(0~1 个月)

新生儿的先天无条件反射是其建立感觉运动智力的基础。在这个阶段,新生儿为了生存和适应环境,无条件反射不断重复出现。但这种重复不是机械的,新生儿会通过练习来巩固和在一定程度上控制先天反射。新生儿学会即使刺激没有出现,也会产生反射行为。例如,出生不久的新生儿当嘴唇接触到物体时便会发生吮吸反射。但他们很快就学会即使没有东西碰到嘴唇,他们也会去主动寻找母亲的乳头,也会在不饿的时候经常做出吮吸动作。此外,新生儿的吮吸反射逐渐由吸吮乳头发展到吸吮拇指或其他物体,但他总是以相同的方式吮吸各种物体,不会"区别对待"。新生儿这个阶段还不会整合自己的感觉信息,也不会抓握眼前看到的物体。

2. 初级循环反应阶段(1~4 个月)

在这个阶段,婴儿会重复那些偶发的、令其感到愉悦的动作。他们的活动主要是指向自己的身体感受而非对周围环境产生影响。例如,婴儿第一次偶然将拇指放在嘴里吮吸,觉得很愉快,于是他之后就会不断重复这个动作。此时,婴儿开始能够协调不同的感觉信息,如视觉和听觉的协调,会用眼睛寻找说话的人或者其他声源。同时,婴儿开始将个别的行为协调成单一的、整合的活动。例如,当

婴儿开始可以自己用手扶着奶瓶喝奶,就是将抓握和吮吸这两个动作结合在一起。婴儿开始形成习得性适应行为,即条件反射,例如听到大人说"出去玩喽"就会看门的位置。婴儿开始可以根据不同的事物调整自己的应对方式,例如,习惯于母乳喂养的婴儿,在用奶瓶喝奶时会调整吮吸的方式。

3. 次级循环反应阶段(4~8个月)

在该阶段,婴儿开始可以坐立,并逐渐学会爬行,能够熟练地够、抓握和操纵物体,这些运动能力的获得为婴儿的注意力向外部世界转移起了非常重要的作用。婴儿产生了操纵物体并识别其特征的新兴趣。婴儿的重复性的动作与前一个阶段相比,有了意向性,并且不再只指向自身,而是开始作用于外部环境,吸引婴儿的是行为所导致的有趣的结果。

生活场景再现

一个婴儿在床上玩玩具,偶然将一个橡皮鸭玩具扔到地上,发出了响声,他觉得很有趣。当成人把橡皮鸭捡起来重新放到床上时,他又把橡皮鸭扔到地上,一直重复这种行为。他非常开心和享受地听着自己"创造"出来的声响。

4. 手段与目的分化协调阶段(8~12个月)

在这个阶段,婴儿能够总结过去的经验来解决新问题,并且行动更加具有目的性。此之前虽然婴儿的行为已经有了一定的意向性,但其动作是直接指向目标事物的。例如,拨弄拨浪鼓就是为了使拨浪鼓发出响声。到了该阶段,婴儿的动作目的和方法开始发生分化,开始出现表意性动作。同时,动作目的和方法之间开始协调,儿童开始尝试、修正、调整以往的方法,形成新的方法去达到目的。例如,向该阶段的婴儿呈现一个对其有吸引力的玩具,然后将玩具藏在手帕下,婴儿会掀开手帕获取玩具。在这个过程中,婴儿就协调了"掀开"手帕和"抓握"玩具这两个动作。

这个时期的婴儿开始具有一定的对行为结果的预期能力,这与其客体永久性观念的初步获得有关。"安妮卡按下儿童音韵图书底部的按钮,然后图书开始播放'一闪一闪小星星'。她反复地按下同一个按钮,但对其他按钮不感兴趣。"[1]安妮卡每次按该按钮都会预期到会播放的音乐,她喜欢这种用自己的行动使预期的结果出现的控制感。

5. 三级循环反应阶段(12~18个月)

在这个阶段,儿童表现出好奇心,喜欢探索,他们的行为开始富有实验性和创造性,不再只是简单地重复过去习得的动作,而开始有意地调整或改变行为方式来观察行为结果。例如,一个学步期的儿童,会尝试用脚踩橡皮鸭玩具或是用屁股坐橡皮鸭等方式,看它会不会像用手捏一样发出声响。

此时儿童开始尝试新行为,运用试误来有目的地解决问题。"当比约恩的姐姐将他最喜欢的硬纸板书放到婴儿床边时,他伸手去拿那本书。第一次尝试失败了,因为书太宽。很快,比约恩把书转到侧面,并抱住它,对于自己的成功感到高兴。"[2]比约恩通过试误和对自己行为的有意调整达到了自己的目的。

---

①② [美]黛安娜·帕帕拉,萨莉·奥尔茨,露丝·费尔德曼. 发展心理学[M]. 李西营等,译. 北京:人民邮电出版社,2013.

6. 心理整合阶段（18～24个月）

这是从感知运动阶段向前运算阶段的过渡期。在这一阶段儿童逐渐发展出了心理表征能力。心理表征能力是一种通过词语、数字和心理图像等抽象符号在记忆中对物体或过去事件形成内部印象的能力。"在21个月大的时候，杰奎琳看到一个贝壳，她说道：'杯子。'说完后，她把贝壳拾起来，装作要喝水的样子……第二天，看到同样的贝壳，她说道'玻璃杯'，接着是'帽子'，最后是'水里的船'。三天后，她拿着一个空盒子，来来回回走着，口里念着'汽车'。"在这段皮亚杰的观察记录中，21个月的杰奎琳已经形成了杯子、帽子、船、汽车等事物的心理表征，所以在看到贝壳时，会由此引发出对与这些心理表征有共同之处的事物的联想。这种心理表征的获得还体现在儿童词语和手势的理解与运用上。

心理表征能力的获得显示出儿童思维的概括性、间接性和抽象性的进一步发展。并且，这种能力的获得将幼儿从直接经验中解放了出来，儿童开始能够在行动前在头脑中进行"思考"、预期行动的结果、直接作出反应，而不用再经过一次次的试误来解决问题。"珍妮正在玩积木，在插积木以前，她会仔细寻找合适的位置，然后把积木放到对应形状的孔里。"[①]珍妮不再像12～18个月的儿童那样需要反复地试误操作才能找到积木对应的孔里了。

（二）前运算阶段（2～7岁）

这一阶段又被分为前概念或象征思维阶段（2～4岁）和直觉思维阶段（4～7岁）。在前概念或象征思维阶段，儿童形成的关于客观事物的概念是具体的、动作的，而不是抽象的、图式的；儿童出现了象征性功能，开始运用象征性符号进行思维，并在此基础上出现了象征性游戏。例如，儿童把洋娃娃当成宝宝，把笔当作针筒，并假装给宝宝打针。在该阶段，儿童的判断受到直觉思维的支配。例如，当把10粒扣子排成5粒一行，两行并列。当两行的扣子间距一致，并且首尾对齐的时候，儿童会认为两行扣子一样多。当把下面一行扣子的间距增大，使扣子的行变长，儿童就认为下面一行的扣子多些。可见这个阶段的儿童思维具有不可逆性，因而也没有获得守恒性。

三、模仿能力的发展

皮亚杰认为，儿童在9个月时出现不可见模仿。所谓不可见模仿是指儿童用自己不能看见的身体部分进行的模仿，如嘴巴动作（张开嘴、撇嘴、吐舌头等）的模仿。也有人认为新生儿即已具备不可见模仿的能力。Andrew Meltzoff（1983）和M. Keith Moore（1989）进行的一系列研究发现，出生72小时的新生儿就可以模仿成人吐舌头。但是后继的研究者发现新生儿只有吐舌头这一种模仿行为成立，并且这种模仿行为在儿童2个月大时又消失了。研究者认为，吐舌头可能是婴儿与母亲进行沟通的早期尝试，或者仅仅是被成人的舌头所激发的一种简单的探索行为。关于不可见模仿最早出现的时间尚无定论。

皮亚杰认为儿童在感知运动阶段的第六个亚阶段——心理整合阶段（18～24个月）获得心理表征能力的基础上出现了延迟模仿。延迟模仿是指对一段时间之前出现的他人的行为进行模仿。在皮亚杰的一段观察记录中就体现了儿童的延迟模仿："按计划，在一个下午，杰奎琳去拜访一个小男孩。这个小男孩整个下午心情都不好。当他试图走出栏杆车时，尖叫着，跺着脚把栏杆推来推去。杰奎琳惊讶地站着看这个小男孩。第二天，她在自己的栏杆车里尖叫着，连续轻轻地跺着脚，也试图移走栏杆。"

---

① ［美］黛安娜·帕帕拉，萨莉·奥尔茨，露丝·费尔德曼. 发展心理学［M］. 李西营等，译. 北京：人民邮电出版社，2013.

儿童的心理表征能力和延迟模仿还体现在他们的象征性游戏中。儿童的象征性游戏发展体现了两个主要特点。

（一）象征物的现实依赖性降低

2岁前的儿童往往只会利用现实的物品或是仿真的玩具来进行象征性游戏。例如,将摇篮作为洋娃娃的床,用玩具电话打电话,用奶瓶给洋娃娃喂奶。2岁左右,儿童开始可以用一些现实程度较小的物品作为象征物。例如,将餐巾纸作为洋娃娃的被子,将小凳子当作马来骑,拿一段小木块作为香皂给娃娃洗澡。不久以后,儿童开始可以在没有外在物品的条件下,用身体的一部分来作为象征物。例如,伸出拇指和小指作为电话,伸出食指作为牙刷,举起手臂当作红绿灯。3～5岁的儿童可以在没有任何现实支持的条件下,通过想象来进行象征性游戏。

（二）游戏的去自我中心性

最初儿童的象征性游戏是以儿童自身为中心的,即儿童是在假装对自己进行喂食或清洗。不久,儿童开始将游戏活动指向外界其他的物体。他们开始给洋娃娃喂食、洗澡,假装给爸爸妈妈打针。在3岁初期儿童的象征性游戏中,儿童可以不再作为游戏主角,而是利用其他物体来作为各种游戏角色的代替。例如,会将玩具娃娃放在床上,将玩具护士放在床边,假装护士在给娃娃看病。这一发展次序体现了儿童思维发展的去自我中心性。

💡 视野拓展

儿童思维的"自我中心性"和"三座山"实验

皮亚杰用"自我中心"这一术语来指明儿童不能区别一个人自己的观点和别人的观点,不能区别一个人自己的活动和对象的变化,把一切都看作与他自己有关,是他的一部分。儿童思维的"自我中心性"体现在其认知发展的感知运动阶段和前运算阶段。

1. 感觉运动阶段(0～2岁)

对这个阶段的儿童来说,自我和外在世界还没有明确地分化开来,即婴儿所体验到和所感知到的印象还没有涉及一个所谓自我这样一种个人意识,也没有涉及一些被认为自我之外的客体。婴儿除自己动作外,没有世界的概念,在这个意义上他们是"自我中心"的。

2. 前运算阶段(2～7岁)

这个阶段的儿童学会用符号和内部想象去思维,但他们的思考是无系统和不合逻辑的,他们是从自我出发来考虑问题,与成人的思维极不相同。皮亚杰曾进行了一项儿童的空间知觉——三座山的研究,也说明了儿童思维的自我中心:儿童并不明白玩偶观察的角度与他们自己的不相同。

四、推理能力的发展

0～3岁儿童常常会运用相似性推理和类比性推理,也有研究表明此时的儿童就已经具备意图推理的能力了。

（一）相似性推理

当0～3岁儿童接触新异事物时,其能够利用与某一已知物体的相似属性来进行推理。在一个研究儿童相似性推理的实验中,向儿童呈现四块积木,其中两块相似的积木被称为"按钮",另两个与之不同的积木被称为"非按钮"。在儿童的注视下,研究者将其中一个"按钮"放在机器上,机器马上变亮并播放音乐。然后要求儿童选择另一个可以使机器启动的积木。结果发现3岁儿童包括一些2岁的儿童,都会选择被称为"按钮"的积木。

（二）类比性推理

类比推理是从两个对象的某些相似性和一个对象的一个已知特性推出另一个对象也具有这种特性的推理过程。研究发现,婴儿即已出现了简单的类比推理。例如在一项研究中,让11～12个月的婴儿通过观察父母的操作学会如何获得玩具:移开一个障碍物(盒子),拉动一块蓝布,获得蓝布上的一条黑绳子,拉动绳子就可以拿到玩具。接着改变问题情境的一些条件,例如,换另一种玩具,将蓝布换成黄白相间的条纹布,将黑色绳子换成棕色绳子,发现婴儿能够将前面习得的解决问题的方法迁移到新的情境中。有研究者发现,3岁儿童正确解决问题类比推理的成绩最高可能达60%。

（三）意图推理

意图推理能力早在婴儿半岁时就已出现。20世纪90年代,很多发展心理学家通过违背预期的方法,向婴儿呈现与动作原功能相违背的另一动作结果,婴儿通常会注视更久的时间。这说明婴儿对动作的结果有一定的预期,能发现结果与预期的不一致。在一项研究中,Woodward(1988)向6个月的婴儿反复呈现人手抓握某一玩具的过程,当婴儿达到习惯化后,改变人手运动的轨迹或抓握的玩具,结果发现当抓握的玩具变化时婴儿有更长的注视,而当只有人手的运动轨迹发生变化时,婴儿的注视时间并没有延长。这说明婴儿已经能够推断出人手的运动目的。

对于较大的婴儿,可多采用模仿的方法来研究其意图推理能力。在 Gergely,Bekkering 和 Kiraly(2002)的实验中,婴儿看见实验者用头来点亮盒子。如果在观察的时候实验者的手是可以随意移动时,婴儿会模仿实验者用头来点亮盒子。但如果观察时实验者的手被占用,虽然实验者仍然是用头点亮盒子,但婴儿在模仿阶段的时候会用手来点亮。说明婴儿看到实验者可以用手做动作却使用头时,他们会推测用头来进行操作可能具有某种特殊的意义。

【家园共育协调点】

儿童最初获得的味觉刺激来自母乳或是代乳品,如果能够及时给予更多的味觉刺激,可以减少儿童将来的偏食、拒食现象。家长可以在儿童一个半月时,适当地喂些橘子汁。3个月左右可以用筷子蘸各种汤汁点在儿童的舌头上,让儿童尝尝味道,但要注意尽量清淡,不能刺激性太强,如辣椒就不建议。对于主要喝奶粉的儿童,家长应注意3～5个月更换奶粉的品牌,避免长期使用单一口味的奶粉,导致儿童味觉迟钝。儿童4个月时,要逐渐开始增加辅食,一方面是为了满足儿童身体发育的营养需求,另一方面也是为了让儿童早点适应除了母乳或代乳品外的其他食物的各种味道,有利于儿童后期顺利断奶。6个月左右是儿童味觉和嗅觉发展的敏感时期,家长需注意辅食的品种尽量多样化。如果在这个感受性较强的时期,儿童有了对各种食物和味道的体验,将有助于其获得广泛的味觉,今后就乐于接受各种食物,而不容易偏食、挑食。如果家长提供的食物比较单一,则儿童以后接受的食物范围就可能比较狭窄。

1～3岁的儿童思维的最主要特征是其思维的直觉行动性。这个时期儿童的思维离不开对物体的感知以及自身的行动。因此家长应尽量丰富儿童的感知和操作环境,根据儿童的年龄特征和兴趣提供不同的玩具和物品,鼓励其感知和操作,引导其尝试各种不同的玩法。另外,自然环境中提供的各种感知和操作材料是玩具无法替代的,家长应多带儿童投身自然环境中,在安全的条件下鼓励儿童自主探索。

【0～3岁儿童教育机构看点】

0～3岁儿童的注意力主要以无意注意为主,注意力容易分散或转移。因此早教课程一节课的时间不宜过长,一般控制在45分钟左右。另外,课程应注意动静结合,各环节之间过渡自然流畅,充分调动儿童的兴趣,才能抓住儿童的注意力。此外,教师应提醒家长在儿童独自探索或玩耍时,做到守护陪伴而不"打扰"。有些家长喜欢指导或插手帮助儿童完成某些活动,例如,看到儿童在玩镶嵌板时不断出错,就会忍不住提示:"这个是什么形状啊?好好看看!是圆的,你怎么往方的孔里放呢?"有些家长会在儿童活动时过度关怀:"宝宝,渴了吗?要不要喝点水?""宝宝,衣服湿了,妈妈帮你把外套脱掉。"有些家长喜欢给宝宝拍照:"宝宝,头抬起来,看妈妈,笑一个。"这些都会干扰儿童注意力的集中。

婴儿期的记忆缺失现象和记忆的内隐性都揭示了对0～3岁儿童的早期教育不在于知识的记忆。由于记忆对于儿童经验的积累、技能的掌握和习惯的养成等具有重要的发展意义,因此早教机构应设计开展一系列适合儿童记忆发展的活动,从记忆的有意性、持久性和精确性上提供锻炼。

【请你思考】

1. 什么是感觉和知觉?0～3岁儿童的视觉、听觉、空间知觉和时间知觉的发展有什么主要特点?

2. 什么是无意注意?什么是有意注意?1～3岁儿童的无意注意有什么发展特点?

3. 0～3岁儿童记忆发展有什么特点?

4. 根据皮亚杰的认知发展理论,感知运动阶段儿童的思维发展有什么特点?

【实践活动】

从0～3岁儿童认知发展的感知觉、注意、记忆、思维中任选一个主题,根据其发展特点设计一个适宜的亲子游戏或机构活动。

【样例】

活动名称:同色分类

适宜年龄:1～2岁

活动组织者:家长

活动目标:发展儿童对颜色的感知能力,对颜色词形成初步的概括。

活动准备:提供包括3种颜色的各种物品,每种颜色的物品3～4个,物品最好是儿童日常所熟悉的。

活动过程:将物品摆放在儿童面前,让儿童将物品按颜色逐一分类。

活动注意:

1. 为防止儿童吞咽和吸入物品,物品不宜过小。

2. 物品应安全,避免有锋利边角的物品。

3. 家长应全程陪伴守护。

4. 在儿童玩分类游戏时,家长要注意语言的引导:"这是什么颜色?这是红色的杯子。""这是红色的袜子。"帮助儿童对红色这一颜色词形成概念。

【参考文献】

1. 李宁. 早期儿童问题类比推理中不同相似性的实验研究[D]. 西南师范大学,2003.

2. 陈秀英. 2～3 岁婴儿推理思维萌芽及教育方法探索[J]. 社会心理科学,2000(4).

3. 张玉敏,李晓燕. 基于幼儿偏好文本"童话"对幼儿思维特征的推断[J]. 学前教育研究,2013(4).

4. 冯廷勇,李红. 类比推理发展理论述评[J]. 西南师范大学学报,2002(4).

5. 郑小蓓,孟祥芝,朱莉琪. 婴儿动作意图推理研究及其争论[J]. 心理科学进展,2010(3).

6. Richard Brodie. The Infant Brain：A Long Way to Grow! [EB/OL]. （2016－10－22）http：// www. childdevelopmentmedia. com/articles/the-infant-brain-a-long-way-to-grow/.

7. 黛安娜·帕帕拉,萨莉·奥尔茨 露丝·费尔德曼. 发展心理学[M]. 李西营,冀巧玲等,译. 北京： 人民邮电出版社,2013.

8. 王明晖. 0～3 岁婴幼儿认知发展与教育[M]. 上海：复旦大学出版社,2012.

9. 李淑杏,庄美华等人. 人类发展学[M]. 台北：新文京开发出版股份有限公司,2010.

第五章

言 语 发 展

【学习目标】

1. 了解言语的概念，掌握言语活动的内容。
2. 掌握0～3岁儿童前言语发展和言语发展的阶段及规律。
3. 掌握0～3岁儿童语音、词义、句法发展特点及表达方式。

言语是人们借助语言进行交际的过程，是一种心理现象。日常生活中，人们为了交际，需要使用一定的语言工具，如汉语、英语等。言语活动中，包含着言语的表达，言语的感知和理解过程，因此，这是一个动态的过程。0～3岁儿童从呱呱落地的那一刻起，便开始了对言语的准备。

第一节 前言语发展

0～1岁是儿童言语发生的准备期，也称为前言语期，即儿童为言语发展所做的准备。儿童从出生到说出第一个词需要经历一个较长的准备期，这个阶段是儿童的言语知觉能力、发音能力和对语言的理解能力初步发展的时期。前言语发展主要表现在三个方面：一是语音知觉，包括语音的识别和表达；二是词义知觉，包括对词语的理解和掌握；三是手势语，即儿童借助手势等非语言的手段传递信息。

一、语音知觉

0～3岁儿童语音知觉是怎样为言语发展做准备的？语音知觉阶段表现什么样的变化呢？以下将展开探讨。

（一）听音的发展

听音是儿童言语发展的基础，言语发展从"听"开始。胎儿在5个月的时候就已经具备听觉，胎儿可以听到妈妈说话的声音、心跳声、汽车开关门的声音，外界传入的一切声音。而儿童出生以后已经形成感知辨别单一语音的能力。

1. 语音偏好

0～3岁儿童能够分辨语音和其他声音,实验证明,在所有的声音中,0～3岁儿童更喜欢倾听言语,尤其喜欢听母亲的言语。研究者以出生几天的新生儿为对象开展实验,分别设立两个人工乳头,一个连接着一小段言语录音或歌声录音,另一个连接其他乐器或有节奏声音的录音。新生儿只要吸吮,便会接通电源,两种不同的声音就会播放。结果发现,连接言语或歌声的人工乳头更容易引起新生儿的吸吮反应。[①] 说明0～3岁儿童对周遭声音中的言语表现出语音的偏好,而所有的言语中,0～3岁儿童对自己母亲的声音表现出语音的偏好。当0～3岁儿童在吸吮乳头的时候,如果出现母亲的声音发现0～3岁儿童的吸吮频率增多,而出现他人的声音则不能。

生活场景再现

　　这天,妈妈准备给1个月的玮玮喂奶,当妈妈抱着玮玮一边喂奶,一边看电视的时候,玮玮一直埋头吃奶。当妈妈把电视关掉,一边喂奶,一边对他说话的时候,玮玮吃着奶会看着妈妈,好像知道妈妈在对他说话一样。

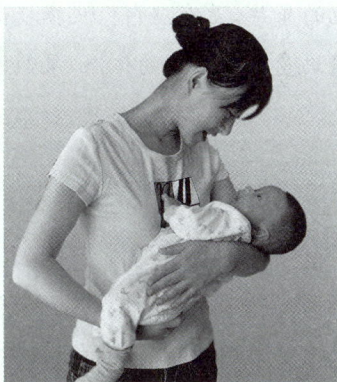

图5-1　妈妈与宝宝交流

2. 听音的发展

新生儿会因为突然出现的声音而受到惊吓或被惊醒。

2个月的婴儿能够分辨两音间的差异及节奏,对成人的说话、微笑等行为做出反应。

3个月的婴儿会以微笑、手舞足蹈等行为回应成人的语音逗引。

3个月以后的婴儿,听辨音开始朝着精细的方向发展。

生活场景再现

　　涛涛才刚刚出生5天,医院里很安静,涛涛睡得很好。第6天,爸爸接妈妈和涛涛回家,妈妈抱着涛涛上车的时候,刚坐好,突然爸爸"呼"的一声关门声,涛涛在被褥里被惊得伸弹了下手脚,妈妈一阵安抚后才平静下来。

---

① 秦金亮.早期儿童发展导论[M].北京:北京师范大学出版社,2014.

（二）语音的表达

在0～3岁儿童发出单字、词以前，已经开始出现类似语言的声音。我们称为反射性发声阶段，如新生儿的哭声中会出现"a、o、e"等韵母，这是婴儿的本能反应行为。

1. 哭声

婴儿最开始的发音就是他们的哭声。最初来到世界，他们主要依靠哭声与他人建立联系，用哭声表达需要。当婴儿发出哭声时，成人会关注婴儿，了解其需要。哭声是婴儿为言语发展所做出的最初的发音准备，成人依据婴儿的哭声把握婴儿身体状况及需要。

生活场景再现

涛涛3个月了，是一个安静的宝宝，很少哭闹。这天，涛涛在家一直发出啼哭声，妈妈摸了摸他的尿片，没有湿啊！又摸摸他的额头，妈妈还拿自己的额头碰碰涛涛的额头，哎呀，有点烫呢！妈妈量了量涛涛的体温，果然，涛涛发烧了。他用啼哭引起妈妈的关注，告诉妈妈：他不舒服。

2. 语音的发展

0～3个月婴儿的发音一般以单音节为主，这个时段的婴儿哭声中，在哭声间歇时，带有明显的"a、ai、ei、o、i"等发音，这些音通过气流随口腔发出，婴儿嘴巴大小的改变导致发音的不同。因为受发音器官成熟度影响，涉及舌根音、唇齿音的发音在这个阶段都不会出现。

4～9个月的婴儿发音开始增多，新增了"b、d、m"等的发音。同时，发音的连续性开始增加，会连续发出"ma、ba、pa、da"等音。这个阶段的婴儿开始懂得用语音和成人交往，成人与婴儿说话时，婴儿会用咿呀语应和，成人给予的言语刺激越多，婴儿回应的咿呀语越丰富。这样的咿呀语可以让婴儿的发音器官得到锻炼，学会调节和控制发音器官，为后续的语言发展做准备。

10～12个月的婴儿随着发音器官的发展，能够发出更多的音节。并且，能够将不同的音节连接起来发，如"n-a、yo-ye、h-ei-o"等。这样的发音是婴儿的无意识发音，对于言语的形成没有实际意义，但可以为今后言语发展做好发音上的准备。同时，这个时段的婴儿开始模仿成人的发音，成人重复婴儿的发音会让婴儿更多地发此音。

生活场景再现

涛涛11个月了，妈妈经常在家里和涛涛说话，告诉涛涛妈妈正在做的事情，并指认生活常见物品给涛涛看。涛涛有时会对妈妈发出"m-a、m-a"，妈妈高兴极了，对涛涛说："涛涛会叫妈妈了，再叫一声给妈妈听。m-a、m-a。"可是，涛涛在那一声出现后，又没有了。

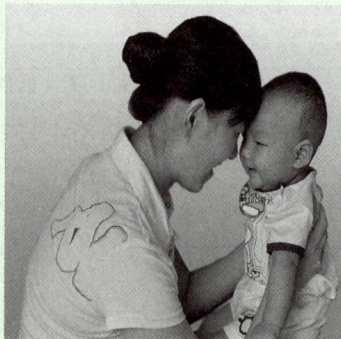

图5-2　妈妈与宝宝做游戏

二、词义知觉

词义知觉表现为0～3岁儿童对词汇语义的理解和掌握。儿童在前言语期能理解词吗？他们是如何作出反应的？以下将展开探讨。

在良好教养环境下,0～3岁儿童在能说话以前,已经能够听懂成人的简单语言,也能够理解一些简单词汇。从认知发展的角度看,理解总是领先于表达的,大多0～3岁儿童在会说话以前就表现出对词汇的理解。[①]

6个月,婴儿处于语音理解阶段,依靠听觉对语音进行感知和辨别,能分辨妈妈和其他人的声音。并有了对话语理解的萌芽,可以对简单词汇作出反应。如,妈妈对宝宝说"来,妈妈抱抱",孩子会对妈妈作出反应。

8～9个月,婴儿处于情境性理解阶段,虽然还不会说话,但能借助一定的情境听懂成人的话语,并对此作出反应。在前期建立好词汇与具体事物、人物的联系之后,婴儿可以很好地理解此类词汇。但是,引起儿童反应的主要是成人语调与整个情境,即说话人的动作表情,而不是词本身的意义。如,经常指着电灯对孩子说:"灯,这是电灯。"过段时间后,问孩子:"电灯在哪里呢?"孩子会将头转向电灯的方向。但如果前期没有建立良好的联系,问孩子"电视在哪里呢",他也会将头转向电灯的方向。给9个月的婴儿看"狼"和"羊"的图片,每当出示"羊"时,就用温柔的声音说"羊,羊,这是小羊";而出示"狼"时,就用凶狠的声音说"狼,狼,这是老狼"。若干次以后,当实验者用温柔的声音说"羊呢? 羊在哪里",婴儿就会指着羊的图片,反之亦然。这时,实验者突然改变说话的语调,用凶狠的声音说"羊呢? 羊在哪里?"婴儿会毫不犹豫地指向狼的图片。说明婴儿反应的主要对象是语调和说话时的整个情境,而不是词。这个时候,他还不能把词从语音复合情境中分离出来,真正作为独立信号而给予相应的反应。一般到了11个月左右,语词才逐渐从复合情境中分离出来,真正作为独立信号而引起儿童相应的反应。那个时候,儿童才算是真正理解了这个词的意义。[②]

10～12个月,婴儿对话语开始有初步的理解。不仅能理解常用话语的含义,而且会用自己的动作表示对话语的理解。如,问他:"我们大家准备上街去,你要去吗?"孩子会做出奔向门口的动作。碰到熟人,对孩子说:"和叔叔再见!"孩子则会做出"挥手再见"的动作。儿童以动作来表示回答的反应最初并非是对语词本身的确切反应,而是对包括语词在内的整个情境的反应。[③]但随着生活情境的丰富和语词的使用,儿童会逐渐将语词从情境中分离出来,做出相应的反应,这时儿童开始真正理解词的意义。

三、手势语

在言语发生以前,0～3岁儿童已经懂得用独特的交流技能跟旁人交流。他们所特有的手势、动作、姿势成为信息交流的重要手段,我们称为"手势语"。

(一)手势语的作用

手势语虽然不如话语那样直接,但同样是有效的沟通方式,有时甚至更具有优势。这种交流手段在前言语阶段乃至后期言语发展阶段对儿童整个言语的发展发挥重要的作用。据美国"健康日"网站

[①] 袁萍,祝泽舟.0～3岁婴幼儿语言发展与教育[M].上海:复旦大学出版社,2011.
[②] 唐利平.学前儿童心理与发展[M].贵阳:贵州大学出版社,2015.
[③] 秦金亮.早期儿童发展导论[M].北京:北京师范大学出版社,2014.

报道,美国《科学》杂志刊登的一项研究发现,婴儿手势越多,未来掌握词汇的能力越强。研究负责人、芝加哥大学心理学家梅雷迪思·L·罗韦及其研究小组,在对美国芝加哥地区不同家庭背景的50个孩子进行调查后发现,宝宝在14个月大时的手势情况与4岁半时的词汇量大小具有一定的关联性。如果婴儿时期手语丰富,那么日后其词汇量就更大,入学后其语言能力也更突出。[①]

(二)手势语的特点[②]

1. 交流的目的性

婴儿在9个月时开始出现有目的或有计划的交流,其标志是"原始请求"和"原始肯定"行为的出现。"原始请求"行为,指的是婴儿请求别人把够不着的物体拿给他。如,会张开手伸向某个物体,同时伴随语音的出现。在"原始请求"中,行为的目的性是外在的,成人只是儿童获得某一事物的手段。而在"原始肯定"中,成人成为交流的对象,外在事物变成引起成人注意的手段。如,婴儿把玩具举起朝向成人,成人微笑或反应后,他才把玩具放下来或继续游戏。"原始请求"和"原始肯定"行为显示了儿童前语言交流的目的指向性。

2. 交流的指代性

婴儿出生后第9周就出现了类似指示动作的姿势。这表明人类生来就具有产生指示动作的某种"生物准备性"。这种指示动作的出现是前语言交流指代性的典型外在表现,在前语言交流过程中扮演着特殊而重要的角色,手势语出现得越多,后期发展的语言能力则越强。

3. 交流的约定性

语言是社会交流活动约定俗成的符号工具,婴儿进行言语活动,需要遵循语言的约定性。在前言语阶段,这种约定性的学习体现在:其一,婴儿对语言的模仿。如,婴儿通过模仿掌握手势动作的约定性,知道"欢迎""再见"的动作。成人的示范指导让婴儿理解此类词汇并通过手势运用;其二,婴儿的仪式化行为。出生半年后,婴儿通过操作化条件反射作用逐渐实现交流行为的仪式化过程。如,在躲猫猫游戏或其他仪式化日常活动中知道相互轮换。长大以后,参与语言活动时,这种技能可以很好地为他们所用。

(三)手势语的发展

0～3岁儿童手势语随月龄的增加而发展,这种能力直接反映0～3岁儿童的沟通能力,并对后期言语的发展产生重要作用。

6～7个月,婴儿开始伸出手够东西。这时的伸手是一种本能行为,婴儿的眼睛只盯着面前的物品,这个动作并没有沟通的意义。但如果成人很敏感,察觉到他想拿这样东西,帮他拿过来,慢慢地,婴儿就会知道,使用"伸手"的动作,成人就可以帮他拿过来。

8～9个月,婴儿会用手指着东西,眼睛却看向成人。这时候,通过手势与成人交流的方式开始出现。并且,由"请求"向"交流"发展。由最初的"需要拿到东西"逐渐发展到"分享喜爱的东西"。

10～12个月,婴儿从周围成人模仿习得常见的约定性手势语。如,摇头表示不要,点头表示需要,挥手再见,拍手欢迎等。通过模仿,婴儿学习着自己文化中特有的手势密码。正常教养环境下,这部分常见手势语婴儿在10～12个月时可以掌握50%,12个月可以达到75%。

---

① 引自 http://www.docin.com/p-979896675.html.
② 秦金亮.早期儿童发展导论[M].北京:北京师范大学出版社,2014.

生活场景再现

源源带着愉快的心情醒来时小手通常是这样的动作：手张开，手指向前伸展。妈妈说：这是他在邀请身边的爸爸妈妈和自己一起玩。同时，源源妈妈还说："有的父母为避免宝宝抓伤自己，用手套或长袖裹住婴儿的小手。这种做法是不妥的，因为这样宝宝对外界的感知就缺少了一项工具，正确的做法是尽早让宝宝露出小手，开发智力。"不过，为了避免宝宝用指甲抓伤自己，父母可以在孩子睡着后，用指甲刀轻轻剪去指甲，但不要剪得太短，光滑平整即可。

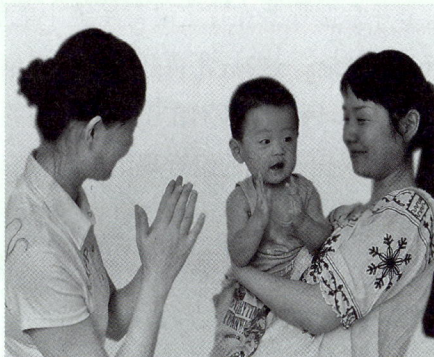

图 5-3　手势语是宝宝交流的工具

视野拓展

婴儿对母语识别的实验①

在一次实验中，姆恩、科波和费勒(1993)比较了刚出生 1 天的婴儿对母语和另一种语言的偏爱程度。婴儿的母亲的母语都是西班牙语或英语。实验者让他们听几段由一位西班牙妇女和一位英国妇女朗读的课文录音。结果发现，婴儿会通过改变对奶嘴的吸吮方式使机器更长时间播放更多的母语录音内容。这表明刚出生几小时的婴儿就已经能够识别自己的母语了。

第二节　言　语　发　展

1~3 岁，儿童进入言语发展阶段，是他们能够说出有意义、被理解的词，基本掌握口语的阶段。本阶段儿童言语的发展指的是对母语的理解和表达能力的获得。他们从说出词、积累词汇到说短语，是言语发展"承前启后"的关键期，一方面仍然处在对语言的理解阶段，另一方面，已经能够接收指令，在语言理解与表达能力方面开始有了突破性进展。他们能够理解的词远比能够说出的词多得多，在语言理解与表达方面有了突破性的飞跃。言语发展主要表现在口语的发展，按照语言结构来看，分为语音、词汇、语法三个基本部分。下面，将分别从语音表达、词义表达、句法表达来探讨儿童言语发展的过程。

一、语音表达

语音是语言的声音，它是言语发展的前提。

---

① ［法］赛尔日·西科迪. 100 个心理小实验[M]. 上海：上海社会科学院出版社，2009.

（一）语音知觉的发展

进入言语发展阶段，0～3岁儿童对于语音的感知开始跟一定意义的语言系统结合起来，即儿童逐渐学习并掌握那些在特定语言系统中能够区分意义的语音差别。不能区分意义的语音上的差别，就逐渐予以忽略。这时，儿童开始进入音位感知阶段。[①] 如，"灯""梯"是两个不同的音，儿童掌握这两个词的语音时，因为其区别在于代表不同的意义，儿童就能够逐渐在运用中掌握。

其次，对于音位的组合规则，儿童则是在运用的过程中逐渐体验。如，普通话中，舌根音、舌尖前音、舌尖后音不能同齐齿呼、撮口呼的韵母组合，只能同开口呼、合口呼的韵母组合。类似这些音位的组合规则，儿童最初并不懂得，而是在逐渐发展的过程中得以掌握。

（二）语音表达能力的发展

儿童1岁左右，开始说出第一批词汇，正式发出有意义的语音，言语真正产生。发展过程中，儿童语音表达会受到发音器官的生理成熟程度和语音的难度限制，语音表达的发展遵循一定的规律性。

1. 从无意义发音到有意义章节

进入言语发展阶段，儿童逐渐学会使用语音和语调表达意思。如，嘴里发出"huhu"音，身体朝向喝水的地方，以此告诉成人"要喝水"。这时的语音表达因为意有所指，表现得有意义。

2. 从元音到辅音

语音发展过程中，元音的表达早于辅音。较早出现的元音有a、e、i、u、o，b、p、m、f等辅音出现得稍晚。

3. 从单音节到多音节

从单音节的语音表达，如a、ei、yi、ou等，发展到发出双音节或多音节的音，如n-ai、y-ao、ma-ma、ba-ba。

4. 从不准确到逐渐准确

进入该阶段，语音发展较迅速。在良好的语音环境下，发音能逐渐趋于准确。

生活场景再现

玮玮2岁6个月时，妈妈带他去郊外玩，和叔叔阿姨一起坐船的时候，他问妈妈："我们大家一起坐的是什么？"妈妈说："坐船啊！"玮玮又指着河上的游艇说："那是什么呢？"妈妈说："是游艇。"玮玮重复妈妈说："you tin。"妈妈说："是you ting。"玮玮马上夸张地重复："y-ou t-ing。"惹得大家一阵笑，都说："标准的后鼻韵啊！"

二、词义表达

语音知觉的发展为语言理解提供了必要的前提。词是语言中独立运用的最小单位，0～3岁儿童获得词义的过程比获得语音、句法的过程缓慢。

---

① 秦金亮.早期儿童发展导论[M].北京：北京师范大学出版社，2014.

（一）词义理解

0～3 岁儿童对语言的理解有三种水平：对单词的理解是初级水平，对短语和句子的理解是中级水平，对说话人意图或动机的理解是高级水平。[①] 儿童在此阶段，能够理解很多名词和动词，能够理解一些单词句的意义。研究表明，这一阶段能理解的单词句有以下几种。[②]

呼应句：呼唤他人（呼唤句）或是对他人呼喊的应答（应答句）。如，发现妈妈不在身边，呼喊"妈妈"表示"妈妈你在哪儿"的含义。

述事句：0～3 岁儿童对自己发现、发生事情的述说。如，家人问："你的帽子呢?"儿童四周张望后说："没。"表示未看到。

述意句：0～3 岁儿童述说自己意愿的单词句。儿童所表述的意愿大多是表示否定的，如，成人让儿童尽快穿好衣服，儿童会说"不"，以此表示不愿意。

（二）词义表达

表现为以词为工具，将思维所得的成果用语音语调、单字、词组等方式反映出来的一种行为。

1. 词的意义

12～18 个月的儿童处于具体理解阶段。虽然在此阶段，所说词汇不是太多，但能听懂并理解的词汇远远多于所说词汇，如常见家用物品、动物、人物称谓、身体部位等。此时，儿童理解词义存在泛化、窄化、特化现象，如"爷爷"指家里自己的爷爷，遇见其他老人让叫"爷爷"，会流露出疑惑的神情。

19～24 个月，儿童对词义的理解逐渐加深，对词的概括能力在逐步提高。此时，开始理解"爷爷"也可指所遇见的其他老人，开始由具体认识发展为概括理解。

2～3 岁，随着词汇量的增加，能够理解越来越多的词汇。研究表明，此阶段儿童能掌握接近 1 000 个词汇，对语言的理解能力也迅速提高。词义的泛化、窄化、特化现象开始减少，概括性在进一步提高。如对"狗"这个词的理解不仅指家里的狗，还包括这一类特征的动物。只不过，受思维发展特点的影响，对某些词汇的理解还具有直接性和表面性，只能理解词汇的常用意义。如"凶猛"一定与老虎相联系，"臭"一定与闻起来味道不好的东西相联系。

生活场景再现

玮玮 1 岁 7 个月时，晚上睡觉不要爸爸陪，妈妈问："怎么了?"他说："不要爸爸陪。"妈妈接着问他："为什么?"玮玮说："爸爸臭!"

2. 词的类型

此阶段儿童最初掌握的是名词和动词，在 2 岁以后开始掌握形容词、代词和副词，2 岁半以后逐渐掌握介词、量词、连词、叹词、助词等词类。词类范围的扩大可以说明儿童掌握词汇的质量，因为词汇中不同词类抽象概括程度不同，实词代表具体的事物，如名词、动词、形容词、量词、代词等，虚词的意

[①]　黄希庭. 心理学导论[M]. 北京：人民教育出版社，2007.
[②]　张明红. 学前儿童语言教育[M]. 上海：华东师范大学出版社，2001.

义比较抽象，如介词、连词、助词、感叹词。[1]

首先，从抽象和概括水平来看，儿童最初使用的是中等概括水平的词。如最先学会"狗"，之后才能学会下级类别（如"哈巴狗"）和上级类别的词（如"动物"）。中等水平的词学得早，是因为对儿童最实用。

其次，与儿童经验相联系的程度看，儿童最初使用的都是在认知方面和社会交往方面与他们关系最密切的词。如熟悉的人或物，爸爸、妈妈、家等。[2]

三、句法表达

句子是由词或词组按一定语法规则构成的表达完整意思的最基本语言单位。儿童句子的发展总体经历以下几个阶段。

（一）句型的发展

1. 不完整句阶段（1～2岁）

（1）单词句阶段（1～1.5岁）

指儿童用一个词表达比这个词意义更加丰富的意思。此阶段说出的词具有以下特点。

① 以词代句

儿童用一个词代表多种物体或者代表一个句子。如，儿童说"要"这个词，有时代表要喝水，有时代表要拿玩具，还有的时候代表要拿其他东西。

② 单音重叠

这个阶段的儿童喜欢说重叠的字音。如，"娃娃、衣衣、抱抱、灯灯"等，也喜欢用象声词代表物体的名称，如把汽车称为"滴滴"，把小猫叫作"喵喵"。出现这个特点是因为儿童发音器官缺乏锻炼，还在进一步的发展中。重复前一个属同一音节、同一声调的发音，较为容易发出。

③ 联系情境

儿童用单词句表达意义时，常伴随动作和表情，并与特定情境相联系。成人需要根据儿童的用语情境和语调动作才能判断其含义。如要妈妈抱时，在说出"抱抱"的同时会向妈妈的方向伸出双臂。当说"球球"时，不同情境表示的含义不同，如"这是球球""球球在那儿""球球不在了""我要球球"等。

生活场景再现

玮玮1岁3个月时，一天，家里来了客人，玮玮对妈妈说："拿！"妈妈把水杯给他，他接过开始喝。过一会，又对妈妈说："拿！"妈妈把玩具车递给他。客人笑说："看来只有妈妈最懂宝宝的语言啊！"

（2）多词句阶段（1.5～2岁）

多词句是由两个单词句组成的不完整句子，一般出现在1.5～2岁左右。1.5岁以后，儿童说话的积极性开始增强，此时他们言语的发展表现为开始说由两、三个词组合在一起的句子，如"妈妈抱抱"

---

[1] 文颐. 婴儿心理与教育[M]. 北京：北京师范大学出版社，2014.
[2] 秦金亮. 早期儿童发展导论[M]. 北京：北京师范大学出版社，2014.

等。多词句表达的意思比单词句明确,具备句子的基本成分,但因为表现形式是断续、简略、结构不完整的,就像成人打电报时所用的语言,因此也称为"电报句"。

生活场景再现

1岁8个月的明明能说的话越来越多了,但是明明说话特别有意思,常常是简短、断续、不完整的,只是把实词罗列出来,如将"妈妈我要吃"讲成"妈妈吃",将"妈妈在吃饭"讲成"妈妈饭饭",把"爸爸上班"说成"爸爸班"。而且说的时候顺序常常颠倒,如将"没有两只耳朵"说成"两只耳朵没有",把"宝宝吃糖"表达为"糖宝宝吃"等。

---

2. 完整句阶段(2~2.5岁)

2岁以后,儿童开始学习运用合乎语法规则的完整句准确表达思想。

(1) 能说完整的简单句,并出现复合句

儿童逐渐能够用完整的简单句表达自己的意思并开始会说一些复合句,如从"两个娃娃玩积木"的简单修饰句到"我吃完就去了"的连动句。

(2) 词汇量迅速增加

该阶段儿童的词汇增长非常迅速,已经能掌握1 000个左右的词,丰富的词汇量为儿童表达完整句奠定良好基础。

3. 复合句(2~3岁)

复合句指由两个或两个以上意思关联密切的单句组成的句子。复合句一般在2岁以后出现,此时儿童使用复合句的特点是结构松散,缺乏连词,多由几个单句并列组成,如"妈妈不要说了,宝宝要睡觉了"。

(二) 句法发展特点

儿童句子的发展总体呈现以下几个特点[①]:

1. 从不完整句到完整句

儿童最初的句子表达是单词句和多词句,结构是不完整的。慢慢的,随着年龄的增长,发展为完整句。

2. 从简单句到复合句

儿童在1.5~2岁左右开始能说出结构完整的简单句,2岁以后简单句所占比例最大。复合句一般在2岁以后开始出现,但数量少,所占比例不大。

3. 从无修饰句到修饰句

儿童最初的句子(单词句、多词句)没有修饰语,如"车车走了""妈妈抱抱"。2岁半儿童开始出现有简单修饰语的句子,如"老爷爷",但这个时候是把修饰语作为一个词组使用,即"老爷爷"就是"爷爷"。

4. 从陈述句到非陈述句

从句子功能看,儿童常用的句型有陈述句、疑问句、祈使句、感叹句等。儿童最初掌握的是陈述句,疑问句产生的也比较早。2岁左右是儿童疑问句的主要产生时期,这对于儿童社会化的发展具有

---

① 文颐. 婴儿心理与教育[M]. 北京:北京师范大学出版社,2014.

重要意义,如"妈妈呢""为什么呢"。同时,也将逐渐提高儿童理解话语,搜索和重组知识经验,表述自我的思想感情等多方面的能力。①

视野拓展

基于规则的早期句法发展研究②

对儿童早期句法的关注始于20世纪六、七十年代,有很多研究深受当时转换语法和格语法的影响,并尝试用转换语法和格语法描写儿童句法,寻找儿童语言行为背后的普遍性规则。最早将转换语法应用到儿童句法分析上的是Mcneill(1970)和Bloom(1970)的研究,这大概是最早的基于规则的句法发展研究。20世纪80年代以来的研究多在普遍语法的框架内进行。普遍语法由原则与参数构成,原则规定了人类语言共同遵守的基本原则,制约了可能出现的语言形式,而参数允许基于经验的参数性变化,反映了个体语言之间的差异(Chomsky,1981)。普遍语法被认为是天赋、潜在的语言知识,是语言习得的初始状态(Chomsky,1981,1986)。基于规则的早期句法研究的一个基本假设就是儿童的早期组合看似简单、实则复杂,它们在结构上与成人语法类似,具备目标语的基本语法特征,受普遍语法制约。

【家园共育协调点】③

很多家长不知道怎样对胎儿进行语言胎教,其实,声波的诱导可以促进神经元树突的增长和延伸。最早开始的时间可以在胎龄满6个月后。可以选用舒缓优美、节奏不强、力度不大的轻音乐,每天在胎儿活动时听1～2次,每次10分钟左右。孕妇或家人可以用轻缓、温柔的语音有目的地对胎儿讲话,给胎儿期的大脑皮质输入最初的语言印记。

日常交流指成人通过日常生活中的对话,帮助儿童习得语言或学习语言。儿童在日常生活中与成人有着密切的接触,这种交流活动为成人对儿童进行语言教育提供了很好的机会。随时随地将周围东西的名称讲给儿童听,是最常见的一种方式,如吃东西时告诉孩子食品名称——"这是牛奶,它是白色的""这是鸡蛋,它圆圆的"。长此以往,孩子在交流中自然而然地学会了表达和描述。

【0～3岁儿童教育机构看点】

0～3岁儿童在机构中活动时,由于受环境因素的影响,常常会出现不愿开口说话的现象,此时机构教师应与儿童轻声说话,用亲切的言语与孩子交流,关注孩子的需要,给予儿童安全感与信任感。

0～3岁儿童在机构中活动时,教师应合理安排儿童言语活动时间。每次活动都有儿童固定的言语表达的机会,如小朋友开始活动之前,由教师示范作自我介绍(唱游式或儿歌式),再将自我介绍的机会交给每一位小朋友。如果儿童不愿意表达,可以让他先在旁观看,待熟悉后再进行自我介绍。

【请你思考】

1. 什么是言语?

---

① 张明红.幼儿语言教育[M].上海:上海教育出版社,2004.
② 杨小璐.儿童早期句法发展:基于规则还是基于使用[J].外语教学与研究,2012,44(4).
③ 袁萍,祝泽舟.0～3岁婴幼儿语言发展与教育[M].上海:复旦大学出版社,2011.

2. 儿童从出生到说出第一个词所做的准备有哪些?

3. 请根据儿童在言语发展阶段句型发展特点为1～2岁孩子的语言教育提出建议。

4. 有人说:"只要是在人类社会环境中生活的、智力正常的孩子,就一定能学会说话。"这种说法对吗?

【实践活动】

根据0～3岁儿童言语发展年龄特点设计一个适宜的亲子游戏或机构活动。

【样例】

活动名称:小老鼠

适宜年龄:10～24个月

活动组织者:家长

活动目标:促进亲子交流,发展儿童语音知觉能力。

活动准备:宝宝心情愉快的时候

活动过程:

1. 宝宝背靠妈妈坐在地板上。

2. 妈妈跟随儿歌节奏抬高腿部。

3. 在说到"叽哩咕噜滚下来"的时候,妈妈放平腿部。

附儿歌:

> 小老鼠,上灯台。
>
> 偷油吃,下不来。
>
> 喵喵喵,猫咪来。
>
> 叽哩咕噜滚下来。

温馨提示:

1. 妈妈需要配合儿歌节奏与宝宝互动。

2. 活动熟练后,可将腿部动作变换至手上,通过改变动作帮助宝宝熟悉儿歌并感受韵律。

【参考文献】

1. 张明红.学前儿童语言教育[M].上海:华东师范大学出版社,2006.

2. 刘金花.儿童发展心理学[M].上海:华东师范大学出版社,2009.

3. 孟昭兰.婴儿心理学[M].北京:北京大学出版社,2003.

4. 李宇明.儿童语言的发展[M].武汉:华中师范大学出版社,1995.

5. 秦金亮.早期儿童发展导论[M].北京:北京师范大学出版社,2014.

6. 文颐.婴儿心理与教育[M].北京:北京师范大学出版社,2014.

7. https://www.zerotothree.org/early-development.

8. http://www.childdevelopmentmedia.com/.

第六章

情 绪 发 展

【学习目标】

1. 掌握0～3岁儿童情绪理解的三种途径及其发展规律。
2. 掌握0～3岁儿童情绪表达的三种途径及其发展规律。
3. 掌握0～3岁儿童自我情绪和他人情绪的特点及发展规律。

情绪是人对客观事物以及对自我和他人而产生的态度体验。情绪以主观体验的方式来反映客观对象,同时会伴随身体的行为表现和生理变化。情绪发展始于新生儿,在0～3岁阶段有着非常重要的作用。

第一节 情绪的理解

一般情况下,我们把0～3岁儿童的情绪理解定义为能够理解情绪产生的原因及导致的结果,并且利用这些信息对自我和他人进行合适的情绪反应的能力,既包括对自己情绪状态的了解,也包括对他人情绪状态的识别。0～3岁儿童的情绪理解主要通过对面部表情、声调表情和行为表情的解读来进行。

一、对面部表情的解读

0～3岁儿童是怎样解读面部表情的呢?这一过程始于什么阶段又经历了怎样的发展变化呢?以下将展开探讨。

(一)对面孔的感知

对面孔的感知是0～3岁儿童对面部表情的理解能力发展的基础。

出生后不久的儿童便开始喜欢看人的脸,有时还能长久地注视。研究者通过对儿童的人脸视觉探索活动轨迹的研究,揭示了儿童面孔认知的发展规律。从图6-1中可见,出生后1个月和2个月的儿童的人脸视觉探索活动轨迹有很大的不同。具体体现为：1 个月大的儿童的视觉探索还处于粗框架的阶段，探索范围由下而上，从下巴到头发，范围比较广，而 2 个月大的儿童的视觉探索就出现了一个较为明显的三角地带，集中于脸的中间部分，特别是眼睛和嘴之间。造成这一区别的原因主要在于儿童视觉探索能力的发展，1 个月的儿童的视觉探索能力有限，尚不能对脸的内部特征进行探索，而到 2 个月大的时候，已经能够和母亲进行视线相对和目光交流，这也是一个促进母婴关系的好时机。

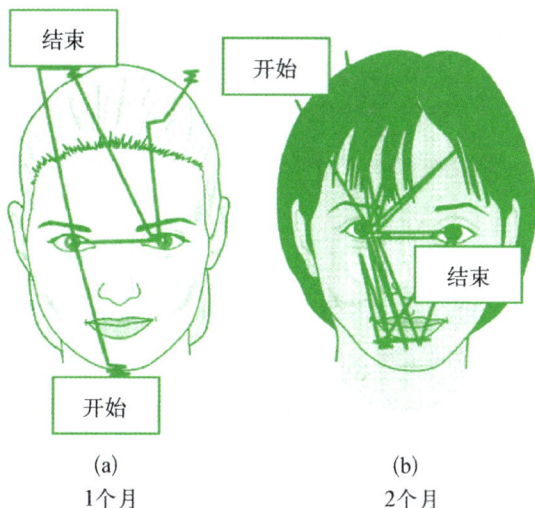

图 6-1　儿童对人脸的注视[1]

0～3 岁儿童在对面孔进行感知和识别的过程中，有两种重要的视觉偏好现象，即面孔偏好和吸引力偏好。面孔偏好是指给儿童呈现面孔和非面孔的刺激时，儿童更偏好面孔的刺激，而吸引力偏好是指给儿童呈现不同的面孔刺激，儿童更偏好有吸引力的面孔。例如，当同时将典型正立的人脸图片和旋转后的人脸图片呈现给儿童，儿童对前者更感兴趣。

传统研究中认为，男孩相对会更偏好汽车一类玩具，而女孩会更偏好玩偶一类玩具，而最新研究发现，向 4～5 个月儿童展现真实的人脸、玩偶的脸、真实的汽车一类玩具以及玩具图片，结果是他们都呈现出对脸的偏好，与其是真实的人脸还是玩偶的脸无关，且男女被试之间没有任何差异。[2] 研究还发现，3～4 个月大且由女性养育者养育的儿童呈现出对女性面孔的偏爱，这一偏爱不仅是针对成年女性，也延伸到了未成年女性。[3]

（二）面部表情理解能力的发展

在不同的阶段，0～3 岁儿童对面部表情的理解能力呈现出不同的水平。

4～6 个月的儿童已经可以开始区分哭和笑这两种不同的表情，并且更偏爱微笑的表情。同时，在与母亲的互动中，儿童渐渐发现自己的某些行为会引起母亲面部的愉悦表情。到 6 个月的时候，儿童已经可以对高兴、愤怒和悲伤等面部表情进行区分，其中高兴作为最基本的原始情绪是最早被认知的。

6 个月以上的儿童不仅能够识别和理解一些基本的表情，而且还对表情及所代表的情绪产生偏好，更偏向代表积极意义的表情而非悲伤和愤怒等消极意义的表情。

7 个月以上的儿童对面部表情的理解已经能起到社会参照作用，即根据他人的情绪反应来处理自己不确定的情况，比如儿童伸手去够带有危险性的物品时，如果父母展现出的是惊恐不安的表情，那么儿童往往会据此停下触摸的尝试。

---

①　[美]劳拉・E・贝克. 儿童发展（第五版）[M]. 吴颖等，译. 南京：江苏教育出版社，2005.

②　Escudero，P.，R. A. Robbins and S. P. Johnson，Sex-related preferences for real and doll faces versus real and toy objects in young infants and adults [J]. *Journal of Experimental Child Psychology*，2013，116(2)：367-379.

③　Quinn，P. C.，et al. Infant preference for individual women's faces extends to girl prototype faces [J]. *Infant Behavior and Development*，2010，33(3)：357-360.

阳阳7个月大了,有一次要摸仙人掌的时候,妈妈表情惊恐并大声制止他,阳阳马上就把手缩了回去,后来妈妈给了他一个玩具玩,但他没有马上伸手去摸,而是先看看妈妈的表情。

著名的"视觉悬崖"实验就说明了这种情绪理解的社会参照作用,见图6-2。美国心理学家吉布森和沃克发明了视觉悬崖装置(第四章已提到),斯科尔等人利用这个"视觉悬崖"进行了进一步的实验:把1岁的儿童放在"视觉悬崖"上,当儿童爬向"视觉悬崖"的时候,母亲在另一边等待,当儿童停下来看向母亲时,母亲则做出害怕或者兴高采烈的表情。实验结果发现,当儿童看见母亲害怕的表情时会拒绝再向前爬,而当儿童看见母亲兴高采烈的表情时,大部分都会选择勇敢地爬向母亲。

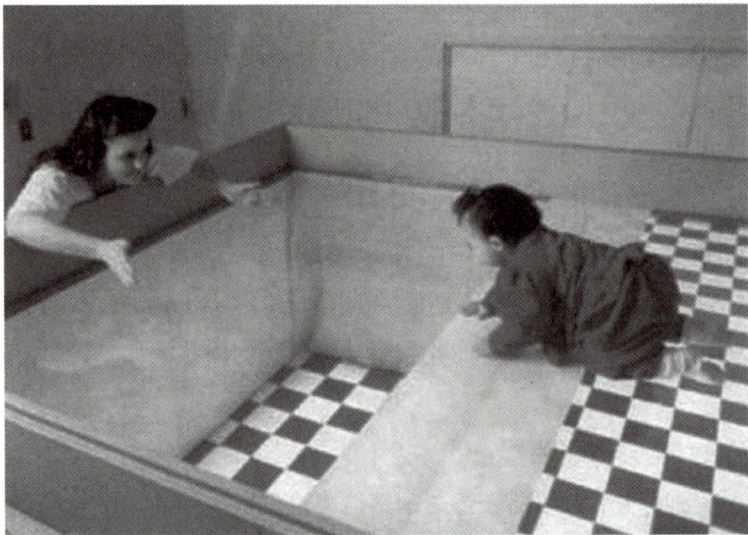

图6-2 "视觉悬崖"实验场景①

9个月以上的儿童具备再认他人基本情绪的能力,包括高兴、惊讶、悲伤、愤怒和恐惧,特别是已经开始能够理解和识别惊讶的表情,甚至还表现出对惊讶表情的偏好。

10个月以上的儿童对成人表情的理解能力进一步提高,除了能够根据他人的表情判断自己下一步的行为,还能够定睛凝视,通过对母亲视线的追随来了解母亲感兴趣的事物。

1岁以上的儿童已经对他人的表情非常敏感,在此基础上开始出现对幽默最早的回应。面对家长夸张的表情,儿童常常会略略大笑,说明这个阶段的儿童已经能从成人带表演性质的较为夸张的表情中理解幽默。

二、对声调表情的理解

0～3岁儿童是怎样解读声音的呢?这一过程始于什么阶段又经历了怎样的发展变化呢?以下将展开探讨。

---

① 图片引自 http://www.douban.com/note/487313860/.

（一）对声音的感知

对声音的感知是 0～3 岁儿童对声调表情的理解能力发展的基础。

早在妊娠中后期,胎儿就开始有了初步的听觉反应和原始的听觉记忆能力,大致能将乐音、噪声和语音区分开来,并且表现出偏爱母亲语音的现象。新生儿期的儿童已经能够对声音进行空间定位,特别是表现出对语音的明显偏爱。

在研究中发现,出生仅 12 天的儿童,就能够通过目光凝视或转移、停止吮吸或继续吮吸、停止蹬腿或继续蹬腿等身体行为,对语音刺激和非语音刺激做出不同的反应。出生 24 天的儿童就能够对男声和女声、抚养人和陌生人的声音做出明显不同的反应。

（二）声调表情理解能力的发展

儿童对声调表情的理解其实在出生伊始就已经开始显现了。有人将出生 2 天的儿童分成三个组,第一个组的儿童听到真实的婴儿哭声,第二个组的儿童听到由电脑制作的哭声(音量与第一组保持一致),第三个组的儿童则什么声音都没有听到,结果发现第一组的儿童是哭得最多的,这说明刚出生的儿童就开始能够从声音中意识到他人的情绪了。

4 个月的儿童虽然对区别语义的字、词等并不敏感,但是却开始对父母或他人说话时表现情感态度的语调十分注意,他们能够从不同语调的话语中判断他人的情绪和态度,从整块语音的不同音调、音长变化中体会声音的社会性意义。在研究中发现,如果父母用愉快的语气对 4 个月的儿童说话,语调出现升扬的变化,4 个月的儿童就已经能够主动用微笑或"咿呀"的发音来回应了,可见此时的儿童已经开始能够从语调中辨识情绪。研究者通过三种不同的语调(愉悦、冷淡、恼怒)对这个阶段的儿童重复说"宝宝,你好! 我们喜欢你",结果发现 4 个月的儿童仅对愉悦和冷淡的语调有反应。

儿童 6 个月之后,就能够同时感知三种不同语调(愉悦、冷淡、恼怒)所对应的情绪了。儿童会用微笑来回应愉悦的语调,用平淡来回应冷淡的语调,而当听到恼怒的语调时,无论实际的内容如何,儿童都会表现出紧张害怕、愣住或者大声用发脾气似的"嗯"予以回应。

儿童 10 个月之后,在言语发展上已经进入到了辨义水平阶段,此时的儿童开始学习通过对声、韵、调整体的感知接受语言,能够从成人说话中感知分辨语义,对情绪的理解也由此进入到一个新的阶段并快速发展。比如,用恼怒的语调对一个 12 个月之后的儿童说"宝宝,我们喜欢你",儿童会表示出诧异或者思索的反应,说明这时候的儿童已经能够注意到此处语义与情绪之间的不相符。当成人用言语赞美儿童"你真棒"或者"你真乖"的时候,儿童会表现得很开心。

1 岁半到 2 岁的儿童已经能够正确指出高兴、伤心、生气等表情,说明儿童已经开始理解代表这些情绪的言语符号了。

三、对行为表情的理解

0～3 岁儿童是怎样解读他人的行为的呢? 这一过程始于什么阶段又经历了怎样的发展变化呢? 以下将展开探讨。

（一）对他人动作的感知

新生的儿童对他人的行为动作即有感知,主要通过模仿和共鸣动作来体现。

模仿是指儿童通过听和看,积累信息并由此产生注意和知觉,然后通过自己的动作或者活动来加以反应的行为。新生的儿童就已经开始模仿伸舌、张口和噘嘴等行为,但是,新生儿的模仿行为仅限于口部,至今还没有任何研究发现新生儿能够成功模仿四肢的动作。

共鸣动作又称早期模仿,主要局限于对吐舌头这一动作的模仿。研究发现,成人在儿童处于舒适愉快状态下时将其抱在怀中,让他看到自己张开嘴并吐舌头的动作,那么儿童也会跟着成人把嘴张开、吐出舌头。儿童不仅会模仿真实的成人吐舌头,甚至当用纸做的人脸和舌头来模拟吐舌头的行为时,儿童也会跟着进行这样的动作。

(二)动作表情理解能力的发展

早期的儿童对成人某些动作的理解似乎是一种本能的行为,比如,当儿童处于不适的状态如饥饿等的时候,家长用喂奶等方式加以解除;当儿童发出咿呀声的时候,家长做出积极的回应;当面对儿童的时候,家长能经常逗他玩。这些行为会使早期的儿童本能地感受到家长能减轻自己的痛苦、分享自己的快乐,早期的积极情绪、信任和依恋也大多来源于此。

到1岁以后,儿童开始知道一些简单的约定俗成的礼仪并能做出回应。比如,理解离别时挥手再见代表的情绪状态和社会意义,理解亲吻代表的情绪情感信号,甚至还会用亲吻表达自己的喜爱之情。

1岁以后,由于儿童智能迅速发展,逻辑思维出现并开始感知规则,儿童对成人幽默行为的理解能力大大提高,这个阶段的儿童能够开始理解成人带有表演性质的较为夸张的动作。2岁前的儿童已经能够从自身运动的不和谐性以及生活的小细节中感受到幽默。比如,将妈妈的高跟鞋穿在自己脚上,如果家长对其行为表示出惊奇好玩,那么他往往还会重复这个动作。2岁以后的儿童则已经开始理解他人动作及物品的不和谐性带来的幽默,比如,当爸爸穿上女士的衣服,儿童见到会大笑不止。

3岁左右的儿童理解情绪的能力已经不仅仅局限在当下,而是开始能够识别引发情绪的情境,甚至对他人的情绪进行预测。这时的儿童会尝试对情绪产生的原因进行解释甚至是评价,并且他们还能将情绪和引发情绪的情境联系起来,并对其有一定理解,虽然他们还不理解愿望具有主观性,因此还不能够根据结果是否符合行为者内在的主观愿望来判断其情绪。这时的儿童还能够预测自己的行为或者某些事情的发生对他人情绪可能产生的影响,并据此向可能会给他人带来快乐情绪的方向调节自己的行为。

💡 **视野拓展**

镜像神经元

20世纪90年代初,意大利帕尔玛大学的神经科学家贾科莫·里佐拉蒂(Giacomo Rizzliatti)和他的同事们首先发现了"镜像神经元"。他们发现,猕猴抓某物体时或看到其他猕猴抓相同的物体时,脑中的部分神经元都会被激活。他们认为,这些神经元能够帮助解释怎样和为什么我们能"读懂"他人的心思和对他人表示同情。如果观察某一行为和从事这一行为,都可以使猕猴脑中相同的区域活动,即同样特殊的神经元,那么人类观察一种行为和从事这一行为也能使人类产生相同的感觉就是有意义的。

最近更多的研究者认为,这种"镜像神经元"可能是形成模仿和共鸣动作的神经基础,它专门负责对相同行为的比较、模仿。如果这类神经元发育不良,就可能形成动作模仿障碍。

第二节　情绪的表达

一般情况下,0~3岁儿童的情绪表达指的是儿童用来表现情绪的各种方式。0~3岁儿童的情绪表达主要通过面部表情、动作表情和口头言语的表达来进行。

一、面部表情的表达

0~3岁儿童是怎样通过面部表情表达情绪的呢?这一过程始于什么阶段又经历了怎样的发展变化呢?以下将展开探讨。

(一)笑

笑是最基本的积极情绪表现,对于0~3岁儿童的情绪表达来说有着极为重要的意义,而笑在不同的阶段里也有着不同的表现形态。

第一种是自发的微笑。这种微笑一般出现在出生后5周之内,笑的时候,儿童眼睛周围的肌肉并不收缩,脸的其他部分也处于一种松弛的状态,主要是通过嘴来表现。这种笑的出现属于生理表现,可以在没有接收到外部刺激的情况下出现,它与这个阶段儿童的中枢神经系统活动不稳定有关,是一种反射性微笑,本质上与情绪表达并无直接联系,只不过微笑的表象可能会让抚养者误认为儿童是在进行情绪的表达。

第二种是无选择的社会性微笑。这种微笑从3~4周开始出现,与自发的微笑最大的区别就是它由外源性的刺激引起,特别是人的脸和声音容易引起他们的微笑,但是这个阶段的儿童还不能区分哪些个体对他是有特殊意义的,对陌生人和对熟悉的抚养者的微笑没有特别明显的差别,只是对熟悉的人微笑会略多一些。轻轻触及或吹出生第3周的儿童的皮肤敏感区,4~5秒钟,即可出现微笑。4~5周儿童对各种不同刺激可产生微笑,如把儿童的双手对拍,让他看转动的椭圆形卡片纸板,或听熟悉的说话声等,都能引起微笑。到大约第5周的时候,儿童开始对着移动的人脸微笑,而到第8周时,会对着一张不移动的人脸发出较为持久的微笑。但是,3个月的儿童对正面人的脸,不论其是生气还是微笑,都报以微笑,如果接着把正面人脸变为侧面人脸,或者把脸的大小变了,儿童就可能停止微笑。4个月之前的儿童只会微笑,不会出声笑,4个月以后才笑出略略声来。这个阶段的儿童也开始逐渐意识到自己的笑也会让成人笑起来,让成人高兴,这时候他们一点都不会吝啬自己的表情。

第三种是有选择的社会性微笑。这种微笑是有差别的微笑,一般出现在5~6个月之后,这是因为这个阶段的儿童处理刺激内容能力增加,已经能够认出熟悉的脸和其他东西了,并且能对这些不同的东西作出不同的反应,这是有选择的社会性微笑的认知基础。这个阶段的最重要表现是儿童对不同的人有不同的微笑,在熟悉的人面前会无拘无束地笑,特别是母亲得到的微笑更多、更美,而对陌生人则显示出警惕性的注意,笑得越来越少,也越来越拘谨。

(二)哭

哭是儿童最先有的情绪表达方式,0~3岁儿童的哭一般可以分为以下两种情况。

首先是生理性啼哭。0~3岁儿童最初的啼哭一般都属于这个类别,主要是由于饥饿、寒冷、机体不适等生理性原因,是自发的,反射性的,随着儿童逐渐长大而减少,到 6 个月时,下降为最初的 1/3,之后除非出现特殊的病痛等,较少出现此类啼哭。其中,饥饿的哭是有节奏的,通常伴随着闭眼、号叫和蹬腿等动作的发生,家长听到这种哭声应该马上给儿童喂食。儿童疼痛的哭声最显著的特征是突发性,事先没有呜咽或者缓慢的哭泣,一般情况下是先拉直嗓门连续大哭数秒,然后是平静地呼气、吸气、再呼气,家长听到这种哭声应该马上去检查儿童是否有疼痛不适,再充满怜爱地去抚慰儿童。

其次是心理性啼哭。这种类型啼哭的发生一般比生理性啼哭更晚,一般到出生后 2～3 个月才开始,主要分为愤怒的啼哭、恐惧的啼哭、悲伤的啼哭和引逗的啼哭等,这些啼哭都带有明显的面部表情。其中,愤怒的啼哭一般是在受到持续的不良刺激时引起,比如被包裹得太紧,由于儿童发怒时吸气过于用力,哭声往往会显得失真;恐惧的啼哭一般是由于儿童受到惊吓或者震动而引起的反应,比如儿童睡觉时突然听到巨响,这种哭声会比较强烈、刺耳,还可能伴有间隔时间较短的号叫,这时候家长应该立刻采取措施进行安抚;悲伤的啼哭可能是源于无人陪伴感到的孤独,或者其他让他感觉到不称心的情况,儿童会显示出悲哀的表情,流出眼泪,且往往从无声中开始哭泣,哭得悲切而持续不断,这时候家长应该尽快弄清令他感到不称心的原因;逗引的啼哭一般是因为儿童想借此得到成人的关注,表现为长时间的"哼哼唧唧",声调低沉单调、断断续续。当然,这几种啼哭也并非截然分开,有时也会互相转化,比如悲伤和逗引的啼哭如果长时间得不到成人的关注和回应,也可能转化为愤怒的啼哭,以此来呼唤成人。

在良好的护理条件下,儿童随着年龄的增长,哭的现象逐渐减少。这一方面是由于儿童对外界环境和成人的适应能力逐渐增强,而周围的成人对儿童的适应性也逐渐提升,儿童的不愉快情绪得到减少,另一方面是由于儿童逐渐学会用动作和语言来表示自己的需求和不愉快情绪,这就在一定程度上替代了哭的表情。当然,还是会有一些由于生理发育现象带来的痛苦会使儿童啼哭,比如出牙。

二、动作表情的表达

0～3 岁儿童是怎样通过动作表情表达情绪的呢?这一过程始于什么阶段又经历了怎样的发展变化呢?以下将展开探讨。

(一)惊跳反射

儿童从出生起就已经能用动作来"表达"恐惧情绪了,但这时候的"表达"还不是真正意义上的情绪表达,只是一种无条件反射。惊跳反射又称莫罗反射,一般出现在儿童 6 个月之前,当出现巨响、振动或儿童的头部失去支撑时,儿童两臂会向外伸、将背部弓起来,然后两臂收拢呈现出抱物的姿态,这样的动作有助于儿童抱住母亲,这是一种获得生存机会的原始本能,出生半年后消失。

(二)乱塞东西

儿童进入长牙期以后,会出现一系列的把乱七八糟的东西塞进嘴巴乱咬乱啃的行为,当然这也不排除是由于处在口欲期的儿童探索行为比较多,但是如果儿童呈现出的是一种较为痛苦的状态,甚至伴随着一些大哭大闹,就要考虑是否是由于长牙又痒又痛的感觉导致了儿童只能通过抓和咬来逃避或者发泄痛苦。这时候家长应避免玻璃品之类的尖利物出现在儿童身边,以免受到伤害。此外,家长可以找一些安全且卫生的物品来作为替代物,比如一些磨牙的小饼干。

(三)吮吸手指

吮吸手指这一行为在不同阶段传递出来的信息是不一样的,需要我们在了解其发展规律的基础上进行解读。

婴儿时期吮吸手指是儿童智力发展的一个信号,他们看起来像是在玩耍,其实也是一种学习。而且,这个阶段的儿童还不能意识到手是自己的一部分,对它来说,手指也是外界的一部分,他正用吮吸手指的方式兴高采烈地探索着这个世界,家长不要轻易打搅孩子的快乐。有时处于婴儿期的儿童还以吮吸手指来稳定自身的情绪,这说明吮吸手指对他们的情绪发展也起着重要的作用。所以在这个阶段,家长对儿童的吮吸手指行为不必过于焦虑烦恼,只要做好必要的清洁卫生工作就好了。

生活场景再现

文文2个多月就开始经常吃手指,刚开始妈妈以为是饿了的原因,但后来发现不管饿还是不饿,她都很喜欢吮吸手指。吮吸手指的时候一般非常安静、不哭也不闹,但只要大人拿开她的手就大哭起来。

随着儿童的成长,其主要食物发生变化,口腔活动的重要性逐渐降低。同时,他们的动作也迅速发展,逐步学会自己坐、爬、站等,手指的精细动作水平也得到了提高,当成长到能够单独玩玩具的时候,吮吸手指的现象自然会大大减少。一般来说,1岁以后经常吮吸手指的现象并不多,需要引起家长一定的重视。

吮吸手指行为可能和儿童当下所处的心理环境有关。如果儿童没有得到足够的爱,比如父母或看护人很少拥抱和爱抚儿童,很少和儿童交谈、游戏,那么吮吸手指就会变成一种自我安慰的方式。经常搬家、受到父母责骂、家庭关系紧张等都可能造成儿童安全感缺失,需要通过吮指来缓解情绪。除此以外,也有可能是儿童经常独自玩耍、缺少玩伴,觉得孤单寂寞,希望依靠吮指来排遣寂寞。家长可以尝试从这些方面来解读这个阶段儿童吮吸手指所传递出来的情绪信息。

对于1~3岁儿童经常吮吸手指的行为,家长也无须过于焦虑,但需要引起重视,积极寻找诱发这种行为的原因,从原因上入手,有针对性地寻找解决方法。如果是由于缺少关爱引起,那么父母就要经常拥抱和爱抚儿童,和儿童一起游戏、对话、唱歌、看书,带宝宝去接触大自然等,为其带来足够的爱和温暖;如果是由于孤单而引起,那么父母可以为儿童寻找玩伴,鼓励他与其他小朋友一起玩耍,或者让儿童最喜欢的玩具作为他的"好朋友",以替代手指的安抚功能。

(四)依恋行为

儿童到了一岁左右,对成人的依恋达到一个高峰,情绪表达与依恋关系的形成产生了密切的联系。

艾斯沃斯等利用母婴分离反应,即利用婴儿在受到中等程度压力之后接近依恋目标的程度以及由于依恋目标而安静下来的程度,设计了一个"陌生情景",以测定每个婴儿的依恋反应和类型。艾斯沃斯创设的陌生情景由一组7个3分钟的情节组成。在这期间,通过母亲以及陌生人进入、离开等环节的转换,儿童有时和母亲在一起,有时与一个陌生人在一起,有时与陌生人和母亲同在一起,有时是独自一个人。研究人员观察儿童在这些场景中的表现,发现总结了一种安全依恋模式和三种不安全依恋模式,包括安全型依恋、回避型依恋、矛盾型依恋和混乱/紊乱型依恋。

研究者发现,安全型依恋的儿童接近他人比较容易;回避型依恋的儿童在父母离开或者回来时,都会选择回避父母或者不打招呼,当父母把他们抱起来的时候,他们也不愿意抱住父母,而这些儿童对待陌生人也是一样的情况;矛盾型依恋的儿童在分开之前比较亲近父母,但是重见父母时则会表现出愤怒和抵抗的行为,有时候会推推打打,很多儿童被抱起时依然哭闹很难安慰;混乱/紊乱型依恋的儿童则表现出最大程度的不安全感,重逢时表现出一系列混乱和矛盾的行为。

图6-3 展现幽默感的儿童①

(五)拍手或摆手

13～18个月的儿童已经不仅仅能够用哭泣和微笑的面部表情或者比较本能的动作来表达情绪了,他们会用肢体有意识且比较规范地表达自己的情绪。比如在高兴的时候,儿童会拍手,而在不开心或不想要的时候,儿童会用摆手来进行自我表达。这个阶段的儿童还能用挥手表示打招呼或者再见。

(六)幽默动作

1岁以后的儿童就开始展现出一定的幽默表现力了,到了2岁以后则出现了更多的幽默动作。这时候的儿童甚至可以和成人玩互动幽默游戏了,比如将妈妈的大帽子戴在自己的头上,钻到爸爸的大睡衣里面去把头伸出来,把脚伸到大人的拖鞋里面去。如果成人对其行为表现出惊奇,儿童往往会重复该动作来讨好成人。儿童还会通过模仿游戏来获得快乐,且非常热衷于模仿大人的动作。

三、口头言语的表达

0～3岁儿童是怎样通过口头言语表达情绪的呢?这一过程始于什么阶段又经历了怎样的发展变化呢?以下将展开探讨。

(一)前言语阶段

在儿童掌握语言之前,有一个较长的言语发生的准备阶段,称为"前言语阶段"。一般把儿童从出生到能够说出第一个真正意义的词之前的这一时期(0～12个月)划为前言语阶段,也有学者把这一阶段定为0～18个月。前言语阶段的儿童已经具有交际倾向的表现,也会使用伴随表情或动作的语音来进行情绪表达。根据儿童交际能力的不同特点,将前言语阶段的交际能力发展分为三个阶段,分别是产生交际倾向阶段(0～4个月)、学习交际规则阶段(4～10个月)、扩展交际功能阶段(10～18个月),以下将分别对各阶段中儿童的情绪表达特点进行阐述。

产生交际倾向阶段(0～4个月)。1周至1个月期间的儿童,已经能够用不同的哭声来表达他们的需要,吸引成人的注意,这应该是前言语阶段情绪表达的第一步。在这个阶段,儿童的情绪主要产生于生理需求,如尿布湿了、身体不舒服了、肚子饿了,儿童用哭声来呼唤成人解决问题,而这些成功的经验还会促使儿童调整自己的哭声从而更好地进行表达,吸引成人的注意力。大约2个月时,儿童会在生理需要得到满足之后,对成人的逗弄报以微笑,并用"咿呀"的发音来引起抚养者的注意,如果

---

① 该图片由郭梓晨小朋友提供.

他们发音时间较长而没有引起抚养者的注意,儿童便会用蹬腿、改换表情或发不同的音来表达自己不耐烦的情绪。2个月左右的儿童开心时,会发出愉快的自言自语的简单音节,一般而言,此时儿童的发音多为简单的元音,如韵母 a、o、e、i、ai、en 等,声母在这阶段较少,主要是 h、m 等。这样的发音与儿童的舌部唇部等的运动不发达有关,其发音是从喉中运动开始的,这阶段凡是发音需要舌唇部等较多运动的音,都还没有。

学习交际规则阶段(4~10个月)。4个月左右的儿童,在情绪表达中开始出现一系列的变化。主要表现为以下几个方面:对成人的话语逗弄给以语音应答;开始出现轮流"说"的倾向,即成人说一句,儿童发几个音,成人再说一句,儿童再发几个音,甚至还能主动用发音来引起对话,从而使对话交流延续下去;儿童开始学会用不同的语调来表达自己的情绪和态度,这种表达往往还要伴随着一定的动作和表情,比如,用尖叫或急促上扬的语调伴以蹬腿、伸手的动作,表示躺着让自己感到不舒服或不高兴,当要求得到满足以后,儿童又会用平静、温和的语调及表情来表示自己的愉快。

扩展交际功能阶段(10~18个月)。这一时期的儿童在情绪表达上呈现出坚持个人意愿的情况,表现为当儿童用某种声音来表达自己的需要而又未得到成人的理解时,他会重复这种行为,直到成人明白。不同的儿童会用各自经常重复的声音表达自己的某种情绪,比如,有的儿童会用"咿——咿"的声音表示自己发现了好玩的东西很愉快,或者用"嗯——嗯"表示自己的不愉快。

(二)言语形成阶段

经过1年左右的言语准备,1岁左右的儿童正式进入了学习语言的阶段,所以说1~3岁是儿童言语真正形成的时期。这一时期主要分为4个阶段,分别是单词句阶段(1岁~1岁半)、双词句阶段(1岁半~2岁)、简单句阶段(2岁~2岁半)、复合句阶段(2岁半~3岁)。在单词句阶段,儿童的词汇比较有限,所以很难用规范的词汇或者句子来进行情绪表达,因此,儿童用正式的口头言语进行情绪表达主要集中在后三个阶段。

双词句阶段(1岁半~2岁)。这个阶段的儿童用口头言语进行情绪表达的一个最显著特点就是会说"不",比如用"不——睡""不——要"等语句来表达否认和拒绝。同时还会用"什么""好不好"来问成人一些问题。2岁左右的儿童进入最初反抗期,儿童在这个年龄段的行为倾向于顽固和严厉,想要什么就非要不可,不但不容更改,而且十万火急,不容易妥协,很多时候会通过不断重复的"不"字来表达。

简单句阶段(2岁~2岁半)。这个阶段的儿童语言表达能力进一步发展,儿童不仅能够观察到他人的情绪变化,还能用口头言语说出自己或他人的情绪,比如用语言表达"哭""笑""开心""悲伤"等情绪概念。儿童还可以用语言和他人讨论自己的情绪感受,比如儿童在哭的时候会说"我不开心",当看到妈妈生气的时候,会安慰妈妈说"不要生气"。2岁多的儿童还会出现特别小气、不愿和其他儿童分享物品的情况,因此容易发生争抢,在口头言语上也会进行相关表达。

复合句阶段(2岁半~3岁)。随着儿童情绪理解能力和言语水平的进一步提高,儿童已经可以预测到自己的行为或者某些事情的发生将会对他人情绪的影响,并用口头言语表达出来。比如给儿童讲兔子吃胡萝卜的故事,问儿童"兔子喜欢胡萝卜,那么给兔子苹果,兔子会怎么样",儿童会回答"兔子不开心";问儿童"兔子喜欢胡萝卜,那么给兔子胡萝卜,兔子会怎么样",儿童会回答"兔子很开心"。

婴儿手语 Baby sign language

　　婴儿手语是为了与处在前言语阶段的婴儿更好地沟通而使用的一种手势语。当婴儿渴望表达他们的需求和愿望时,由于受口头表达能力所限,他们无法进行情绪表达。由此,美国的心理学家们发明了婴儿手语。发明者认为,婴儿渴望去交流和能够去交流之间的差距往往导致他们产生挫败感,为提升他们表达的质量,可以让他们使用手势,因为手眼协调能力在口语能力之前形成,因此,他们可以学会一些日常用语的简单手语,例如"更多""抱抱"等。

第三节　社　会　情　绪

　　出生头几个月,儿童的情绪反应主要与儿童的生理需要是否获得满足有关。最初儿童的情绪只表现出愉快和不愉快两极,随后3个月,在这两极的基础上慢慢分化出更为复杂的情绪,如快乐、好奇、愤怒、厌恶等等,等到大约6个月之后,儿童的情绪反应已经不再仅仅局限于满足生理需要,更多地伴随着心理需要而产生,也逐渐多了对他人的关注,已不仅仅局限在自我情绪,他人情绪也逐渐发展起来。

一、自我情绪

　　"喜""怒""哀""惧"是人的基本情绪,下面将主要围绕这四个方面展开对0～3岁儿童自我情绪发展特点的阐述。

　　(一)快乐

　　快乐,是指盼望的目标达到或需要得到满足之后,解除紧张时的情绪体验。快乐是人类最早体验到的基本情绪之一。对0～3岁儿童来说,快乐有着重大的意义,快乐的笑容是最有效的和最普遍的社会性刺激。这个阶段的快乐,不仅来自生理需要的满足,还在于儿童的"成就感"。儿童能感受到快乐,不是通过成人的教育后学会的,也不是通过模仿他人后学会的,而是从游戏中感受到的。儿童从自己的活动及其活动成果中体验到真正的愉快,从这种愉快中得到对人、对社会的信赖和信心,得到对人的宽容和忍耐的力量,以及应付环境的能力。

　　儿童最初的愉快表现为享受温暖安静的环境。轻柔的抚摸、轻缓的拍打、充足的喂养、干爽的尿片都是保证儿童舒服的条件,当儿童处于这种舒适的环境中时,会表现出他的愉快。可能是安静地熟睡,或者是静静地打量外面的世界,甚至还会在睡梦中露出一丝微笑。4个月

图 6-4　展现快乐情绪的儿童①

---

　　①　该图片由郭梓晨小朋友提供.

开始,儿童会渐渐分化出快乐的情绪。当儿童听到平缓的声音时会睁大眼睛出现微笑;当父母与儿童说话时,他会睁大眼睛注视着大人的面孔;轻拍哭泣的儿童,他会停止啼哭,静静躺在大人的怀中;吃饱喝足以后,双眼还会愉悦地打量着周围的世界,不时地晃晃胳膊蹬蹬腿,偶尔还会发出咯咯的笑声。随着月龄的增大,儿童的快乐不再只是因为吃饱喝足、干爽的尿片和成人的关注,更多来源于与成人的交流和自主的探索等。

（二）愤怒

愤怒,是指由于外界干扰使愿望实现受到压抑,目的实现受到阻碍,从而逐渐积累紧张而产生的情绪体验。引起愤怒的原因有很多,比如恶意的伤害、不公平的对待。愤怒的产生取决于人对阻碍达到目的的障碍的意识程度,只有当一个人清楚地意识到某种障碍时,愤怒才会产生。愤怒的程度取决于受到干扰的程度、次数以及挫折的大小。根据愤怒的程度,可以把愤怒分为不满意、生气、愠怒、激愤、狂怒等。

愤怒是从最初的不愉快情绪分化而来。一旦儿童感到不舒服就会表达他的愤怒,比如儿童饿了、渴了、尿布湿了,就会满脸涨红地大哭以表达自己的愤怒情绪,如果这种不适的感觉得不到及时解决,儿童的哭闹还会进一步升级。

（三）悲哀

悲哀,是指与失去所热爱的对象或所盼望的东西相联系的情绪体验。悲哀的程度取决于失去对象的价值,此外,主体的意识倾向和个体特征对一个人的悲哀程度也有重要的影响。根据悲哀的程度不同,可以将悲哀分为遗憾、失望、难过、悲伤、极度悲痛等不同等级。悲哀有时会伴随哭泣,使紧张得到释放,缓解心理压力,比较强的悲哀会伴发失眠、焦虑、冷漠等其他心理反应。

4个月的儿童就开始有悲哀的情绪表现,尤其当儿童独自一人感觉很无聊或者遭受饥饿、疼痛、冷热、尿布湿了等不适情况,又没有成人及时赶到采取措施时,就会感觉很悲哀,通常会很伤心地哭泣,有时甚至会伴有闭眼、号叫、蹬腿等动作。到了1岁半之后,儿童在感到悲伤时不仅仅只靠哭来发泄,同时也开始主动寻求父母的帮助。

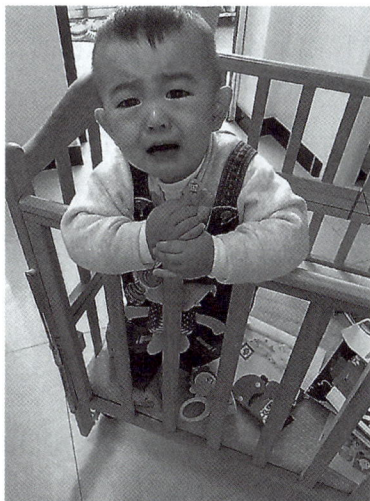

图6-5　展现悲哀情绪的儿童①

（四）恐惧

恐惧,是有机体企图摆脱、逃避某种情景而又苦于无能为力的情绪体验。恐惧的分化也经历了几个阶段。

本能的恐惧。恐惧是儿童自出生就有的情绪反应,甚至可以说是本能的反应。一般来说,6个月之前的儿童所感受到的恐惧多属于自然原因,最初的恐惧并非由视觉刺激引起,而是由听觉、肤觉、机体觉等刺激引起,比如尖锐的高声、皮肤受伤、身体位置突然急剧变化(突然倒下或掉下)等。出生头几个月的儿童会被突如其来的巨大声响吓到。当儿童在睡觉或安静地玩耍时,如果感到恐惧,就会两臂一举,哇哇大哭。这种恐惧的表现也是人类最初进化过程中保证个体存活的表现。

与知觉和经验相联系的恐惧。儿童从4个月左右的时候开始出现与知觉发展相联系的恐惧。引

---

① 该图片由郭梓晨小朋友提供.

起过不愉快经验的刺激,会激起恐惧情绪。正是从这个阶段开始,视觉对恐惧的产生渐渐起主要作用。"高处恐惧"也随着深度知觉的产生而产生,著名的"视觉悬崖"实验,就说明了儿童的这种"高处恐惧"。

怯生。怯生是指对陌生刺激物特别是陌生人的恐惧反应。怯生与依恋情绪同时产生,一般在6个月左右开始出现,7～12个月儿童最典型的害怕就是对陌生人的害怕。一般来说,儿童对母亲的依恋越强烈,怯生情绪也会越强烈。摩根等人对儿童在陌生人走近时的怯生情绪表现进行了研究,发现儿童在母亲膝上时,怯生情绪较弱,而当离开母亲时,怯生情绪则更强烈。还有一些报告表明,8个月左右的儿童,会把母亲当作安全基地,对陌生事物进行探索,表现为他可能会离开母亲身边,但又会不时返回,如果在母亲或者其他抚养者的陪伴下,儿童接触陌生事物或者陌生环境时的恐惧情绪则会减弱,以后可以逐渐和抚养者分离。

影响怯生的因素还有很多,环境的熟悉性、陌生人的特点、抚养者的多少、接受的刺激等都会对怯生的出现和表现产生影响。根据心理学研究显示,如果在家里对10个月的儿童进行测定,几乎很少出现怯生,而如果在陌生的实验室中测定,就有近50%的儿童怯生。另外,如果给儿童一段熟悉环境的时间,害怕人数也会相应减少。实验显示,陌生人在场不一定会引起儿童的害怕,这要看两者之间的距离,距离越近,则消极情绪越大。最为有趣的是儿童对陌生儿童的反应和陌生成人的反应完全不同,对陌生儿童显示出积极的、温和的反应,有实验证明这是由于两者脸部特征的不同,而不是因为高矮大小等特点。儿童熟悉成人的多少也会影响其怯生的程度,一般来说,抚养者越少,怯生程度越高。还有研究显示,儿童获得的听觉刺激和视觉刺激越多,怯生的程度就越小,因为这样的儿童已经习惯于接受各种新奇的刺激,可能更能对付并同化"陌生"的事物。

预测性恐惧。随着想象的发展,儿童到了2岁左右,会开始出现预测性恐惧,比如怕黑、怕动物、怕坏人等,这些都是和想象相联系的恐惧情绪,主要跟环境的影响有关。比如说那些一看到小狗就吓得哇哇大哭的儿童,也许是曾经有被狗追逐或者被咬伤过的经历,也可能是儿童的父母有极端害怕小狗的倾向,并在儿童面前表现过这种行为,长久下来,儿童不仅不会对小狗有亲切感,反而会退避三舍、不敢靠近,特别是母亲恐惧的情绪对儿童来说最为敏感。因此作为母亲,在儿童面前看到平时恐惧的对象也不要惊慌失措。总的来说,这种恐惧的消除需要成人的讲解和安抚,特别是由于这个阶段儿童的语言能力得到发展,成人的讲解能够帮助儿童克服这方面的恐惧。

生活场景再现

可可妈妈非常害怕带毛的一些小动物,特别是小猫。但是,在孩子面前,可可妈妈每次看到小猫的时候虽然不敢靠近小猫,更不敢去引逗,但总是笑容满面地对可可说:"看!那里有一只小猫。"可可对小猫没有特别害怕的表现,有时候跟爸爸出去玩的时候,爸爸还会带她去跟小猫打招呼。

人类先天具有情绪反应能力。婴儿正是靠着这种能力向成人发出各种心理信息,使自己得以生存;婴儿也正是在和成人进行各种情绪的交流中,使自己得以成长。我们可以把婴儿情绪的功能归纳为以下四点。

情绪的适应功能。比如,新生儿用哭声反映身体痛苦、以微笑反映舒适愉快。

情绪的驱动功能。情绪是激活婴儿心理活动和行为的驱动力。如婴儿在嗅到不良食物的味道后,立即做出皱眉头和摆头等,这是为了排除这些不良食物。

情绪的组织功能。比如,婴儿的视觉追踪、听觉定向等都是最初的认识和学习。在新异刺激作用下,情绪激发这类活动,当外在新异刺激与原有的认识和期望有轻微的不一致时,就会引起婴儿的兴趣和好奇,产生趋近行为和探索行为。

情绪的交流功能。情绪和语言一样,是婴儿进行人际交流的重要手段,具有服务于人际交流的通讯职能。

二、他人情绪

除了基本情绪之外,儿童还有一些指向他人的情绪,在此主要论述焦虑、嫉妒、同情以及一些高级情感。

(一)焦虑

这里的焦虑主要指陌生人焦虑和分离焦虑。当儿童7个月的时候,害怕陌生人的情况逐渐显现,当他们与妈妈或其他亲人分开时,还会表现出明显的焦虑。比如,逛街时不肯坐进推车,一定要大人抱,而且一定要妈妈抱,见陌生人的第一反应就是大哭,并且会哭很久;正在床上玩玩具的儿童看见妈妈打开门要出去时,就会哭起来,这种反应就是儿童的陌生人焦虑和分离焦虑。

陌生人焦虑和分离焦虑在同一时间产生,即儿童形成最初的社会性依恋之时,它是儿童的认知能力和情绪发展到一定阶段的产物。一种理论认为,儿童是从他们的亲人那里学会害怕分离的,因为当亲人离开时,他们的一些不舒适感比如饥饿等就会增多或加剧,即儿童会把痛苦的延长或加剧同亲人的不在场联系起来,因此当亲人要离开时,他们就表现出"条件性"焦虑。另一种理论则从行为学角度解释这种现象:自然界的很多事件预告着即将发生的危险迹象。当一些情境经常地与危险相联结时,通过物种的长期演化,对这些情境的恐惧与回避就成为与生俱来的本能,这种本能可以作为一种"生物学的程序",通过遗传传给下一代。处在这些事件中的儿童就会按照事先编好的程序害怕陌生人、陌生环境以及熟人分离后的"陌生场面"。但这种程序性的对陌生事物的恐惧在出生时还没有表现出来,因为新生儿的认知能力是很不成熟的,他们需要时间去辨认什么是"熟悉的",并且把这些人、事、物区分开来。然而一旦这种辨别成为可能,儿童身上那种由遗传获得的"对不熟悉事物的恐惧"就会迅速表现出来。

儿童身上出现的这种情绪体验对儿童将来的心理发展有长期影响。早期情绪依恋向儿童提供了一种基本的信任感,它使儿童在以后的生活中能够与别人建立起密切的感情联系。它与母亲的密切联系使儿童习得了全套的社会技能,使他们能够卓有成效地、恰当地同其他社会成员交往。概括而言,早期与父母等养育者依恋关系比较好的儿童,其今后的发展也比较好。

(二)嫉妒

一般认为儿童在1岁半左右才能意识到嫉妒的情绪,其实在儿童6个月以后就已经表露嫉妒的情感了。美国得克萨斯理工大学的哈特教授做过这样的实验,将6个月大的儿童维多利亚安置在高背椅上,当母亲和另一位成年女子闲聊时,维多利亚面无表情,环视着房间的四周,显得有一点无聊。但当主试将一个新生儿大小的洋娃娃塞给母亲并且要求母亲在不理会维多利亚的情况下和洋娃娃做出亲热的动作时,维多利亚做出了戏剧性的表现:她不再无聊地张望,她先是用微笑来吸引妈妈的注意,无效后又用面红耳赤的哭闹来向妈妈抗议。随后哈特教授将这个实验做了百次之多都得出相似的结论:维多利亚嫉妒洋娃娃。

（三）同情

有关研究表明,儿童最早表露的情感之一竟是值得赞许的同情心。事实上,关心别人的心理,可能同儿童大脑有密切的关系。将一个新生儿放到另一个哭闹的儿童身旁,很可能两人都号啕大哭起来。这是否意味着儿童真正关心他的同伴,抑或仅仅是为喧闹声所打搅?纽约大学的心理学教授马丁·霍夫曼认为,从分娩之时开始,儿童可能存在着某种移情心理。

这种情感的强度会随着岁月流逝而减弱。6个月以上的儿童,对别人的困扰不再用哭泣来回应,而是以扮个怪相取而代之。到了13~15个月,儿童往往会自己着手处理事端,尝试安慰哭泣的伙伴。这种同情心在某种程度上源自另一种现已被充分理解的儿童早期技能,那就是分辨周围人的脸部表情的能力。

罗因特·罗斯哈娜妮亚等人(2010)对37名婴儿从8个月到16个月进行同情发展的追踪研究,发现婴儿情感性和认知性的同情心在8~10个月的时候就已经很明显,在第二年继续发展。研究还探讨了婴儿同情与亲社会行为的关系,亲社会行为在儿童早期经历了一个艰难的发展过程,在第一年中婴儿基本不会试图帮助或者安慰处于困境中的母亲,但是在第二年中情况有所改变,婴儿在16个月时会去帮助安慰母亲。亲社会行为的出现可能晚于同情心的出现,因为它需要更高级的自我调控,不仅要能理解体会处于困境中的人的情感,而且还需要协调帮助目标与行动的关系,另外还要求一些动作技能以及其他肢体能力。婴儿在第二年时自我调控、认知和其他方面能力的发展让他们具备亲社会行为出现的基础。[①]

（四）高级情感

儿童的高级情感包括道德感、理智感和美感。这些情感在0~3岁阶段还只处在萌芽阶段,尚未真正形成,但已有所发展。

道德感。这是一种自觉的、有意识的、概括性的道德情感,如爱学校、爱家乡、爱祖国等,但是年幼的儿童由于对道德伦理的认识极为简单,因而与之相联系的道德伦理情感体验也是十分粗浅的,直到青少年时期这种情感才开始占重要地位。2、3岁的儿童已经产生了简单的道德感。儿童在做事时,总是伴随着成人这样或那样的评价以及肯定或否定的情绪表现。比如,儿童看到别的孩子有新玩具,就会想抢过来自己玩,成人会生气地马上制止这个行为,并且告诉他"好孩子不应该拿别人的东西";儿童把自己喜欢吃的东西分享给别的小朋友吃,成人就会微笑着称赞他"真乖,是个好孩子"。在成人的教育下,2、3岁的儿童已经出现了最初的爱与憎。他们看到绘本上的大灰狼会用手去打它,看到小朋友跌倒了会叫老师来扶他,吃到好吃的东西愿意和别的小朋友一起分享。其实这个阶段的儿童还不知道为什么这件事能做、那件事不能做,只不过是成人的评价和情绪表现已经使他们有了相应的情感。儿童这时候的道德感还完全取决于成人的表情、动作和声调,也是极为肤浅的。只有当儿童自身对自己的行动意义有了一定的理解或者养成了一定的习惯以后才会有自觉的、主动的体验。因此,这个阶段的儿童只能说道德感开始萌芽,但这个萌芽的出现对后期道德感的发展有极为重要的价值。

① Ronit Roth-Hanania, Maayan Davidov, Carolyn Zahn-Waxler. Empathy development from 8 to 16 months: Early signs of concern for others [J]. *Infant Behavior and Development*, 2011,34(3): 447-458.

理智感。理智感是在认识客观事物的过程中所产生的情感体验,是与认识需要满足与否相联系而产生的体验。0~3岁阶段的儿童理智感的发展更多表现在好奇感上。布鲁纳认为人类的新生儿有一种与生俱来的好奇内驱力。儿童一出生就积极地探索周围的世界,他们会用手去摸被子、用眼睛去追随视野中的物体;哭闹着的儿童听到音乐或者一些其他的声音就会停止哭泣;用眼睛辨别养育者和陌生人;三四个月的儿童放到"视觉悬崖"边,心率就会降低;七八个月的儿童看到玩具就想放到嘴里去吸吮或者用手去抓;刚学会走路的儿童,总想挣脱大人的双手自己去走;儿童还喜欢去敲敲打打各种物体。这些行为都是儿童早期与认识事物相联系的情绪反应——好奇感。

美感。美感是人们对审美对象进行审美后所得到的一种愉悦的体验。美感与儿童知觉、思维的发展有密切的联系,2~3岁的儿童还不能将艺术作品中的形象与真实的对象区分开来,往往将这两种事物视作同一种,到学前期才能将二者区分开来。

💡 视野拓展

亲 子 沟 通

当婴儿尝试学习说话时,一种与外界特别是与父母亲沟通的能力不断发展、日趋完善,这种能力尤为重要。婴儿牙牙学语远不是亦步亦趋的模仿。康奈尔大学的心理学家迈克尔·戈尔茨坦物色了两组8个月的婴儿。其中一组母亲被告知:只要婴儿发出咕咕声或者牙牙学语就立刻作出回应,用满面笑容和爱抚轻拍给予鼓励,另一组家长也需要对他们的孩子微笑,却是胡乱随意的,与婴儿发出的声响毫无关系。结果,那些及时得到反馈的婴儿不仅说话频繁,而且进步的速度也超过后者。

这些新的研究成果,无疑给初为人父母的家长们带来了惊喜。然而,其意义远不止学术研究上的突破。有了这些新发现,儿科医生们正在改变诊治他们年幼病人的方式,除了体格健康以外,将更多的注意力投向他们的情感发育状况。因为研究表明情感上的幸福将会对儿童未来的健康产生很大的影响。

【家园共育协调点】

4个月之后的儿童已经能观察并开始区分他人的表情变化了,这个阶段家长可以多给他一些模仿家长表情的机会。家长可以把他抱在怀中,向他吐舌头、打哈欠或者哈哈大笑,当儿童出现模仿的行为或意图时,家长不妨对他报以微笑,积极鼓励他的模仿行为。

安全依恋的形成对儿童的健康情绪发展以及许多其他方面的健康成长都会产生重大的影响,因此家长需要关注这个问题。比如家长平时要多和儿童沟通、多陪伴儿童,给儿童足够的爱,避免对儿童"忽冷忽热",特别是要注意不能总是毫无征兆地就突然离开。

【0~3岁儿童教育机构看点】

0~3岁儿童在机构中活动时,常常会出现恐惧、胆小的现象,此时机构教师应该指导家长不可讥笑或吓唬他,应该亲近他、安慰他,比如慢慢跟他说话、轻轻地拍拍他或者紧紧地抱住他,还可以预先告诉儿童可能出现的变化,以免突然受惊。

0～3岁儿童的他人情感已经开始发展了,因此在机构中活动时,教师可以适当给他一些同伴交往的机会,或许这时候的儿童还没有进行合作的能力,但是对其情绪情感的潜在影响却是切实存在的。

【请你思考】

1. 什么是情绪?

2. 0～3岁儿童如何理解动作表情?

3. 0～3岁儿童如何通过面部表情来进行情绪表达?

4. 0～3岁儿童的恐惧情绪经历了哪几个发展阶段?

【实践活动】

根据0～3岁儿童情绪理解和表达的年龄发展特点设计一个适宜的亲子游戏或机构活动。

【样例】

活动名称:大眼对小眼

适宜年龄:2～6个月

活动组织者:家长

活动目标:促进母婴之间的视线相对和目光交流

活动准备:宝宝心情愉快的时候

活动过程:

1. 妈妈把宝宝横抱在怀中。

2. 妈妈看着宝宝的眼睛并跟他说话。

3. 在说话的时候,妈妈故意眨几下眼睛或者转动眼球。

【参考文献】

1. 周念丽.学前儿童发展心理学[M].上海:华东师范大学出版社,2014.

2. 周念丽.0～3岁儿童观察与评估[M].上海:华东师范大学出版社,2013.

3. 张家琼,杨兴国.婴儿生理心理观察与评估[M].北京:科学出版社,2015.

4. 刘金花.儿童发展心理学[M].上海:华东师范大学出版社,2006.

5. 陈帼眉.学前心理学[M].北京:人民教育出版社,2003.

6. Escudero, P., R. A. Robbins and S. P. Johnson. Sex-related preferences for real and doll faces versus real and toy objects in young infants and adults [J]. *Journal of Experimental Child Psychology*, 2013,116(2):367-379.

7. Quinn, P. C., et al.. Infant preference for individual women's faces extends to girl prototype faces [J]. *Infant Behavior and Development*, 2010,33(3):357-360.

8. Ronit Roth-Hanania, Maayan Davidov, Carolyn Zahn-Waxler. Empathy development from 8 to 16 months: Early signs of concern for others [J]. *Infant Behavior and Development*, 2011,34(3):447-458.

第七章

社 会 性 发 展

【学习目标】

1. 掌握0～3岁儿童气质的概念、结构及类型。

2. 掌握0～3岁儿童自我意识的特点和发展规律。

3. 掌握0～3岁儿童依恋的特点、类型、影响作用及形成安全依恋的条件。

4. 掌握0～3岁儿童同伴交往的作用、发展阶段。

0～3岁儿童的社会性心理发展基础可分为个体发展和他人关系发展两个方面。就个体而言,主要是气质、情绪情感和自我意识的发展,情绪情感的发展已在第六章进行阐述;就社会而言,是各种人际关系的发展,主要是亲子关系、同伴关系的发展。

第一节 个 体 发 展

0～3岁阶段是个性发展的萌芽时期,各种心理成分开始组织起来,并有了某种倾向性的表现,但还没有形成稳定倾向性的个性系统。

一、气质

在日常生活中,当你面对不同的0～3岁儿童时,你会发现他们的情绪性、活动性、活泼与安静、对陌生人接近与回避,包括入托适应新环境的快与慢等都会表现不一。这些从婴儿时期就开始表现出来的个人特点就是我们所说的气质。心理学中的气质是指一个人所特有的、主要由生物因素决定的、相对稳定的心理活动的动力特征。气质是婴儿出生后最早表现出来的一种较为明显而稳定的个性特征,是任何文化背景中父母最先能够观察到的0～3岁儿童的个人特点。①

---

① 庞丽娟,李辉.婴儿心理学[M].杭州:浙江教育出版社,1993.

（一）气质的概念

气质是指在情绪反应、活动水平、注意和情绪控制方面所表现出来的稳定的个体差异,它表现为心理活动的速度(如言语速度、思维速度等)、强度(如情绪体验强弱等)、稳定性(如注意力集中的时间长短)和指向性(如内向或外向)等方面的特点和差异组合。气质使人的整个心理活动都染上个人独特的色彩,不同气质的人其行为特点、言语速度、情绪类型、思维习惯、交往风格、性格特征都有各自明显的特色。这些特色反映在其所有的心理活动中,并直接影响其社会性行为。

与其他个性心理特征相比,气质和人的解剖生理特点联系最直接,具有突出的生物性。儿童生来就具有个人最初的气质特点。而且,气质比其他的个性心理特征具有更大的稳定性。

气质对儿童的社会行为有重要的预测作用,如:高度活跃的0～3岁儿童特别善于和小朋友交往,但与不那么活跃的儿童相比,也容易与其他儿童发生冲突;当发生冲突时,情绪敏感、易激动的儿童更容易产生打人、抢夺玩具等行为,而害羞、内向的儿童则更多采取阻碍交往的行为,比如去推他的同伴或很少同他说话。小时候同样有过害怕经历、内向而焦虑水平高的儿童长大后往往不会变得很有侵犯性,而易怒的、冲动的儿童则可能有攻击性行为。

（二）气质结构及类型

气质类型是指表现在人身上的一类共同的或相似的心理活动特殊的典型结合。由于对气质的本质有着各不相同的解释,对气质类型的划分也是流派繁多。下面我们对六种主要的气质理论做一介绍。

1. 传统的四种类型说

传统的气质类型是古希腊医生希波克拉底(Hippocrates)提出的。他认为,个体内有四种体液,其分布多寡构成人的气质差异:有的人易激动,如发怒不可抑制,是由于黄胆汁过多,这种人被称为"胆汁质";有的人热情,活泼好动,是由于血液过多,被称为"多血质";另一些人敏感、抑郁,是由于黑胆汁过多,被称为"抑郁质";还有一些人冷静、沉稳,是由于黏液过多,被称为"黏液质"。虽然希波克拉底用体液来解释气质成因缺乏根据,但他把人的气质分为四种基本类型却比较切合实际。至今,心理学领域一直沿用这一分类。

2. 巴甫洛夫的高级神经活动类型说

20世纪20年代,俄国的巴甫洛夫通过实验研究,发现神经系统具有强度、平衡性和灵活性三个基本特性。根据这三种特性的不同结合,可以形成四种高级神经活动类型。

(1)强而不平衡型。兴奋占优势,条件反射形成比消退来得更快,易兴奋、易怒而难以抑制,又叫兴奋型。

(2)强、平衡而且灵活型。条件反射形成或改变均迅速,且动作灵敏,又叫活泼型。

(3)强、平衡而不灵活型。条件反射容易形成而难以改变,庄重、迟缓而有惰性,又叫安静型。

(4)弱型。兴奋与抑制都很弱,感受性高,难以承受强刺激,胆小而显神经质。

这四种神经活动类型,恰恰与希波克拉底所划分的四种气质类型相对应,见表7-1。

由于气质与神经系统的先天或遗传特征有关,因此,通常认为气质类型是相对稳定的,不容易改变。环境可能会掩蔽气质的特性,但并没有改变气质。

表 7-1 气质类型对照表

神经系统的特性和类型				气 质	
强 度	平衡性	灵活性	组合类型	气质类型	主要心理特征
强	不平衡（兴奋占优势）		兴奋型	胆汁质	容易兴奋，难以抑制，不易约束
	平衡	灵活	活泼型	多血质	反应敏捷，活泼好动，情绪外显
		不灵活	安静型	黏液质	安静沉稳，反应迟缓，情感含蓄
弱	不平衡（抑制占优势）		抑郁型	抑郁质	对事敏感，体验深刻，孤僻畏缩

3. 托马斯和切斯的三类型说

美国的儿童精神病医生托马斯和切斯(1977)通过对大量儿童的考察和追踪，发现有一些行为模式是从儿童出生开始贯穿其整个儿童时期的。他们据此提出划分儿童气质类型的 9 项指标。[①]

（1）活动水平。指在睡眠、进食、穿衣、游戏等过程中身体活动的数量。例如，睡眠时从小床的一边滚到另一边，还是基本不移动。

（2）规律性。指睡眠、进食、排泄等生理机能活动是否有一定规律。

（3）趋避性。指对新情境、新刺激、新玩具、陌生人等是接近还是退缩。

（4）适应性。指对陌生人和新环境的适应水平，常规或外界要求变化后，对其接受的难易程度。

（5）反应的强度。指婴儿对外界刺激反应的程度。

（6）反应阈限。指使儿童产生某种反应所需要的刺激量。如需要多大的刺激能使婴儿哭与笑。

（7）心境的质量。指积极、愉快情绪与消极、不愉快情绪相比较的量。

（8）注意力分散程度。指儿童是否易受外界刺激的干扰而改变其正在进行的活动。

（9）注意持久性。指儿童在从事某项活动时，注意稳定时间的长短，以及当遇到障碍与挫折时是否仍能维持原先进行的活动。

根据上述标准，他们把儿童（主要是婴儿）划分为三种气质类型。

（1）容易型

多数婴儿属于这一类型，约占托马斯、切斯全体研究对象的 40%。这类婴儿的吃、喝、睡等生理机能有规律，节奏明显，容易适应新环境，也容易接受新事物和不熟悉的人。他们的情绪一般是积极愉快的，爱玩，对成人的交往行为反应积极。

（2）困难型

这一类婴儿人数较少，约占 10%。他们突出的特点是时常大声哭闹，烦躁易怒，爱发脾气，不易安抚。在饮食、睡眠等生理机能活动方面缺乏规律性，对新食物、新事物、新环境接受很慢。他们的情绪总是不好，在游戏中也不愉快。成人需要费很大的力气才能使他们接受抚爱，难以得到他们的正面反馈。

（3）迟缓型

约有 15% 的被试属于这一类型。他们的活动水平很低，行为反应强度很弱，情绪总是消极而不甚

---

① 孟昭兰. 婴儿心理学［M］. 北京：北京大学出版社，1996.

愉快,但也不像困难型婴儿那样总是大声哭闹,而是常常安静地退缩,情绪低落。逃避新事物、新刺激,对外界环境和事物的变化适应较慢。但在没有压力的情况下,他们也会对新刺激缓慢地发生兴趣,在新情境中能逐渐地活跃起来。随着年龄的增长,这一类儿童由于成人抚爱和教育情况的不同而发生分化。

以上三种类型只涵盖了约65%的儿童,另有约35%的婴儿不能简单地划归到上述任何一种气质类型中去。他们往往具有上述两种或三种气质类型的混合特点,属于上述类型中的中间型或过渡(交叉)型。

4. 巴斯和普罗敏的分类

巴斯和普罗敏(Buss & Plomin,1984)根据婴儿在各种类型活动中的不同倾向性,提出了气质的活动性、情绪性、社交性和冲动性四个可操作的特质,将其划分为四种具有不同行为特征的气质类型:(1) 情绪性婴儿。这类婴儿常通过行为或心理生理变化而表现出悲伤、恐惧或愤怒的反应。与其他婴儿相比,他们可能对更细微的厌恶性刺激作出反应并且不易被安抚下来;(2) 活动性婴儿。这类婴儿总是忙于探索外在世界和做一些大肌肉运动,乐于并经常从事一些运动性游戏。其中,有些婴儿会显得很霸道,经常与人争吵,而有些婴儿则常从事一些有益而富有刺激性、启发性但不带攻击性的活动;(3) 社交性婴儿。这类婴儿常愿意与不同的人接触,不愿独处,在社会交往中反应积极,在追求家庭成员或不相关人员的接纳上都同样积极;(4) 冲动性婴儿。这类婴儿突出表现为在各种场合或活动中极易冲动,情绪、行为缺乏控制,行为反应的产生、转换和消失都很快。

5. 卡根的行为抑制分类法

另一种气质分类方法集中关注害羞、抑制、胆怯的儿童和合群、外向、大胆的儿童之间的差异。杰罗姆·卡根(Kagan, J.,1997,2000,2002,2003;Kagan & Snidman, N.,1991)把对陌生人(同伴或成人)的害羞看作广泛气质分类的一个特点,称作不熟悉的抑制。受抑制的儿童对不熟悉的许多方面做出最初的逃避、忧伤或者抑制情感的反应,始于约7到9个月的年龄时。他把婴儿划分为两种气质类型,即抑制型与非抑制型。

卡根认为,抑制型婴儿的主导特质是拘束克制、谨慎小心与温和谦让,而非抑制型婴儿则相反,他们无拘无束、自由自在、精力旺盛、自发冲动。婴儿的这些不同的行为反应主要而集中地体现在他们对不确定事物的反应中。卡根认为,"不确定性"有三种不同层次和水平:事件的不确定性、反应的不确定性和结果的不确定性。婴儿对各种不熟悉或不确定性事物的反应便集中体现了其气质上的不同。

6. 罗斯巴特和贝茨的分类①

新的气质分类方法持续出现(Mary Rothbart & John Bates,2006)。玛丽·罗斯巴特等将气质定义为情绪、运动性及情绪反应和自我调节方面"本质性"的个体差异。他们认为,在托马斯等人的分类中,有些气质特征是重叠的,如"注意的广度和持久性"与"分心"都属于注意力的特征。他们还增加了"易怒型"来强调情绪的自我调节。玛丽·罗斯巴特(Mary Rothbart,2004)做出总结,她和约翰·贝茨(John Bates)认为以下三个广泛的维度最佳地表征了气质结构的特点。

(1) 外倾性,包括"积极的参与、冲突、主动水平和感觉寻求。"卡根的不受抑制儿童符合这个类型。

---

① [美] 约翰·W·桑特洛克. 儿童发展(第11版)[M]. 桑彪等,译. 上海:上海人民出版社,2009.

（2）消极情感,包括"过敏性和害怕"。这些儿童很容易忧伤,他们常常烦恼、哭闹。卡根的抑制型儿童符合这个类型。

（3）努力控制(自我调节),包括"注意集中和转变、抑制控制、直觉敏感和低强度的愉悦"。有高水平努力控制的儿童常常不能控制唤醒水平,他们很容易表现不安的情绪。此维度在气质的结构系统中起着非常重要的中间调节作用,是气质结构的核心成分。

（三）气质的发展

1. 0~3岁儿童气质具有稳定性

在人的各种个性心理特征中,气质是最早出现的,也是变化最缓慢的。新生儿在睡眠、烦躁和活动性方面表现出不同的模式,这些差异在某种程度上会继续存在。有研究发现,婴儿的气质与其7岁时的性格有紧密的联系;也有研究发现,根据儿童3岁时的气质类型,能相当准确地预测其18~21岁时的性格[①]。

卡根发现抑制从婴儿期到儿童早期显示了很大的稳定性。一项新近研究把幼儿分成极端抑制、极端不受抑制和中间群体(Preifer et al,2002)。在4岁和7岁时进行跟踪评估,虽然有许多抑制的儿童到7岁转变到中间群体,但是抑制和缺乏抑制都显示了连续性。

2. 生活环境可以改变0~3岁儿童的气质

儿童气质发展中存在"掩蔽现象"。所谓"掩蔽现象",就是指一个人气质类型没有改变,但是形成了一种新的行为模式,表现出一种不同于原来类型的气质外貌。如一位儿童的行为表现明显地属于抑郁质,但神经类型的检查结果都是"强、平衡、灵活型"。究其原因,发现这个儿童长期处于十分压抑的生活条件,在这种生活条件下形成的特定行为方式掩盖了原有的气质类型,而出现了委顿、畏缩和缺乏生气等行为特点。由此可见,儿童的气质类型具有相对稳定的特点,但并不是一成不变的,其后天的生活环境与教育可以改变原来的气质类型。

（四）拟合优度模型

如前所述,儿童的气质会随年龄而变化。这说明环境并非支持某种气质类型。托马斯和切斯提出用拟合优度模型(Goodness-of-fit Model)来描述气质和环境因素的共同作用。对儿童的发展产生良好的结果,即气质类型的形成,关键在于父母的教养方式是否与儿童的气质特点相符合。儿童与父母是相互影响的。母亲对待不同类型儿童的行为方式是不同的。如果儿童的适应性强、乐观开朗、注意力持久,则母亲的民主性表现突出。而影响母亲教养方式的消极气质因素包括:较高的反应强度(如平时大哭大闹)、高活动水平(如爱动、淘气)、适应性差及注意力不集中等。可见,儿童自身的气质类型,通过父母亲教养方式而间接影响自身的发展。因此,父母和教师平时要注意儿童的气质特点,同时,还要避免儿童气质中的消极因素对自己教育方式的影响。

容易型儿童对各种各样的教养方式都容易适应。但是在某些情况下,他们这种容易接受父母管教的优点却会导致一些行为问题的发生。如,这些儿童在家接受和适应了父母的期望与管教的标准,并将它们内化为自己的期望和规则系统。当走进幼儿园、走进同龄人的世界时,他们就会发现这些新环境中的要求与规则同他们所习以为常的规则系统有所不同。如果这两种要求间的冲突和矛盾十分严重,就会使儿童陷入进退两难、无所适从的境地,从而导致行为问题或发展障碍。

---

① 　[美]黛安娜·帕帕拉等.0~3岁儿童心理百科孩子的世界(第11版)[M].北京:人民邮电出版社,2011.

困难型的儿童需要特别的关心。为了使儿童抚养和家庭生活的正常秩序能够维持下去,家长必须处理很多棘手问题,如怎样适应儿童不规律的生活、适应慢的特点,怎样对待儿童的烦躁、易哭闹等。如果父母在管教儿童时不一致、不耐心或经常性斥责、惩罚儿童,那么这些儿童比其他类型的儿童就更容易表现出烦躁、抵触、易怒和消沉。只有特别热情、耐心、有爱心地对待这些儿童,才能使他们健康地适应社会。

缓慢型气质的儿童,在接受新人、新事物时,更容易表现出胆小、犹豫和忧虑。家长一定要让这些儿童按照其自己的速度和特点去适应环境。如果这类儿童的家长或老师给他们施加压力——催促其尽快地适应环境,这只会强化其自然反应倾向——逃避。而另一方面,他们也确实需要机会和鼓励去尝试新经验、适应新环境。

生活场景再现

豆豆的父母都是相当合群的人,总体上来说,性格开朗。他们衷心希望自己的女儿也具有像他们一样的性格。可是,自从出生的那一刻起,豆豆就明显表现出较多的哭闹,睡眠低于同年龄儿童的平均水平,到陌生情境需要较长时间适应,通过测查显示,豆豆更多倾向于"困难型",需要不断地被支持与鼓励。

豆豆对外界有极高的要求而易于被外界拒绝。她的父母努力调整自己的角色,改变自身性格中的焦急,竭力去满足豆豆的需要,不惜花费数小时陪伴她进入梦乡,在所有的方面都加以鼓励和支持。在每个社交场合极力支持她跟跟跄跄地走出自己的个人世界。这样,豆豆4岁半时终于成长为一个各方面适应性都比较强的小姑娘,在班级受到很多小朋友的喜欢,老师评价她注意力集中,学习能力好,甚至在上千名观众面前带领跳舞时也能表现落落大方。

父母养育和儿童气质的不一致,称为"拟合劣化"。如母亲属于生活很有规律的人,但儿童属于困难型气质,母亲就会想办法建立一种秩序,按时给儿童喂奶,让儿童按时睡觉等,但儿童没有这种节律,这势必会使母子之间出现很多冲突。反过来也一样,如果儿童是有节律的,而父母没有,也会引发亲子关系的不和谐。再如面对生性好动、活动水平高的儿童,父母过多的干预可能抑制他的探索行为。

在拟合优度模型中,父母的教养方式不仅要根据儿童的气质,而且还受文化价值和生活条件的影响。内向、退缩的儿童在西方国家被认为缺乏社会交往能力,而在中国,老师则很强调儿童的专注力和稳重性。所以,被美国老师认为是活泼的儿童,在中国老师的眼里往往是不专心、动机不明的儿童。

气质与父母教养方式的拟合优度模型提示我们:儿童气质对其良好个性的形成以及身心健康发展有着不可忽视的作用,儿童气质的发展很大程度上取决于社会的文化价值观和父母对其气质的评价,而父母养育儿童的方式和儿童本身气质之间的优化和谐对儿童的发展是最佳的,它使儿童更善于解决问题,更能适应环境。因此,家长和教育者要接受儿童气质的特点,不要无故责备儿童,应注意根据每个儿童的气质特点调整对儿童的抚养、教育方式,使父母、教育者和社会的要求与儿童的气质相协调,采取恰当的教育方法,努力做到因材施教,扬长避短,促使儿童健康成长。

二、自我意识

所谓自我意识就是个体对于自己以及自己与他人关系的认识。自我或自我意识是儿童社会化的重要组成各部分,是衡量个性成熟水平的标志。它整合、统摄个性的各部分,并推动着个性的发展。自我意识是人类特有的反应形式,是人的心理区别于动物心理的一大特征。自我意识是个体社会化的结果,是个体的社会实践和人际交往的产物。

自我意识的发展是0～3岁儿童社会性发展的重要组成部分,也是体现儿童社会性发展的一个重要方面。自我意识是一个很广的概念,它包括自我知觉、自我认知、自我调节、自我监控、自我评价和自尊等概念。个体的自我发展从自我知觉到自尊建立是一个相当长的时期,它始于0～3岁儿童而贯穿成年。自我意识包括知、情、意三个部分,"知"即自我认识,主要指自我概念;"情"指自我的情绪体验,主要包括自尊;"意"指的是自我控制和调节的能力。对自己的认识包括对自己的生理状况(如身高、体重、形态等)、心理特征(如兴趣爱好、能力、性格、气质等)的认识。对自己与他人关系的认识即认识自己与周围人们相处的关系、自己在群体中的位置与作用等。

(一) 自我意识萌芽

豆豆妈妈喜欢给她拍摄生活情境的照片、视频,1岁半的她看自己的照片或视频时,会对照片里的"小女孩"微笑、指点。那么,豆豆什么时候开始意识到照片中的小女孩就是自己呢?

美国心理学家威廉·詹姆斯于100多年前就提出过两种意义上的"我":主我(I～self)和客我(Me～self)。"主我"是指独立于其他人和物,能回应并控制周围的环境,有别人无法介入的私人内部时间。"客我"指站在观察者角度所认识到的自我,即把自己看作认识和评价的对象。它包括所有使自己独一无二的特征——物理特征,如外貌和财产;心理特征,包括欲望、态度、信仰和思维方式及人格特点;社会特征,如社会角色和人际关系。"主我"和"客我"是相互影响的,完整的自我意识必须包括主体我和客体我两部分。

1. 开始意识到"主我"

研究者认为,0～3岁儿童最早萌生的自我概念是"主我","主我"先于"客我"出现。当0～3岁儿童最早意识到自己的行为能够以可预测的方式引起物体移动和他人的反应时,他的主我意识就开始出现了。如敲打一个悬挂着的小铃,儿童发现小铃左右摇晃的样子与风中摇摆的样子不同,于是他们意识到自己和外在物质世界的联系。再如,对照料者微笑或发出声音,照料者也会回应他(对他微笑或说话),这也使0～3岁儿童意识到自己与他人的联系。通过这些经历的比较,儿童逐渐建立起一个独立于外在世界的自我形象,也就是"主我"。

那么,儿童在出生后何时发展出"主我"呢?哈特(Harter,S. 1983)等人做出了系统的梳理,在儿童发展心理学界具有很大影响[1]。

(1) 主我的萌芽(3个月左右)

有研究认为,大约在3个月时,儿童已经可以区分出"我"和"他(它)",这主要体现在婴儿触摸自己身体和接触别人的身体时有不同的感受。当然,这种区分仅仅是一种模糊的感受,不代表产生了自

---

① Harter,S. Developmental perspectives on the self-system [M]//P. Mussen (ed.). Handbook of child Psychology, socialization, personality and social development. New York: John Wiley & Sons, 1983: 275-385.

我认识,即认识自我、反省自我的能力。儿童在3个月大时,已经具有区分自己和他人的能力,这是"主我"的萌芽;依恋安全感强的婴儿,即父母能长期地对婴儿发出的信号做出敏感反应的婴儿,"主我"发展得更快一些。他们会在角色扮演的游戏中,假装自己吃东西,并喂给妈妈吃①。

（2）对镜中我的感知（5～8个月）

5个月的儿童显示出对镜像的兴趣。他们会接近镜像,注视并抚摸它,与之咿呀对话。但是,儿童的这种行为与他对别的儿童形象产生的行为反应没有区别,说明儿童并没有意识到这是自己的映像,也就没有意识到自己与他人的区别,更没意识到自己是一个独立的个体。因此,此时的儿童还没萌生出自我认识。

（3）对自己行动的认识（9～12个月）

约从9个月开始,儿童开始意识到自己的动作和主观感觉的关系,意识到自己的动作和动作产生的结果的关系(试误出现),表现在以自己的动作与镜像动作相匹配。此时的儿童能区分自己与他人动作的区别。

（4）对自己身体活动的认识（12～15个月）

儿童已能区分由自己做出的活动与他人做出活动的区别,对自己镜像与自己活动之间的联系和关系有了清楚的觉知,说明儿童已会把自己与他人分开。

（5）对自己面部特征的认知（15～18个月）

此时的儿童对自己的面部特征已经有了比较明确的认知,具体表现在:当把鼻子上涂了红点的儿童放在镜子前面时,他会产生明确的指向红点的行为。由于儿童能清楚地指出不属于自己面部特征的东西来,所以此时的儿童具备区分自己与其他儿童照片的能力。

2. 开始意识到"客我"

儿童出生后第二年,儿童开始构建"客我"。他们更多地意识到了自己的一些外在特征。我国学者刘凌、杨丽珠等人（2010）为了探讨儿童"视觉自我认知"和"言语自我认知"的发生,对15～24个月的儿童做了"点红实验",并和母亲进行访谈,结果发现,15～24个月,特别是17个月时是儿童"视觉自我认知"发生的重要时期,自我认知能力逐渐出现,随年龄增长而发展。儿童"言语自我认知"一般发生于第21个月;男婴"言语自我认知"获得的时间晚于女婴,但在获得"言语自我认知"后无性别差异。言语自我认知经历了从名字表述自己(如,某某吃饭)到用第一人称表述自己(如,我吃饭)的发展变化。该研究还发现,视觉自我认知到言语自我认知的发展变化过程是:儿童首先能区分自己的动作,把自己与动作区分开,知道自己是活动的主体;最后,儿童能使用名字,产生了概括自己的愿望和动作表象的"自我感受";2岁左右,儿童能用第一人称"我"表述自己。自我认知的发生从感觉过渡到表象,再从表象过渡到思维。在发展早期,自我认知是感觉运动知识,直接由儿童通过感知觉和身体运动获得;随着表征能力的发展,儿童能表征个体,能与当前的感觉运动相对独立地思考自己,自我认知从感觉运动过渡到表征能力②。

3. 自我意识和早期情感及社会性发展

当0～3岁儿童的自我意识特别是"客我"出现后,它很快在儿童的情感和社会生活中占据了中心

① 周念丽.学前儿童发展心理学[M].上海:华东师范大学出版社,2014.
② 刘凌,杨丽珠.婴儿自我认知发生再探[J].心理学探究,2010(3):30-33.

地位。前面叙述儿童的情绪发展时曾指出,自我意识情感的出现是建立在自我意识出现的基础之上的。

在与他人交往的过程中,0～3岁儿童的自我意识最先反映在对特定物品的占有感上。2岁的儿童已经能区分出自己的东西和别人的东西,他们常常会努力地向他人证明自己拥有某东西。0～3岁儿童的自我意识越强,他们对东西的占有感就越强,所以当其他的儿童拿他们的玩具时,他会叫道:"这是我的!"家长和教师们可以把儿童这些希望占有的行为理解为自我主张的发展,因此,当你要求这个年龄的儿童和同龄人友好地分享玩具时,应该先说"是的,那是你的玩具",然后再鼓励他说:"你能让其他小朋友和你一起玩这个玩具吗?"而不是一味地坚持要他和别人分享。强烈的自我意识也使儿童在与他人一起游戏或是在解决简单问题时,第一次尝试如何与其他人合作。

健康、积极的自我意识是促进健康人格形成的重要因素,父母应不失时机地培养儿童的自我意识。在婴幼儿时期,积极的自我意识主要包括以下内容:觉得自己是有价值的人,应该受到别人的重视和好评;觉得自己是有能力的人,可以"操纵"周围的世界;觉得自己是独特的人,应该受到别人的尊重与爱护。

(二)自我概念形成

随着儿童内心世界的发展,他们会越来越多地将自己作为思考的对象,"客我"不断地扩展,幼儿逐渐建立起自我概念。语言的发展在这个过程中起着非常重要的作用,18～24个月的儿童开始具有用语言标示自己的能力,具体表现为从了解自己名字到使用代名词"我""你",并且具有用适当的人称代词称呼某个形象的能力。

18～30个月,儿童开始发展类别自我,就是根据自己的外在特征把自己归为某一类,以区别自己和他人,比如年龄("婴儿""男孩""老人")、性别("男孩"对"女孩",或"女人"对"男人")、体格特征(高大的、强壮的)、优点和缺点("我是好女孩""丁丁很小气")。他们也开始鉴别自我的能力,如"我行""我不能"等。

生活场景再现

2岁半的花花已经学会很多本领了,有时候家里来客人,花花就会很兴奋地在客人面前表演自己的本领,当得到大人的称赞时她总是很开心。但是有时候妈妈抱其他的小朋友的时候或者夸奖邻居家的弟弟,花花会表现出生气,有时候会推开其他小朋友,并自己扑到妈妈怀抱里。当妈妈带着花花到公园玩的时候,花花不再黏着妈妈,而会自由地走来走去,观看、抚摸自己感兴趣的物体。有时候妈妈催了好几遍,花花还是不愿意离开自己喜欢的物体。

最早纳入0～3岁儿童自我概念的是年龄、性别和评价维度(Spencer & Markstrom-Adams,1990)[①]。儿童对这些社会分类的理解很有限,但是他们会使用这些知识来组织自己的行为。在这个

---

① Spencer, M. B. & Maelstrom-Adams, C. Identity processes among racial and ethnic minority children [J]. *Child Development*, 1990(60):290-310.

过程中,父母要逐渐和儿童讨论一些规则和标准,包括对儿童的一些描述性、评价性的信息,比如"当你敢做那件事的时候,你就是大姐姐了"。因此,儿童获得了更多关于自我的信息,如能够体验到自豪感,通过在大人面前表演本领是为了赢得大人的行为和言语肯定,自己渴望得到别人的夸奖,当成人称赞他们时,他们会异常高兴。

（三）自我意志表达

24 个月后,儿童开始懂得"我想做"和"我应该做"的区别,做错事后知道脸红害羞,对自己心理活动有了初步的认识。

自我意志表达包括自我调节、自我监控、自我评价和自尊,例如对自己想做某事冲动的抑制和对自己不想做某事行为的坚持。婴幼儿自我意识的发生和发展,为自我意志表达的出现奠定了基础。此外,注意机制的成熟、幼儿表征和记忆等认知能力的发展,也起着很大的作用。自我控制对儿童的社会性发展具有重要的意义,它常常是道德发展和亲社会行为的基础。

早期儿童自我意志表达最典型的表现,是对母亲指示的服从（Compliance）。在 12～18 个月时,儿童慢慢地开始意识到爸爸妈妈的期望,并且能听从简单的命令和要求。根据维果斯基的观点,儿童只有把父母要求的准则内化到自己的"私人语言",即语言的自我指导形式时,才能很好地控制自己的行为。顺从的发展很快使儿童出现了类似道德性的表达,比如打算在沙发上乱蹦乱跳或背着妈妈偷拿糖果吃之前,他们通常会对自己说:"不,不能这样,妈妈说这样做是不对的!"自我控制的出现,说明儿童开始准备学习社会生活的规则了。

视野拓展

阿姆斯特丹的镜像实验[①]

北卡罗来纳大学教堂山分校的比拉·阿姆斯特丹就婴儿的自我形象认识问题做了一项经典性的研究。他通过在婴儿毫无察觉的状态下在其鼻尖上涂上一个红点来揭示婴儿自我认知的发生过程。阿姆斯特丹认为,如果婴儿表现出意识到自己鼻尖上红点的自我指向行为,那就表明婴儿具有自我认知能力。因为如果婴儿特别注意自己鼻尖上的红点或者能够找到自己鼻尖的话,那么说明婴儿已经对自己的面部特征有了清楚的认识,同时也说明,婴儿已经有了把自己当作客体来认识的能力。

阿姆斯特丹研究了 88 名 3 个月到 24 个月大小的婴儿,并对其中 2 名 12 个月大的婴儿进行了追踪研究,时间为 1 年。结果表明,只有到了 15～24 个月时,婴儿才显示出稳定的对自我特征的认识。根据研究,阿姆斯特丹揭示了婴儿自我认识发展的三个阶段。

第一阶段:游戏伙伴阶段（6、7～12 个月）。这个阶段,儿童以为镜子里的映像是另一个儿童,他们常常会看看镜子里的形象,又到镜子后面去找找那个并不存在的儿童。

第二阶段:"退缩"阶段（13～20 个月）。这个阶段显示了自我形象意识的迹象。儿童看到镜子里的形象,或者感到窘迫,或者有点傻乎乎的,或者带些自我欣赏的样子。有些人认为,这正

---

① Amsterdam B. Mirror self-image reactions before age two [J]. Developmental Psychobiology, 1972,5(4):297-305.

是自我意识的标志。但阿姆斯特丹却认为，它不足以说明自我意识的出现。他认为，婴儿自我意识的出现是以对稳定的自我特征的认识为标准的，这种能力大约到第二年年末，即20～24月时才会产生。

第三阶段：自我意识的产生阶段（20～24个月）。这一段段婴儿可以明确地表现出意识到自己鼻尖上的红点。同时伴随这种自我再认，婴儿还会表现出其他行为：自我赞赏。

第二节　他人关系发展

0～3岁儿童生来具有注意自己周围的人、与周围的人进行互动、吸引他们注意力的倾向。甚至在生命最初的几个小时里，婴儿就会对周围的社会做出反应，如凝视，对声音和动作的回应。婴儿期的第一个关键任务，是形成于出现在自己生活环境中的一个或者多个重要人物之间的依恋关系，这种依恋关系对儿童今后各个阶段的最优发展来说都是非常重要的。

一、亲子关系

是什么使得父母在儿童的生活中占有特殊的位置？父母与儿童之间的这种亲近的情感关系为儿童提供了什么其他成人无法提供的东西？不少研究者将注意力锁定在婴幼儿和他们的父母之间的安全感、信息和信任的发展之中。不少心理学家都认为，儿童早期与照顾者之间形成的情感关系的质量，会影响儿童日后的发展。0～3岁儿童的亲子关系中，占据最重要地位的就是依恋。这些早期的依恋构成一个深层的动机系统，以确保婴儿与保育、哺育和引导他们发展的成人养护者之间的亲密关系[1]。表现在婴儿的行为上，有两种模式：信号行为模式和接近行为模式。在信号行为模式中，婴儿有微笑、啼哭、注视和发出响声等，目的在于把母亲呼唤到自己的身边。而在接近模式中，有吮吸乳汁、抓住母亲不放和用目光追视母亲等，目的在于保持和母亲的接触。

在极少数情况下，如果婴儿没有机会与哪怕只有一个可信赖的成人建立这种依恋关系，那么他们的发展将受到快速、极其巨大的损坏。而一旦当这些婴儿受到了稳定的照顾和关爱，他们就会康复得非常快，这就进一步揭示了儿童早期建立与他人亲密关系的重要性。

在依恋关系的基础上，婴儿逐渐开始了与同伴、其他人的互动。下面将就依恋的产生和类型、形成安全依恋的条件以及依恋类型对婴儿将来的发展之影响进行讨论。

（一）依恋的产生

研究者们认为，依恋行为具有先天性。他们从比较行动学（即把人和其他动物的行动进行比较研究的科学）的角度出发来加以说明。图7-1是比较行动学家劳伦兹为了说明自己的观点而描绘的比较图。从图中我们可以看到，不管是人类的婴儿，还是其他动物的幼崽，都有着又大又圆的头和眼睛，

---

[1] ［美］杰克·肖可夫，［美］黛博拉·菲利普斯. 从神经细胞到社会成员——儿童早期发展的科学［M］. 南京：南京师范大学出版社，2007.

图 7-1　很多物种的儿童都有
"丘比特娃娃效应"

称为"丘比特娃娃效应"。依恋发生的时间有很大的个体差异，还有文化差异，但依恋发展的模式基本一致。这样的形状特征，容易唤起成年人或成年动物想要保护他们的欲望。同样，儿童的依恋行为有触发母亲的母性行为的效果。

美国心理学家哈里·哈洛（Harry Harlow）将刚出生的婴猴放在隔离的笼子里养育，用两个假母猴代替真母猴，其中一个是金属丝做的"金属母猴"（有橡皮奶头）；另一个是用绒布做的"绒布母猴"（无奶头）（见图7-2）。发现幼猴只有在饿的时候才到金属猴那里去，其余时间喜欢与绒布猴待在一起，甚至"黏"在绒布猴身上。在受到陌生物体威胁时，会跑到绒布猴身边，抱住绒布猴，似乎绒布母猴能给它更多的安全感，这显示出仅仅喂食或者满足身体需要并不是依恋的来源。该实验表明，与喂食相比，身体的舒适接触对依恋的形成起更重要的作用。

图 7-2　小猴对绒布猴的依恋

（二）依恋的发展

依恋行为的系统化随着儿童年龄的增长而逐渐复杂变化，且经过一定的发展阶段。根据鲍尔比的理论，依恋行为要经过以下四个阶段。

第一阶段（出生1～3个月）：无差别的依恋阶段，即儿童对所有人都做出相同的反应。如用哭声唤起人们对他的注意，喜欢注视所有人的脸。在舒适状态对所有人微笑、手舞足蹈，对所有人发出的声音展示相同的反应，对安慰他的人不存在选择，也没有形成对母亲的偏爱。而此时，所有人对儿童产生的影响也是一致的。任何人的拥抱和抚触都能给儿童以愉悦的感受。儿童虽然还不会识别某一个特定的人，如母亲，但已会向人表现出信号行为。这种行为容易激发母亲的母性行为。因此，母亲和儿童在一起的时间增多。

第二阶段(3～6个月):依恋关系建立期,这是对特定人物进行定位和表现信号行为阶段。儿童对母亲或其他代理母亲的人表现出自发性喜悦之情,并表示出伴有喜悦情绪的社会反应。面对陌生人时,反应行为减少。此时的儿童一般仍然能接受陌生人的照顾,也能忍受与父母的暂时分离,但是带有略微伤感的情绪。

第三阶段(6个月～2岁):依恋关系确立期,这是随着信号行为的发展,极力维持与特定人物的接近,处于"陌生人焦虑"时期。儿童对陌生人表现出警戒和惧怕的情绪。如果很好地对待儿童的信号行为,能够减轻他们的惧怕与不安情绪。与此同时,儿童在探索行为中,开始把母亲作为安全基地,从这个中心出发去主动探索周围世界。当有安全需要时,会立即返回"中心"。离开母亲或看护人会显得焦虑不安,形成了分离焦虑,并且出现了陌生焦虑,对陌生人回避,且对陌生人很少微笑或咿呀作语。

第四阶段(从2岁开始):目的协调的伙伴关系期,这是与依恋对象建立确定关系的阶段。不管什么时候,不管到什么地方,儿童对母亲或其他代理母亲的人会形成一种永久的联系,能对依恋对象的行为进行预测,能洞察依恋对象的情感和动机。在这个阶段中,儿童已拥有对依恋对象持续反应系统。此时的儿童能忍耐父母或看护人的迟迟不注意,也能理解父母因为接电话而不能及时给予自己反馈的行为。同时,他们还能忍受与父母的短暂分离,知道父母将会返回到自己身边。

(三)依恋的类型

在对母子依恋的研究中,最著名也是最有影响的是艾斯沃斯等人(Ainsworth et al.,1978)发展了评价儿童和母亲依恋关系的一种的实验研究方法。艾斯沃斯根据鲍尔比的依恋理论,和他的同事们设计进行了"陌生情境"的实验(见图7-3)。

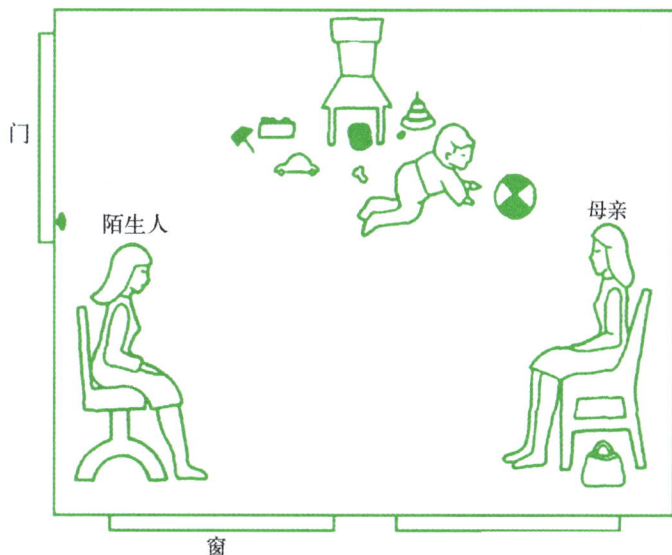

图7-3 安斯沃斯"陌生情境"实验

在实验中,为10～24个月的儿童设置的情境包括以下片段:

1. 母子同时进入一个陌生的房间,房内有很多玩具,母亲坐在一旁,儿童自由玩耍(3分钟);

2. 陌生人进入,起初沉默不语,然后(1分钟)与母亲交谈,再过1分钟,陌生人走进儿童,与其游戏(1分钟);

3. 母亲离开,陌生人与儿童在一起活动(3分钟);

4. 母亲返回,安顿儿童,陌生人离开(第一次返回,3分钟);

5. 母亲离开,儿童单独留在室内(3分钟);

6. 陌生人进行房间,与儿童一起活动(3分钟);

7. 母亲再次返回,重新安顿儿童,陌生人离开(3分钟)。

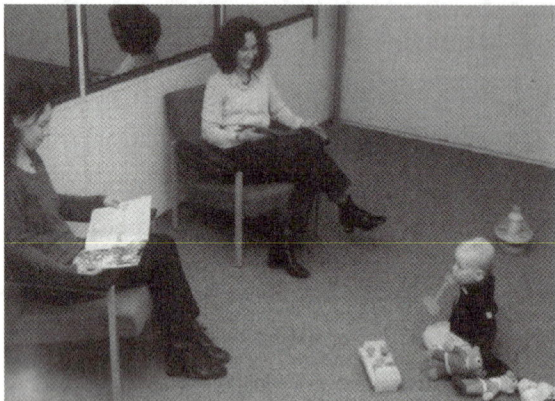

情境二:陌生人(左)与母亲(右)一起坐着

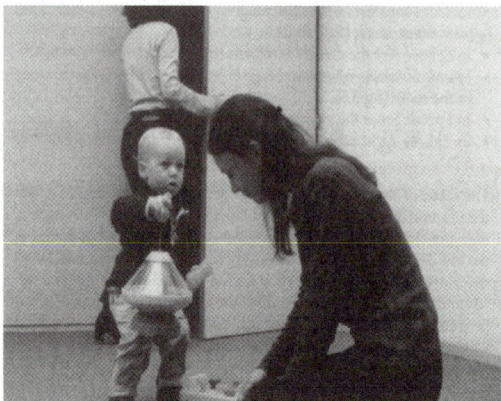

情境三:母亲离开,陌生人与儿童在一起

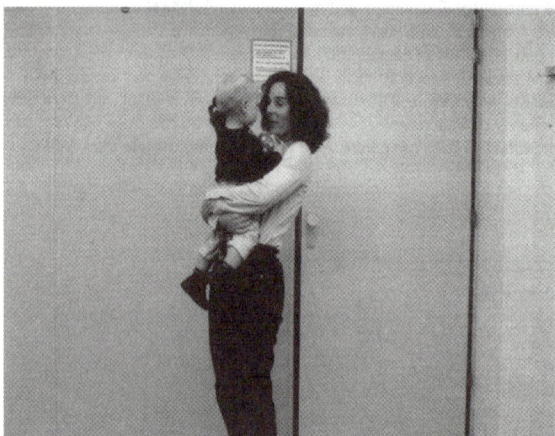

情境四:母亲返回,安顿儿童

情境五:母亲离开,儿童单独留在室内

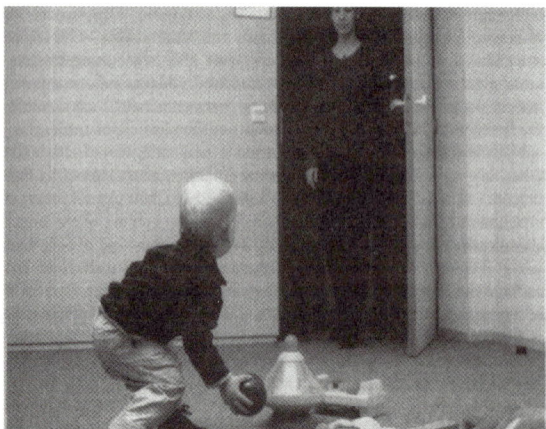

情境六:陌生人进入房间,与儿童一起活动

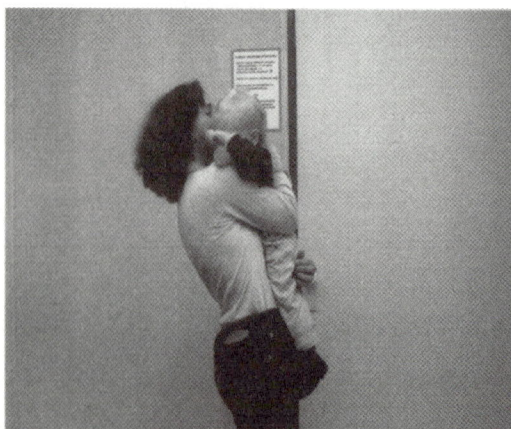

情境七:母亲再次返回,重新安顿儿童

图7-4 陌生情境实验(图片源自百度文库)

实验者可以观察儿童对玩具的摆弄行为、儿童的表情和其他情绪反应(如啼哭等)、引起母亲注意的尝试,以及与陌生人交往的倾向,以此判断母子依恋关系的性质。

这种陌生情境是一种标准化的方法,能够检验儿童与母亲建立的依恋类型,被广泛应用于许多国家儿童的研究中。通过对儿童在这些情境中的行为发现的观察,安斯沃斯等将母子依恋的类型分为以下三种主要类型。

1. 安全型依恋

这类儿童与母亲有着安全的情感联系。当与母亲在一起时,儿童喜欢与母亲接近,但不总是靠在母亲身边,而是放心地玩耍,母亲是"安全基地"。当母亲离开时,他会表现出不同程度的痛苦;当母亲回来时,会立即接近母亲,寻求抚慰,并很快恢复平静,继续玩耍。对陌生人表现出不同程度的警戒和怕生,母亲在场时,这类儿童对待陌生人会表现出试图接近和友好的态度。这类儿童的母亲往往对儿童的情感需要比较敏感。安全型依恋儿童占群体的65%左右。

2. 回避型依恋

这类儿童对母亲采取一种回避态度,母亲在不在无所谓。当母亲离开时,他们并无特别紧张或忧虑的表现,而当母亲再回他的身边时,他们往往也不予理会,抱她时会挣脱或移动身体,有时也会欢迎母亲的到来,但只是短暂地安慰一下。这类儿童对待陌生人有时很随和大方,有时又很冷漠。实际上这类儿童并未形成对人的依恋,所以也有人称为"无依恋的儿童"。回避型依恋儿童占群体的20%左右。

3. 矛盾型依恋

这类儿童对母亲怀有矛盾的情感。当母亲离开之前,总有点大惊小怪,显得很警惕,如果母亲要离开,他们就会表现出极度的反抗,表现得极为痛苦。而当母亲回到身边时,表现得很矛盾:想亲近母亲,又拒绝同母亲接触,从而抵抗母亲的温暖性安慰,无法把母亲作为安全的探索基地,并且要花费很长的时间情绪才能平静下来。这类儿童在陌生的情境中哭得最多,玩耍最少,对陌生人也难以接近。这类儿童的母亲往往情绪变化大,对儿童的情感需要所做的反应不一致。有时对儿童表现出亲近,依恋;而当儿童出现痛苦和反抗时,又会对儿童表现出粗暴的态度。抗拒型依恋儿童占群体的10%左右。

另外,约有5%~10%的儿童在陌生环境中表现出极度的压抑,这种类型可能是最不安全的。儿童在陌生人情境中表现出混乱和无目标,没有一个清晰的行为模式,对分离后的重逢经常有一些不一致的、古怪的行为反应,被称为混乱/紊乱型依恋(Insecure-disorganized Attachment)[①]。这个类型混合了抗拒型和回避型依恋的模式,因而这类儿童似乎对于要接近还是回避照顾者犹豫不决(Main & Solomon,1990)。当母亲回来时,这些儿童看起来不知所措。

艾斯沃斯的研究在世界范围内引起了巨大的反响,世界各国的心理工作者纷纷进行了相关的追踪研究。

中国学者(胡平等)在研究中发现[②],中国的回避型儿童的行为与艾斯沃斯研究中出现的同类型儿童的行为有所不同。这类儿童虽然也表现出对母亲的冷淡和回避,但往往对母亲发出远距离微笑,无极端的反感行为。这种观点把这类儿童命名为"平淡型"儿童。

---

① Main M,Solomon J. Procedures for identifying infants as disorganized/disoriented during the Ainsworth Strange Situation[M]//Greenberg M,Cicchetti D, Cumming EM,eds. Attachment in the preschool years: theory, research, and intervention. Chicago: University of Chicago Press,1990.

② 胡平,孟昭兰.依恋研究的新进展[J].心理学动态,2000(2):26-32.

生活场景再现

快2岁的豆豆现在越来越黏妈妈了,妈妈去超市买东西的时候会带着豆豆,豆豆坐在儿童车里好奇地东张西望,看着货架上的物品和超市里的人群,有时一起来买东西的阿姨看到豆豆会停下来逗她一会,这时候豆豆会瞪着眼睛看着阿姨,一点也不害怕,有时候也会看一眼妈妈,笑一笑。

妈妈是豆豆的依恋对象,只要有妈妈在身边,豆豆就变得更加活跃,能够主动与别人亲近,更加好奇地探索环境和物体,也更加容易和别人交往。当妈妈离开视线范围后,豆豆便失去妈妈这个"安全基地",会变得不安,在这种不安的情绪下,很难与周围的环境产生互动。

上述"陌生情境"的研究,不仅用于对母与子之间的依恋分类,还用于对父与子之间依恋的研究。科坦丘克(1976)对144名6～21个月的儿童进行了父亲分离的实验研究。实验过程类似于"陌生情境"的研究。研究结果表明,12个月以上的儿童对父亲离去所表现出的痛苦与同母亲分离时一样,但对陌生人则无此反应。这表明了父亲也是儿童痛苦时寻求安慰的"安全基地"。[①]

(四)形成安全依恋的条件

安全依恋,就是母与子、父与子有着安定的依恋关系,在上述的实验研究中被分为安全型的依恋类型。

安全依恋的形成主要包括两方面的因素:一是养育者方面的因素,二是儿童方面的因素。

1. 养育者方面的因素

养育者的依恋型特点。安全型父母会及时满足儿童的需要,0～3岁儿童会以父母作为他们的安全基地,去积极地进行探索活动。不安全型依恋的父母会误解儿童的需要,或只做出有选择的回应。回避型父母总是倾向于将儿童的依恋行为和活动"最小化",尽量回避亲密行为。他们容易忽视、打消或拒绝儿童寻求亲近的需要,因而会减少儿童的探索行为,并削弱父母自身对依恋的感受。这类父母倾向于将过去和现在的家庭关系都看作是积极的。他们常把自己的儿童描述为坚强、聪明、独立、听话等,并且认为与儿童之间的关系非常亲密。但实际上,这类父母为了鼓励儿童的探索和独立,而放弃了对儿童的亲密安抚行为,在儿童伤心需要安慰时表现得尤其明显。专注型父母过度地强调和使用了依恋行为。观察这些父母与儿童间的互动行为就可以发现,父母实际上总是在"鼓励"儿童的依赖性,互动过程中充满了无休止的、紧密的感情基调。专注型父母的过度卷入行为,影响了对儿童真正需要的注意,他们容易误解儿童的情绪,而不会有效减轻儿童的不快[②]。观察这些儿童会发现,他们没有同龄儿童成熟,较脆弱,总是黏在父母的身边。这些儿童还会有退缩行为,不会像其他儿童那样去进行有目的、积极的探索,表现出分离焦虑。

看护者的养育方式。儿童出生后就处于一定的社会养育环境中,成人尤其是母亲的喂养方式及其与儿童的相互作用的性质,包括养育者的敏感性与反应性、积极的情绪表达、社会性刺激影响构成

---

① 庞丽娟,李辉. 婴儿心理学[M]. 杭州:浙江教育出版社,1993.
② R. Siegler, J. Deloache, & N. Eisenberg. How children develop [M]. Worth Publishers, 2014.

了影响儿童依恋的关键因素。敏感性与反应性是指母亲对儿童的哭、叫、微笑、语言要求等的反应比例；积极的情绪表达指母亲与儿童充满感情的密切接触，加上微笑、轻柔说话、抚摸等；社会性刺激指母亲接近儿童，对儿童微笑、交谈或模仿儿童的频率。当儿童处于不适状态时，父母或其他养育者要能及时解除；面对儿童时，能经常微笑或逗他玩等；当儿童发出咿呀之声时，能及时做出积极反应。面对这些行为，使儿童感觉到母亲等养育者能减轻自己的痛苦，与自己共享快乐，由此，儿童会对这样的依恋对象产生信任感。埃里克森指出，0～3岁儿童的基本发展课题就是建立对外界的信任感。因此在这个时期使儿童获得信任感是非常重要的，这将会影响儿童一生的发展。

养育环境。在一个有压力、不稳定、不敏感养育的家庭里，儿童形成不安全依恋的比例是很高的。鲍尔比强调，如果儿童在关键期内没有与母亲建立紧密的情感联结，那么儿童的人际关系和情绪发展就会受到严重的、不可逆转的损害，形成一种"无情感的性格"[①]。例如：如果儿童到二岁半才得到母亲的关爱，那这种关爱对儿童的成长就几乎不起什么积极作用了。心理学家对三个月到一岁的孤儿院儿童进行了观察研究，研究发现许多儿童在与护士分离之前已表现出分离时的行为倾向，他们不断哭泣，并表现出对周围环境的回避与退缩、对外在刺激缺乏敏感回应和睡眠困难等特征。在这种集体养育的环境下，儿童无法体验母亲的关爱，随着年龄的增长，儿童的抑郁感与焦虑感迅速加深。有相当多的心理学家强调包括亲子关系在内的一系列早期经验在形成依恋中的重要作用，其中隐含着心理学界长期持有的观点：儿童年龄越小，接受他所经历事件的影响就越大。

2. 儿童方面的因素

0～3岁儿童一出生就会表现出一些个人特征，儿童早先的这些气质特征很可能影响父母对他们的印象与态度：有的儿童见人便笑、喜欢被人抱（即容易型儿童），他们更容易赢得成人的欢心，从而更易于建立良好的母婴互动关系；而有的儿童则表现出不愿意被人抱，不易被抚慰的特征，这样的儿童就可能遭受冷落，与人交往的机会也大大减少。在安全依恋形成的过程中，儿童并不是完全处于被动地位，儿童的个人气质也起着作用。养育者对不同气质的儿童会做出不同的反应，因而直接影响到依恋的"质"。比如那些"困难型儿童"，整天吵闹不止，吃、喝、拉、尿、睡无规律，极少露出笑容，就较难引起母亲或其他养育者的依恋之情。对那些久哭不止、哄也哄不住的儿童，久而久之，父母容易慢慢地丧失信心，对儿童会显得很不耐烦。

贝茨对困难型儿童的母子关系进行了调查[②]。结果发现，母亲对12～18个月的困难型儿童提出的社会性要求和训练较少，这导致困难型儿童到18个月时抚育更加困难；2岁以后，困难型儿童的气质特征对母亲的影响最大。此时，母亲更多地采用警告和禁令，态度生硬。为此儿童的反抗增多，导致母婴之间的冲突增加。由此可见，要让这些儿童也能获得安全依恋，养育者必须更敏感、更耐心。

（五）依恋的影响作用

和母亲等养育者之间所形成的不同的依恋类型，会给儿童今后的发展带来什么影响呢？研究依恋的一些学者相信，儿童与他人最初的关系，尤其是与他们的父母或其他主要照料者的关系，阐明了儿童的两项基本需求：首先，照料者的陪伴减少了儿童对新的或具有挑战性的环境的畏惧，使儿童能

---

① Bowlby J. Attachment and loss: Vol. 1 Attachment [M]. New York: Basic books, 1969.
② Bates, J. E., Maslin, C. A., & Frankel, K. A. Attachment security, mother-child interaction, and temperament as predictors of behavior-problem ratings at age three years [J]//I. Bretherton & E. Waters (Eds.), Growing points in attachment theory and research. Society for Child Development Monographs, 1985(209): 167-193.

够带着信心去探索,并能够适当处理自己的应激;其次,依恋关系增强了儿童的能力感和效能感,成人依随的反映增强儿童能够影响他人和影响世界的意识。① 总体而言,依恋关系有利于培养儿童早期学习中重要的探究行为,并能促进父母对儿童学习的支持,但最一贯和持久的影响还是在于儿童的社会和情感的发展。

一些研究结果表明,那些与母亲之间形成安全依恋的儿童,容易对母亲以外的人发展积极的、合作性的关系。同时,安全型依恋的儿童可能会对不熟悉的人做出更积极的反映。概括地说,有安全依恋的儿童,日后的发展会比较好。例如,曾在1岁时被测定为"安全型"依恋的2岁儿童与被划分为非安全型依恋的2岁儿童,对他们3岁时在幼儿园的同伴关系进行研究表明②,当时被测定位"安全型"依恋的儿童3岁后,很多成了同伴中的领袖人物,受到同伴的欢迎。这种现象维持到4～5岁。当时被测定为"安全型"依恋的儿童后来往往表现出很强的好奇心,对大人也较少出现抵抗情绪。里娃(2011)的研究显示,相对于回避型婴儿,安全型婴儿更多使用积极的社会参与型的情绪调节策略③。

这些研究启示是让婴儿获得安全依恋十分重要,这将影响他们以后一生的发展。但我们需要同样意识到,早期依恋关系的影响是暂时性的、有条件的,是随着其他心理社会发展的影响因素,随着父母—儿童关系自身的继续或变化而发生变化④⑤。在生命的最初几年,安全或不安全的依恋关系是可能发生变化的。例如:一个起初发展了不安全依恋关系的儿童,可能有机会对同一个照料者产生安全信任感;家庭环境的变化,如一个弟弟或妹妹的诞生,或者家庭面临较大的压力,也有可能改变儿童依恋的性质(Cumming Davis,1994a;Teti 等,1996a)。因此,不能断言早期依恋的安全性的影响一定会持续,除非这种性质的依恋在今后的岁月中一直保持不变。早期依恋的这一不稳定性使得很难对依恋的长期效果进行追踪,最多只能得出这样的结论:早期安全依恋的作用是有条件的,它们使儿童更有可能得到适应性发展,但是随后的经历和关系可以改变这种长期的影响,甚至有时候这种改变是实质性的。⑥

(六)多种依恋——父亲的特殊角色

除了母亲以外,18个月以后,儿童还能与其他熟悉的人建立依恋关系,如父亲、兄弟姐妹、祖父母以及托幼机构的保育员或是专门的抚养者。鲍尔比认为儿童倾向于向一个特定的人寻求安慰,尤其当他们沮丧时。当一个焦虑、不高兴的一岁儿童要在母亲和父亲之间选择一个安慰着和安全感的来源时,儿童通常会选择母亲,这种偏爱在第二年后减少。依恋对象的丰富使儿童的情绪生活和社会生活丰富起来。

父亲和母亲在抚养儿童的过程中,对待儿童的方式是不同的。母亲花更多的时间照顾儿童的身体,表达对儿童的感情,而父亲则会花更多的时间与儿童玩游戏——这是一个他们与儿童建立安全依

① [美]杰克·肖可夫,[美]黛博拉·菲利普斯.从神经细胞到社会成员——儿童早期发展的科学[M].江苏:南京师范大学出版社,2007:195.
② KA Park,E Waters.Security of attachment and preschool friendships [J].Child Development,1989,60(5):1076-1081.
③ 卢珊,胡若时,王争艳.婴儿情绪调节的发展:看护者的作用[J].首都师范大学学报(社会科学版),2012(6).
④ L. Alan Sroufe,Byron Egeland,Terri Kreutzer. The Fate of Early Experience Following Developmental Change:Longitudinal Approaches to Individual Adaptation in Childhood [J]. Child Development,1990,61(5):1363-1373.
⑤ L. Alan Sroufe,Carlson, A. K, and B. Egeland. Implications of attachment theory for development psychopathology [J]. Development and Psychopathology,1999,11(1999):1-13.
⑥ [美]杰克·肖可夫,[美]黛博拉·菲利普斯.从神经细胞到社会成员——儿童早期发展的科学[M].南京:南京师范大学出版社,2007.

恋的重要情境。母亲更多地向儿童提供玩具,和儿童交谈并参与传统的游戏,而父亲倾向于参与更有刺激性的、大幅度的身体弹跳和举起游戏。父亲为儿童提供了大量的刺激,尤其在和男孩子的互动中更是如此。

父亲是儿童性别角色及认知正常发展的重要源泉。诸多研究表明,父亲对儿童性别角色的发展具有极为深刻的影响。父亲积极参与儿童交往,有助于儿童对男性和女性的作用及态度有一个积极、适当、灵活的理解[①]。同时,父亲也影响着儿童认知的发展。美国医学专家海兹灵顿研究指出,因父母离异而缺少父爱的儿童,其认知能力和完整家庭儿童差异明显。心理学家麦克·闵尼指出:一天中与父亲接触不少于 2 小时的儿童,比那些一星期内接触不到 6 小时者,智商更高。

然而,这种"母亲作为抚养者、父亲作为同伴"的模式在现代社会的一些家庭中正在悄悄地发生变化,这与女性社会地位、职业生涯的变化有关。研究发现,在职母亲比专职妈妈更多地参与儿童的游戏刺激,而他们的丈夫也会更多地参与抚养。当父亲是主要抚养者时,他们依然保持刺激的游戏风格。这些更多参与抚养工作的父亲较少有传统的性别观念,而且具有同情心和积极友好的个性品质。他们年幼的时候,他们的父亲可能也参与了对他们的抚养,他们将父子关系看作是丰富的、有意义的经历。与母亲的情况一样,父亲与儿童的情感关系的性质同样对于儿童的适应性发展和身心健康极为重要,可能会影响父亲日益增多的参与和责任所能给儿童带来的益处。

二、同伴关系

与其他儿童建立关系是儿童发展中一项重要的任务(Rubin 等,1988)[②]。0~3 岁儿童逐渐从对父母的依恋发展到与同伴的社会交往。与儿童在家庭中与父母形成的"垂直关系"不同,儿童与同伴形成的是"水平关系"。这种关系更能体现出地位平等的特点。同伴之间没有权威,可以更自由地尝试新角色、新想法、新的行为模式。

0~3 岁儿童之间的交往行为具有自己独有的特点,是儿童社会性发展的重要内容。在儿童发展心理学领域,同伴是指儿童与之相处的、具有相同或相近社会认知能力的人。年龄相同或相近的儿童,在某种共同活动中体现出的相互协作的关系,就构成了儿童的同伴关系。

与同伴的交往使儿童在更大范围内体验一种全新的人际关系,这是他们发展社会能力、提高适应性、形成友爱态度的基础。此外,同伴关系对儿童情感、认知和自我意识的发展也具有独特的影响。如果早期同伴关系不良,不仅影响儿童当时的发展,而且还影响儿童今后的适应。但是,有礼貌地玩耍,与其他儿童交朋友,作为其他儿童的好朋友,对于年幼儿童都不是容易的事。这些任务对儿童的认知和情绪发展有着越来越高的要求。下面首先介绍相关理论。

（一）群体社会化理论

社会学家认为,同伴关系对人的行为和个性特点的形成非常重要。但心理学家从发展的角度研究这个问题则是近 20 年的事情。长久以来,在儿童社会性发展的环境因素的研究中,许多发展心理学家都强调父母或家庭环境对儿童发展的重大影响。然而随着研究的深入,越来越多的学者开始质疑这种观点。哈里斯(J. R. Harris)根据自己在儿童发展领域的多年研究,提出了群体社会化理论(A

---

① 庞丽娟,李辉. 婴儿心理学[M]. 杭州:浙江教育出版社,2003.

② Rubin,K. J. and R. S. L. Mills. The many faces of social isolation in childhood [J]. Journal of consulting and Clinical Psychology 1988,56(6):916—924.

group socialization)，简称GS理论①。

哈里斯从六个方面提出了GS理论的基本观点：（1）情境特殊性的社会化和人格发展。认为儿童分别学习家庭中的行为和家庭外的行为，学习的方式和依赖的强化都不相同。（2）家庭外社会化的来源。认为家庭外的社会化就是发生在同龄群体或青少年团体的各自性别群体中。（3）文化通过群体过程传递。父母并不直接将文化传递给儿童，而是从父母同伴群体传递给同伴群体，文化首先经过儿童群体的过滤再传递给个体儿童。（4）群体间的发展过程拓宽了群体间的差异。当儿童确认了某个群体并以群体成员自居时，他们会具有强烈的群体认同感，会更喜欢自己的群体，伴随对群体外的敌视。（5）同化与分化。群体确认在其他群体存在时变得很突出。群体内同行与群体内分化并不互相排斥，儿童在某些方面变得与同伴更相似，而在另一些方面则更不相同。（6）群体内部的发展过程加大了群体成员个人之间的差异。群体内的地位等级——支配或社会权力的差异在人类社会始终存在并对人格产生长期的影响，同伴群体内的社会比较为儿童提供了关于自己优势与弱势的信息。

该理论提出了很多不同于传统认识的观点，GS理论认为儿童家庭内行为和家庭外行为不存在联系，是两个独立的行为系统。同时，群体的文化通过父母同伴群体传递给儿童同伴群体，父母的行为也不再影响儿童社会化发展，儿童主要受同伴行为以及儿童在家庭外行为方式的影响（这种方式受同伴群体准则的影响）。有同伴群体激励的行为是儿童家庭外行为系统的一部分并成为人格永久的一部分。作为一种理论假设，GS理论提出三个主要效应和两个次要效应增加了儿童人格的个体差异。它们分别是：群体间对比、群体内地位差异、群体内社会比较、家庭内地位差异和家庭内社会相似、比较。这五个效应减去群体内同化，可能解释所有的环境差异。哈里斯的群体社会化理论对于转换研究视角、改变研究思路很有意义。它启发我们，要从另一个有别于家庭的巨大的儿童生活成长的环境—同伴群体来思考儿童的社会化过程。

（二）同伴交往的作用

1. 有利于0～3岁儿童形成良好的社会适应性

亲子关系中的儿童多处于被关注、被动的地位，因而不需要儿童自己去发起或维持与父母的交往。同伴关系则不同，交往双方处于平等的地位，因此需要儿童关注对方的反应态度，并提高自己的行为表现和反应灵活性，以保持顺利实现双方的信息交流，完成交往活动。在实际的交往中，一方面，儿童常常要向对方发出交往行为，如微笑、请求、邀请，从而尝试、练习社会交往技能和策略，并根据对方的反应做出调整；另一方面，儿童还要通过观察同伴的社会行为，学习对于自己而言是新的社交手段，从而丰富自身的社交行为。可见，同伴交往比亲子交往对儿童的社会交往技能要求更高，从而更能锻炼儿童的社会适应性。正是通过同伴交往过程，儿童尝试、练习甚至学习了各种社会交往技能和策略。

2. 有助于0～3岁儿童形成积极的情感

良好的同伴交往与良好的亲子关系一样，能使儿童产生安全感和归属感，从而心情愉快。研究发现，当儿童处于困境，比如遇到危险、有了难题、受到欺侮时，同伴的帮助常常是其摆脱困境、恢复平

---

① Judith Rich Harris. Where is the child's Environment? A group socialization theory of development［J］. Psychological Review，1995，102(03)：458-489.

静、获得愉悦的有力途径。良好的同伴交往,经常表现出明显的愉快、兴奋和无拘无束的状态,并且更自主地投入各项活动中去。同时,儿童可以在同伴游戏中宣泄并调节不良情绪,在摔痛或需要玩具、帮助时得到同伴的关切、抚慰和帮助,从而平衡自我的心理状态。同伴交往是儿童的一种情感依赖,对儿童发展具有重要的情感支持作用。

3. 有利于0～3岁儿童认知能力的发展

同伴交往为儿童提供了大量彼此协商、相互讨论的机会,有助于儿童扩展知识,丰富认识,发展解决问题的能力。同时,儿童在与同伴交往理解中,逐渐学会与同伴相处,认识别人,了解别人,理解别人,约束自己,改变自己不合理的想法与行为模式。因此,同伴交往还能够帮助儿童克服认知上的自我中心状态。

4. 有利于0～3岁儿童自我评价和自我调控系统的发展

同伴交往为儿童自我评价提供了有效的对照标准,使儿童通过对照更好地认识自己,这是儿童最初的社会性比较。他为儿童形成积极的自我概念打下了最初的基础,如"我比你快""你没我好"等。

同伴交往还为儿童对行为的自我调控提供了丰富的信息和参照标准。儿童在交往中发出的不同行为,往往会招致同伴的不同反应。正是从同伴的不同反应中,儿童不仅可以了解自己行为的结果和性质,还可以了解自己是否为他人所接受,从而调整自己的行为。因此,同伴的交往特别是期间同伴的反馈,对儿童自我调控系统的发展具有积极的意义。

（三）同伴关系的发展

同伴关系的发展经历了以下三个阶段。

1. 客体中心阶段

0～1岁儿童的相互作用主要集中在玩具或物体上,而不是同伴本身。早在2个月时儿童就开始对其他的宝宝感兴趣。当出生没多久的儿童看到其他儿童时会显得很兴奋,如果有机会的话,他们会热心地盯着彼此看;3～4个月时,儿童能够互相触摸和观望;6个月时能向同伴微笑和发出"呀呀"声。但是这些反应并不是真正的社会性反应,即使10个月之前的儿童在一起,也只能把同伴当作物体或活动的玩具来看待,相互抓扯,咿咿呀呀说话。随着儿童行走能力的提高,他们会爬向对方或跟在对方身后。1岁时,儿童之间出现了许多社交行为,如大笑、打手势和模仿。在整个第一年期间,大部分社交行为是单方面发起的,他们还不能主动追寻或期待从同伴那里得到相应的社会反应,如一方的注视或者微笑并不总能引起对方同等的反应。[1]

2. 简单互相作用阶段

12～18个月的儿童开始出现某些带有应答性特征的交往行为。此时,儿童已经能对同伴的行为做出反应,如互相拍对方或给对方拿玩具等,并试图去控制对方的行为。比如,A由于不小心撞疼了自己的手而大哭起来,B看见A在哭,也跟着哭起来。这时,A看见B跟着他哭,觉得很好玩,哭声更响了。

3. 互补的相互作用

12～18个月后,同龄儿童之间互补的相互作用出现了,多以奔跑、蹦跳、追逐或敲击玩具中的相互模仿形式出现。这些相互模仿、轮流游戏等互动促进了儿童对自己和他人的理解,有利于语言交流能

---

[1]　张文新.儿童社会性发展[M].北京:北京师范大学出版社,1999.

力的发展。儿童的同伴交往比较复杂,模仿行为也更加普遍,并且发展出互补和互惠的游戏角色。在发生积极的互相作用过程中,也会伴有消极行为,如儿童互相抓脸、揪头发和争夺玩具等。

具体而言,0~1岁期同伴交往的发展历程大致如下。

第一年:注视中形成同伴意识。

儿童在第一年的社会能力发展大大超乎我们的想象。他们很早就对同伴发生兴趣,最初的行为是注视和触摸。在2个月大时,同伴的出现会引起儿童的注意,并且互相注视。这时一直到6个月之前,儿童对同伴的行为还不具有真正的社会性质,他们可能只是将同伴当成物体或活的玩具看待,如他们经常会不顾对方疼痛抓对方的头发、鼻子等。另外,他们还不能主动追寻或期待从同伴那里得到相应的社会反应,这时的行为往往是单向的。到6个月大的时候。儿童就会对同伴微笑,向同伴发出"呀呀"声。这样的行为通常会得到对方一样的回应,这就是简单的具有社会性的互相反应。第一年末,儿童彼此注视同伴的次数增加,他们互相微笑,用手指点,发声示意,还出现相倚反应。1岁以后,同伴间互相协调的互动行为的频率进一步增加,其中最主要的是在互相嬉戏中的模仿行为,为以后发展合作性的同伴活动打下了基础。

但是,对这一时期的儿童来说,最为重要的社会关系还是依恋,尤其是母子依恋。与此同时,依恋对于同伴关系也发挥着重要的作用。研究表明,儿童与同伴最初的互动方式,是在与母亲早期所建立的互动形式的基础上发展起来的。儿童和母亲的依恋质量也是影响他们与同伴互动的一个主要因素。安全依恋的儿童,在与同伴互动的过程中,更容易表现出自如与大胆。这是因为他们把母亲作为一个安全基地,有这个牢固的基地,他们自然也就放心大胆和随心所欲。

第二年:互动中深化同伴关系。

到了第二年,学步儿童在社会性发展领域出现了有纪念意义的进步。随着运动能力的提高和语言交流能力的出现,学步儿童的社会性交流变得更加复杂,同伴间互动的时间也随之增长。大约2岁时,儿童会使用语言交流来影响同伴的行为。学步儿童的玩耍开始有组织地围绕特定的主体,即"游戏"。这时儿童之间出现了较多的互惠性游戏,在游戏间互换角色,并逐渐学会轮流扮演角色。第二年末,许多儿童花在社会性游戏上的时间比单独游戏要多。有时即使母亲在场,他们也更愿意和同伴一起玩而不是和母亲在一起。在活动中,儿童逐渐将玩具融入游戏,能够同时注意到物体和同伴。典型的学步儿童的游戏包括互惠的模仿,这个时期的儿童不仅愿意模仿同伴的行为,而且也意识到同伴对他感兴趣,也就是同伴知道自己正在被对方模仿。互惠模仿在第二年迅速增加,为今后出现的合作性交流打下基础。互动的游戏和积极的情绪在儿童与熟悉的同伴之间的相互作用中尤其频繁,这说明他们建立了真正的同伴关系。

生活场景再现

快2岁的豆豆的邻居家有个与她相差1个月的弟弟源源,有时豆豆去源源家,有时源源又会到豆豆家里来玩。但是通常他们都是各说各的,互不理睬,只有当家人鼓励时他们才会短暂地接触一会。看到豆豆玩一个玩具,源源会注视玩具或者直接过去抢,有时也会一起拍鼓,豆豆有时候会把源源够不到的玩具递给源源。有一次源源不小心摔倒了,豆豆立刻跑过去拍拍源源的脸,吹吹伤口说"不疼不疼"。每次两个人分开则会哭闹一会,才肯分开。

学步儿童的发展和对他人、社会的理解以及社会互动能力逐步增强,他们与同伴或者成人的交往是以物为中心的,可能慢慢开始出现导致他人烦恼的行为,如与同伴争夺玩具。因此豆豆和源源一起玩的时候还是各玩各的,没有直接的交流,但与1岁之前相比,豆豆的社会技能进一步发展,能够观察到同伴的情绪,表现出初步的移情能力,做出相应的亲社会行为,他们还能够模仿大人的一些行为,因此当豆豆看到源源摔倒时会模仿大人来抚慰源源。

第三年:出现最初的友谊。

2～3岁时,儿童开始与同伴建立友谊,他们对朋友和对仅仅是认识的人,反应会有很大的不同,与朋友间的社会游戏比与仅仅是认识的人之间的游戏更积极,表现出更多的情感表达和相互赞许。很多亲社会行为也首次出现在这个阶段。3岁的儿童就可能会愿意放弃自己宝贵的游戏时间,去做一项乏味的工作,只要他们认为这样做对朋友有利就好;3岁的儿童对朋友的沮丧所表达的同情比对只是普通认识的人更多,他们也更愿意试着去安慰朋友的消极情绪;2～3岁的儿童在面对陌生情境中的新异刺激时,如有朋友相伴,他们就会表现出比与只是认识的人相伴时,有更多积极反应,也许是因为朋友的在场降低了他们对不确定性情境的恐惧。所以,在0～3岁儿童阶段的友谊已具有互相照顾和情感支持的特征,但儿童要在多年后才能说出好的友谊具有哪些特质。

在与同伴的交往中,学步儿童的社会技能进一步发展,包括与同伴协调行为的能力;模仿同伴行为的能力,并且当同伴模仿增加时意识到被模仿的能力;表现出帮助和分享行为;根据同伴的特点做出恰当反应的能力;在对同伴做出反应后,观察和等待同伴也做出反应时学会交流的次序;等等。这个年龄段的儿童还没有发展出真正以交流、沟通为中心的人际关系。

视野拓展

婴儿(0～12个月)发展适宜性的社会/情感环境建立的互动实践

来自成人亲切而又敏感的回应对婴儿形成最初的重要关系非常必要,儿童很多方面的健康发展都是从这一重要关系开始的。成人的亲切回应有利于婴儿信任感、依恋感和情感反应的发展。成人对0～12个月婴儿的亲切回应表现为对婴儿的尊重、敏感回应、亲密的身体接触、重复与一致的照顾方式,以及认识到婴儿在建立社会关系方面的局限性。[①]

尊重

看护者必须尊重婴儿的需求,把他们的需求看作是真实而又重要的。

对回应婴儿来说,不适宜的实践包括:

---

① [美]卡罗尔·格斯特维奇. 发展适宜性实践——早期教育课程与发展[M]. 霍力岩等,译. 北京:教育科学出版社,2011.

- 忽视婴儿的哭闹、反应或主动行为;
- 当成人想要进行常规的看护工作时,不与婴儿交流,直接打断他们的游戏;
- 强迫将陌生人的注意力加在那些不情愿的婴儿身上;
- 不考虑婴儿的感受,分散他们对自己感受的注意力或者忽视他们的感受;
- 忽视在婴儿看护上的文化差异;
- 将婴儿看作可爱的小东西,比如将游戏帽放在他们头上戏称他们看上去多"可爱"。

回应的敏感性

随着每个婴儿学会对来自他人的信息作出解释,相互关系也就逐渐建立起来。即使非常小的婴儿也有自己的气质风格与反应速度,有自己的情绪和感受。依恋是成人和婴儿之间的双向互动过程,每一方都必须留心另一方的独特信号和风格,对差异的敏感性与安全型或非安全型依恋相关。

当成人学会解读每个婴儿所表达出的信息时,他们就能够调整自己的行为来适应婴儿不同的需求和性格(Greenspan,1989)。

在敏感回应方面,不适宜的实践包括:

- 将成人关于游戏和互动的想法强加在婴儿身上;
- 看护风格不适于婴儿,让婴儿感到害怕;
- 在互动过程中,不给婴儿机会来主动发起互动,成人过于强势;
- 忽视与家长形成互相支持并分享信息的伙伴关系。

【家园共育协调点】

当儿童哭泣时要立即抱起他吗?因为婴儿的哭泣就是在向母亲传达自己的需求。此时,母亲如果因为喂奶的时间还没到,觉得让他哭一下,可以培养婴儿的独立性而不管他,也许过一会儿童就不哭了,但这样一来,儿童就不知道用什么方法来向外界传递自己的心情,也无法学会忍耐,更不能和母亲建立良好的关系。儿童在同照顾者不断交往中形成了一种内部工作模式,即对他人和自我的一种认知表征,用以解释事件和形成对人际关系的期望。积极、敏感、有回应的照顾会使儿童认为他人是可以依靠的,而不敏感、忽视甚至虐待的照顾方式将导致儿童的不安全感和信任的缺乏。依恋的质量会影响儿童对未来人际关系的期望,具有积极的自我工作模式和积极的他人工作模式的儿童表现的更为自信,在青少年阶段成绩更好,社会技能也发展得更好,对同伴的表征更为积极,有着更亲密和更具有支持性的友谊。

在一次针对3岁左右儿童的家长讲座前,笔者在整理64位家长提交的家庭教育的难题中,有18位家长提到儿童的"任性"问题:小孩不听话;任性;顶嘴;纪律性不强;人越多越人来疯;遇事按自己的意思去干,否则就会哭和要打人;不愿意与别人分享自己的东西;家长的话根本不听;儿童特别固执、不可理喻;不知道如何让儿童顺理成章的听从父母安排;等等。这反映了部分家长以控制儿童为主要目的,对其自我意识发展没有科学的认知。3岁左右的儿童,由于自我意识的发展,主观能动性越来越强,对成人的要求、安排、训斥、惩罚等常执拗、任性、逆向而行,这就成为家长认为的儿童的逆反心理,亲子冲突也会有所增加。婴幼儿自我控制能力的发展使他们能更好地控制自己的行为,也使他们更有"主见",家长需要更多关注儿童"任性"的原因。如:空间太少或者开放的空间太多,材料或设备太少或者太简单或者太难,过度要求分享,长时间或者经常性地静坐,总是要求儿童只是听而不是让他们直接参与等。基于不同的原因,应给儿童提供积极的引导,形成良好的亲子互动。

【0~3 岁儿童教育机构看点】

0~3 岁儿童在机构中活动时,常常会出现抱着妈妈不愿意参与活动或者到处闲逛、注意力在集体活动之外的现象。有的家长会不接受儿童的自我诉求,以生气来回应他们,因为儿童的抵抗和说"不"而惩罚他们。此时机构教师应该指导母亲不要有强迫儿童参与活动或者威胁如果不参与活动母亲就离开等言行。指导家长观察儿童,明白他们为什么抵制参与集体活动,尊重儿童的自我意识,给予儿童自主选择的权利,但不过于干扰别的儿童参与活动。同时,提示家长之后帮助儿童适应机构环境。

在 0~3 岁儿童教育机构中,有的儿童比较灵活,有的儿童反应较慢;有的比较容易大哭大闹,有的比较温和;有的儿童第一次就学会了,有的儿童几周还没有进步,每个幼儿的表现都会不太一样。机构教师不应要求儿童都有一样的行为表现,期许儿童达到同样的水平。仅在气质类型上,儿童就有不同的类型表现,需要接纳每一个儿童,根据儿童不同的气质特点予以针对性的指导。

【请你思考】

1. 托马斯和切斯把婴幼儿分为哪几种气质类型? 这种气质分类模式与玛丽·罗斯巴特和詹妮弗·莫罗气质模式有何不同?

2. 如何理解托马斯和奇斯提出的拟合优度模型(Goodness-of-fit Model)?

3. 气质具有稳定性吗? 目前在养育实践中如何有针对性地对待具有不同气质的儿童?

4. 同伴相互作用类型可划分为哪些阶段?

5. 查找相关资料,选定一儿童,对其亲子依恋的行为进行观察,判断其依恋的类型,并给出教育建议。

【实践活动】

根据 0~3 岁儿童自我意识的年龄发展特点设计一个适宜的亲子游戏或机构活动。

【样例】

活动名称:找自己

适宜年龄:8~11 个月

活动组织者:家长

活动目标:促进宝宝的自我认识发展

活动准备:宝宝的照片 2 张,宝宝的袜子和枕头

活动过程:

1. 将一张宝宝照片粘贴到宝宝正穿着的袜子上,另一张藏在枕头下。

2. "宝宝在哪里?"指着宝宝,再指指粘在袜子上的宝宝照片。

3. 重复几次后再问"宝宝在哪里",鼓励宝宝指向袜子上的照片。

伴随语言:

宝宝在哪里啊? 宝宝在这里。

宝宝在哪里啊? 宝宝在这里。

活动建议:

可能宝宝会一时不能理解照片里的孩子是自己,没关系,可先给他看爸爸妈妈的照片,让他理解照片上的人是爸爸妈妈。

【参考文献】

1. 周念丽.学前儿童发展心理学[M].上海:华东师范大学出版社,2014.

2. 周念丽.0～3岁儿童观察与评估[M].上海:华东师范大学出版社,2013.

3. 庞丽娟,李辉.婴儿心理学[M].杭州:浙江教育出版社,1993.

4. 刘金花.儿童发展心理学[M].上海:华东师范大学出版社,2006.

5. 孟昭兰.婴儿心理学[M].北京:北京大学出版社,1996.

6. [美]杰克·肖可夫,[美]黛博拉·菲利普斯.从神经细胞到社会成员——儿童早期发展的科学[M].南京:南京师范大学出版社,2007.

7. [美]卡罗尔·格斯特维奇.发展适宜性实践——早期教育课程与发展[M].霍力岩等,译.北京:教育科学出版社,2011.

8. [美]黛安娜·帕帕拉等.0～3岁儿童心理百科儿童的世界(第11版)[M].北京:人民邮电出版社,2011.

9. 王振宇.幼儿心理学[M].北京:人民教育出版社,2009.

10. 张文新.儿童社会性发展[M].北京:北京师范大学出版社,1999.

11. 鲍秀兰.0～3岁儿童最佳的人生开端[M].北京:中国发展出版社,2006.

12. 俞国良,辛自强.社会性发展[M].北京:中国人民大学出版社,2013.

13. [美]戴维·谢弗.社会性与人格发展[M].北京:人民邮电出版社,2012.

14. [美]琳达·杜威尔沃森.婴儿和学步儿的课程与教学[M].北京:人民教育出版社,2011.

15. [美]马乔里·J·克斯特尔尼克.儿童社会性发展指南理论到实践[M].北京:人民教育出版社,2009.

16. 李幼穗.儿童社会性发展及其培养[M].上海:华东师范大学出版社,2004.

17. 黄希庭.心理学导论(第二版)[M].北京:人民教育出版社,2007.

18. Bates,J. E.,Maslin,C. A.,& Frankel,K. A. Attachment security, mother-child interaction, and temperament as predictors of behavior-problem ratings at age three years [J]//Bretherton & E. Waters (Eds.). Growing points in attachment theory and research. Society for Child Development Monographs,1985(209):167-197.

19. Bornstein, Marc H. Arterberry, Martha E. Lamb, Michael E. Development in Infancy: A Contemporary Introduction(5th ed.)［M］. New York: Psychology Press,2014.

20. Bowlby J. Attachment and loss: Vol. 1 Attachment［M］. New York: Basic books,1969.

21. Judith Rich Harris . Where is the child's Environment? A group socialization theory of development［J］. Psychological Review. 1995,102(03).

22. Park,K. A. Waters E: Security of attachment and preschool friendships［J］. Child Development 1989,60(5):1076-1081.

23. R. Siegler, J. Deloache, & N. Eisenberg（2014）. How children develop［M］. Worth Publishers,2014.

24. Rubin,K. J. and R. S. L. Mills. The many faces of social isolation in childhood［J］. Journal of consulting and Clinical Psychology 1988,56(6):916-924.

第三模块

关系中的发展

家庭中的发展

家庭教育非常重要,家庭教育是学校教育的重要补充,可以说 0～3 岁儿童的心理发展主要依靠的是家庭教育而不是学校教育。家长用科学的教育观念去教育和关怀 0～3 岁儿童是家庭教育之根本所在。家长的教育观念和教养方式在一定程度上决定着家庭教育的质量,影响心理 0～3 岁儿童的发展。

第一节　家长教育观的影响

一、家长教育观念的内涵及对家庭教育的影响

家长教育观念是指家长在怎样教育子女的问题上形成的比较稳定的价值标准和认识。家长的教育观念随着社会文化、家庭经济收入、社会地位、家长的社会阅历以及家长的自身文化素质等方面的变化而变化。很多家长为什么教育不好 0～3 岁儿童,并非文化程度不够,知识不够,而是没有正确的教育观。中国人传统的价值观很多样,有的希望孩子出人头地,有的希望孩子光宗耀祖,有的希望孩子圆自己未能圆的梦,有的希望孩子能赚很多钱不辜负自己的培养,有的希望他们放手一搏,有的希望他们能够继承自己的事业。如果家长的教育观念不正确,就会对 0～3 岁儿童未来成长带来极大的影响,所以家长需要的是健康、科学的教育观,然后与 0～3 岁儿童共享,形成共识,促进他们全面发展。

（一）家长的儿童观对儿童家庭教育的影响

家长的儿童观就是指家长对儿童的看法、观念和态度。有些家长认为,儿童发展是被动发展的过

程,儿童没有自己的权利、地位和自主意愿。在这种儿童观的影响下,家长在实施家庭教育时,往往无视0～3岁儿童发展的规律及在自身发展过程中积极主动性的发挥,对儿童干涉、限制过多,强迫儿童完全按照父母的意愿来发展。结果导致0～3岁儿童的自由个性、积极性和主动性、创造性被压抑,缺乏自尊和自信,缺乏主见和独立判断能力,思想封闭,心智得不到充分发展。而有些家长把儿童的发展完全看成是遗传因素决定的,是自然成熟的过程,认为家长在0～3岁儿童发展的过程中起不了什么作用。这种家长在实际实施教育时,往往显得过于消极、冷漠,忽视自身在0～3岁儿童发展中的作用,经常采取一种放任自流的方式,不能根据0～3岁儿童的发展特点和要求及时有效地创造条件并适时给予引导和启发。其结果就是导致他们的学习与发展无人问津,心智能力得不到有效提升。还有些家长能充分意识到0～3岁儿童具有发展的主动性,同时环境和教育也是影响儿童发展的非常重要的因素,他们是社会的一员,有自己独立的人格、思想,享有独立的社会地位和权利,尊重他们根据自己的想法和意愿做事。这类家长在教育0～3岁儿童时,往往态度积极,能时刻关注他们的发展,了解他们的想法和需求,并能根据他们的特点以及遇到的教育问题,进行有针对性的、适时适当的引导。

(二)家长的教育观对儿童家庭教育的影响

家长的教育观主要表现为家长对在儿童发展中的教育作用和家长在教育中的角色与职能的认识,它影响着家长的教育方式和家长在家庭教育中作用的发挥。一些家长认为"树大自然直",孩子的发展是遗传决定的,教育对孩子来说作用不大,因而对孩子的行为放任不管,任其发展。尽管我们崇尚儿童的自由发展,但这并不意味着可以忽视和放任。一些家长认为我不是老师,不懂得教,所以我们只管生孩子、养孩子,至于教孩子,那是学校做的事。这是一种"只养不教"的观点,是一种不负责任、推卸责任的做法。实践中,家长应该充分认识到家庭教育对儿童发展的重要作用,明确自身在儿童成长中的作用和应承担的角色,克服"树大自然直"、放任自流、推卸责任等错误观念和错误做法。同时也要认识到教育并不是万能的,过分夸大教育的作用。

(三)家长的人才观对儿童家庭教育的影响

家长的人才观主要是指家长对子女成才的价值取向,即家长对什么是人才以及期望子女成为什么样人的认识和期望。一般而言,家长的人才观可以分为知识型、技能型、品德型、社交型、创造型和普通型等。崇尚知识技能型人才的家长,更多希望0～3岁儿童聪明;追求品德高尚型人才的家长,最重视对他们诚实品质的培养;注重社交型人才的家长,会把活泼开朗看作他们最重要的品质;侧重创造型人才的家长,更愿意鼓励他们尝试、探索、发挥想象力;而普通型的家长则不会刻意追求他们学业上的"成功",而是更多教育要踏踏实实、正常发展。一般而言,对子女的期望过高容易产生"专制型"的教育方式,家长对子女的要求过于苛刻和严厉,从而使他们产生不愉快的童年经历。而期望过低则容易造成"忽视型"的教育方式,这些不正确的方式会阻碍孩子的健康发展。

(四)家长的亲子观对儿童家庭教育的影响

家长的亲子观就是指家长对子女和自己关系的基本看法,也可以说是教养动机。有的家长将0～3岁儿童看作是自己的私有财产和附属物,把0～3岁儿童的成长和自己的命运紧紧联系在一起,其教养动机往往是为了光宗耀祖、传宗接代,实现自己没有实现的理想。在教育他们时,往往会让他们一切都听自己的,按照自己的意愿行事,这种教养方式导致他们过于顺从、缺乏独立性和自主能力。有的家长在处理自己与0～3岁儿童之间的关系时,态度比较漠然,因而在教育他们时,往往没有明确的教养动机,忽视对他们的教育。有的家长非常看重0～3岁儿童自身的发展,认为他们是独立的个体,不是父母的附属物,其教养动机主要是为了他们自身发展和将来的幸福,因而在教育中就比较容易采取民主、科学的教育方式。

二、不同群体家长的教育观念对教育行为的影响

研究家长不同的教育观念,才能理解其产生不同教育行为的原因。

（一）不同辈分的家长的教育观念对教育行为的影响

1. 祖辈家长的教育观念对教育行为的影响

家长的辈分是影响其教育观念的一个重要因素。近年来,不少0～3岁儿童的父母因出国、下海经商或为自己的事业奔忙无暇照管自己的孩子,于是把他们托给祖父母或外祖父母照管,形成了隔代家庭教育。祖辈参与0～3岁儿童的家庭教育心理状态有慈幼心理、义务心理、补偿心理、返童心理。正是由于具有以上心理状态,致使祖辈家长在抚育孙辈的过程中,感情多于理智。具体表现为老年人对待孙辈往往较多的以感情代替理智,疼爱过度。他们对0～3岁儿童的态度不能客观地认识,甚至面对他人的公平评价还要大力反驳,从而使儿童的弱点更不能得到及时矫正,导致儿童"童化心理"延长,延缓自立自主精神的树立和"老成"心态的养成。祖辈家长具体教育行为表现为以下几方面。

（1）祖辈们多从安全角度考虑,容易对0～3岁儿童保护过多

安全意识让祖辈们处处为孙辈"护驾",过度的保护限制了0～3岁儿童的自由发展空间。一种是出于对物品的安全,一种是出于对他们自身的安全,这些似乎都是为他们"好"的行为,恰恰扼杀了0～3岁儿童最初萌生的最宝贵的好奇心、最旺盛的求知欲,浇灭了他们探索未知世界的热情和兴趣,而这些正是求得他们智力发展、素质能力发展的必经之路。当然他们的安全要考虑,但也不能限制过多、过宽。如凭这种陈旧的教育观念长期干涉下去,而不懂得积极支持和正确引导,那么,对于倔强的0～3岁儿童会变得暴怒、浮躁,性格里潜藏了破坏性、反抗性等特征;而对于懦弱的儿童则变得胆小、畏缩、自卑、没有自信、不敢尝试。这都阻碍了0～3岁儿童心智的发展。

（2）祖辈们施加过多的爱容易变成溺爱,影响0～3岁儿童独立性的养成

祖辈们由于晚年孙儿绕膝,欣喜之情溢于言表,疼爱之心倾于孙辈身上。大有"俯首甘为孺子牛"的牺牲精神,事事包办、时时呵护,使"衣来伸手、饭来张口"的"小皇帝""小公主"的地位日益稳固。祖辈对孙儿施爱有加,往往心太软,导致在教育他们方面宽严不够恰当,甚至当父子之间有冲突时,往往不自觉地、不分原则地偏袒孙辈。这样做的结果容易使0～3岁儿童产生唯我独尊、任性自私、骄横无礼、以自我为中心的不良品质。同时也失去了锻炼动手能力的机会,对大人产生依赖性,独立性差,生活自理能力低下,成了懦弱、自卑、懒惰的生活低能儿。

（3）祖辈们自身活动范围的狭窄,影响了0～3岁儿童良好个性的形成

由于自身年龄原因,老人们多喜静不喜动,不仅身体上如此,性格、行为、观念上也不喜变化,不愿变通,不善更新。不喜欢孩子吵、闹、跳,而希望他安静、听话、服从、少惹事。也很少鼓励孙儿出去找同伴玩,总觉得带在自己身边更放心。由此易导致他们的视野狭小,知识面无法拓宽,缺乏应有的活力,不利于他们养成开阔的胸怀、活泼、宽容的性格,不善与人交际,与人合作,易产生孤独、敏感、自卑等心理障碍。同时,由于他们长期处于老年人的生活空间和氛围中,耳濡目染于老年人的语言和行为,这对于模仿力极强的0～3岁儿童来说,极有可能加速他们的成人化,变得"老气横秋",缺少0～3岁儿童应有的灵活、敏捷、活泼等特点。

（4）祖辈们重视营养，忽视儿童心智成长，容易造成0～3岁儿童的心灵"饥饿"

祖辈们深受传统观念的影响，大都不懂得"心"的健康的重要性。以为他们吃饱喝足了，不生病不出事就算是健康的孩子。殊不知，孩子的心理同样需要丰富的精神食粮来填充。而祖辈们只让他们在旁边陪着自己看电视，让他自己在一边看图书，其实如能有大人参与他们的世界，将提高他们的玩耍质量，丰富他们的精神生活，促进其智力发展。譬如，亲子共读、亲子游戏，与孩子谈天说地、交流思想，与孩子一起摆积木、拼图、涂鸦，做各种比赛游戏等，都能丰富0～3岁儿童的精神世界，促进他们的智力发展。而这些本该年轻父母们做的事，交给老人们去做，显得力不从心，也不见得能做好。老人们甚至看不到玩耍中的智力因素，无法理解智力与游戏的关系及其思想情感交流的重要性。这样易造成0～3岁儿童内心世界的孤独、无助，易形成孤僻、冷漠的性格特点。此外，祖辈抚养的0～3岁儿童由于很少与父母在一起，在情感上容易与父母产生隔阂，等到年龄大些的时候回到父母身边，往往对父母的感情"可敬而不可亲"，易造成两代人交流困难，父母不易走进他们的内心世界。而这种小时候的心灵"饥饿"，情感缺失，容易产生孤独、不信任、焦虑等人格缺陷。

2. 父辈家长的教育观念对教育行为的影响

父辈文化程度较之祖辈更高，思维活跃，易接受外界的新思想、新观念，在教育观念上比较理智。母亲常以自己的女性特征，如情感细腻、做事认真仔细、性情温和等来影响0～3岁儿童，母爱可以使人变得温柔、体贴，其中不可避免地包括了某些个性弱点，如软弱、胆小等性格特点。母亲教育0～3岁儿童不适宜行为包括：（1）过于溺爱或过于严厉；（2）缺乏耐心，对其不合理要求，未能坚持制止；（3）包办代替太多；（4）对教育儿童缺乏有效的方法。母亲教育0～3岁儿童适宜的行为包括：（1）重视儿童的智力开发，重视儿童的礼仪教育；（2）重视0～3岁儿童的早期教育，投入更多的时间和他们在一起；（3）尊重儿童的意见，凡事能商量着来，细心观察孩子其一切变化，及时引导；（4）正面教育，凡事以身作则；（5）深入了解0～3岁儿童，观察细致，能尽快处理孩子在生活上遇到的问题。

父亲具有意志力坚强等男性特征，父爱可以使人变得刚强、坚毅，这个角色是任何人无法替代的。父亲教育0～3岁儿童不适宜的行为：（1）过于粗暴、操之过急、急于求成；（2）把自己的情绪带到生活中来，影响0～3岁儿童心情；（3）有时候会缺少耐心，不能长时间陪伴他们玩耍。父亲教育0～3岁儿童适宜的行为：（1）不娇惯孩子；（2）擅于抓住0～3岁儿童弱点，揣摩0～3岁儿童尤其是男孩子的心理，因材施教；（3）尊重他们的意愿，善于诱导、启发，给其自由空间；（4）培养他们多方面的兴趣与爱好；（5）培养儿童顽强的意志和勇气，让他们有宽松的环境。

（二）受教育程度不同的家长教育观念不同，教育行为差异很大

家长的受教育程度是影响其教育观念的重要因素之一。所谓家长的受教育程度，主要是指家长受教育的年限、状况，父母掌握知识的深度与广度、父母的文化水平等因素，这些因素关系到其在教育子女过程中所具有的教育观念。0～3岁儿童家长的文化程度高，则文化科学素养好，有广泛的学习兴趣，有主动追求新知识和探究真理的精神。他们多数较为重视子女的教育，吸收信息时代新观念、新思想，并不断用新的教育观念指导自己的教育行为，从而增强自身的教育能力。在科学的教育方法指导下，家庭教育进入良性循环。反之，如果家长的受教育程度低，文化科学素养差，他们往往不容易接受新的观念和思想，也不容易接受科学的家庭教育观念，不重视对子女的教育，往往比较多地沿袭老一辈的做法。因此，要么对0～3岁儿童溺爱程度较高，要么放任不管，造成家庭教育的恶性循环。可见，0～3岁儿童家长受教育的程度对其教育观念产生了极大影响。

1. 受教育程度高的家长的教育观念对教育行为的影响

在家庭教育方面,高学历家长大部分都具备相当的教育素质,都形成了自己的教育观念和教养态度,也有各自的教育方法。

(1)高学历家长普遍对家庭教育的理论认识水平高

高学历家长对家庭教育的重视及责任感很强。如在家园关系方面,家长都要求"家园合作,共同教育"。他们认为,进入亲子园是孩子踏入社会的第一步,家长的责任不仅不能转移给教师,相反,家长应该积极配合教师,共同帮助0~3岁儿童成长。在教育方式方面,高学历家长大多采取比较适宜的教育方式。他们尊重0~3岁儿童的个性和独立性,经常采用说理的方法来教育他们。能注意到他们的个性和发展需要。不同的家庭生活环境会对0~3岁儿童产生不同的影响,高学历家庭教育环境存在优势,知识分子家庭由于父母文化素养比较高,能够创造良好的精神生活环境,追求和谐的家庭氛围和高尚的精神情趣。

(2)高学历家长普遍存在的两种教育期望

一类家长对0~3岁儿童抱有过高的期望值,同时相信,"教育要从0岁开始",因此,他们不注重培养儿童参与激烈的社会竞争的能力,往往只注重子女的智力开发和他们的学业成绩,却忽视了对孩子性格、气质、兴趣、意志力等非智力因素的培养。还有另一类家长,虽然也对0~3岁儿童怀有很高的期望,但他们信奉的是卢梭的自然教育理论,主张儿童教育要尽量减少束缚。他们虽不要求儿童识字、算术,但也会忽略他们良好的行为习惯、意志力等非智力因素的培养,只注意到给0~3岁儿童游戏的自由,却忽略了对他们应有的规范与社会规则意识的培养。

(3)高学历家长对家庭教育的实际操作层面存在困惑

尽管高学历家长了解和掌握了一些家庭教育原则,但在具体操作层面,还存在着很多困惑。教育理念、教养态度转化为实际的教育行为的能力还存在问题。再者,高学历家长在实际教育过程中往往存在知行不一的现象,常常在生活、交往细节方面忽略自身行为对0~3岁儿童产生的影响。比如有一些家长过于在意0~3岁儿童是否玩得开心,忘记了活动蕴涵的教育意义,忽视了在实际生活的点点滴滴中教育他们的原则。

2. 受教育程度低的家长的教育观念对教育行为的影响

家庭教育强调以亲为先,以情为主,关爱儿童,赋予亲情,满足0~3岁儿童成长的需求;创设良好环境,在宽松的氛围中,尊重他们的意愿,使他们积极主动、健康愉快地发展。但一些受教育程度低的家长他们的教育观念守旧,教育行为缺少长效,不利于0~3岁儿童的成长。

(1)家长在教育0~3岁儿童过程中少学习,靠老观念

低学历家长因为自己的学识不足,因此家长们为了实现的自己追求与梦想,或是家长之间的相互攀比,使得他们之中有的家长便根本不与0~3岁儿童商量,过早地给他们施加压力,盲目选择学习内容。而他们自己却是理所应当地我行我素,只注重言语命令,不重视言传身教;只注重他们的学习,不重视自己的充电。有的家长则认为自己的学习和生活就这样,儿童不聪明,淘气,任性都很正常,即使自己想办法管儿童,也管不了,没办法了,然后就顺其自然了,至于充实自己那更是难上加难。

(2)少长效机制

在当今激烈竞争的社会环境下,家长对于0~3岁儿童的未来,越来越多地充满憧憬。一些家长,虽然他们的收入较低,因为不愿意让他们输在起跑线上。当听说有关亲子教育的学习班,家教方法,

他们依然省吃俭用、急不可待地去学,照猫画虎地生搬硬套,注重一时的成效,并没有结合自己的家庭情况和他们的自身特点,制订长远的计划。

(3) 家庭教育中示范性差,少习惯养成

学历低的家长们所处的生活环境大多数是与之经济能力相适应的环境,菜市场、理发店、小卖店、麻将屋……在这些地方家长较难养成良好的生活习惯。所以,对0～3岁儿童的养成教育也自然不够重视。在这种环境下成长的0～3岁儿童,文明习惯易较差,待人接物易缺少规范,易在将来形成他们做事过于鲁莽;或是胆小如鼠不敢与人交流。

(4) 在0～3岁儿童品质教育中多任性,少宽容

多数家长认为自己的学历低,工作繁重,薪水不高,于是他们很希望0～3岁儿童将来能有一个好工作,不像他们一样受苦受累,于是更加宠爱自己的孩子,不想让孩子受一点委屈。当儿童以哭闹来满足要求时,家长选择等孩子哭闹结束再讲道理,讲道理之后,仍是满足他们的要求。正因为家长无原则地迁就,不能就事论事地对他们加以引导教育,久而久之,就形成儿童以自我为中心的心理,如此反复多次,儿童就学会了用任性来要挟父母,满足他的种种不合理要求。

(三) 家长不同的职业对其教育观念的影响

家长的职业也会影响其教育观念。这是由于不同的职业往往具有与职业相对应的团体文化,如医生有医生的团体文化,工人有工人的团体文化,农民有农民的团体文化,个体户有个体户的团体文化等,观念是属于意识形态范畴的,与每一职业文化相对应,就有相应的观念。观念本身是多元化的系统,家长教育观念只是其中的一个子系统,受家长职业的影响。

三、家长应树立的正确的教育观念

正确的教育观应是"亲爱儿童、满足需求、重视婴幼儿的情感关怀",应强调以亲为先,以情为主,关爱儿童,赋予亲情,满足婴幼儿成长的需求。应创设良好环境,在宽松的氛围中,让婴幼儿开心、开口、开窍;尊重婴幼儿的意愿,使他们积极主动、健康愉快地发展。

(一) 首先家庭要为0～3岁儿童创设一个良好的环境

家长教育儿童的时候请谨言慎行,童言无忌的他们才能保持自由探索的天性。父母和教师要宽容他们"胡说八道",要有足够的肚量和理解力。如果他们的做法跟你预想的不同,哪怕你认为他是在胡闹,开口的时候不妨慢一点,想想这是不是在干预他。

现在的家庭,多数为独生子女,父母事事让着孩子,连喂饭都是家长追着孩子一口一口地喂。独生子女在家庭里,没有与他"抢"东西的伙伴,缺少竞争对象。意大利诗人但丁说过:"要是白松的种子掉在英国的石头缝里,它只会长成一棵很矮的小树;但是,要是它被种在南方肥沃的土地里,它就能长成一棵大树。"这就特别强调了成长中环境的作用。小家变大家,独养变群养,做父母的要把自己的孩子送出去,把别人的孩子引进来,让独生子女多跟小伙伴们接触。同时,一个心理健康的家长要把孩子看成是独立的人,尽可能地帮助孩子成长。成长主要是0～3岁儿童的事,而不是家长的事,对于他们,家长是一个指导者、可靠的朋友和坚强的后盾,而不是指挥官、不是奴仆,也不是救星。

(二) 培养0～3岁儿童发展某种特长必须以潜能和兴趣为前提

无潜能则无基础,无兴趣则无动力。父母的兴趣未必是儿童的兴趣,父母的特长未必是他们的特长。逼迫没有"音乐耳朵"的孩子成为音乐天才,就像要让石头开花一样难以如愿。要充分利用他们

的先天优势来发展他们的智力,培养孩子的才能。比如有的0～3岁儿童天生的好嗓子,音质纯美、音域宽广,这就为培养他们成为歌手提供了条件和可能性;有的0～3岁儿童生来好观察,这就为他们学绘画、做实验提供了有利条件。根据他们的遗传素质,因势利导,让他们如鱼得水,能有效地发挥遗传优势,培养他们成为有大用之才。

（三）0～3岁儿童是延迟满足训练的最佳时期

不要儿童要什么就给什么,要让他们学会等待,懂得节制,没有延迟满足的训练就难以有自制力,而没有自制力就难以有幸福的人生。教育的奇迹是靠父母的精神引导实现的,而非物质满足。家庭要对社会环境影响进行过滤,不断培养孩子的能力。

（四）家长要有全面发展的教育观

家长要重视0～3岁儿童在发育与健康、感知与运动、认知与语言、情感与社会性等方面的发展,实施个别化的教育。同时,要充分认识到人生许多良好的品质和智慧的获得均在生命的早期,必须密切关注,把握机会。要提供适宜刺激,诱发多种经验,充分利用日常生活与游戏中的学习情景,开启潜能,推进发展。具体做法包括:

1. 为孩子提供卫生、安全、舒适,充满亲情的环境和充足的活动空间;

2. 为一岁以内的孩子提供色彩对比明显和适量的挂件、玩物和图片,经常移动变化,防止孩子斜视;

3. 提供充足的奶量和水分,按月龄添加辅食及生长发育所需的营养补充剂,引导吃各种适宜的食物,注意个别差异;

4. 干净卫生的便器,细心的观察护理,了解孩子的便意,给予及时回应。教会孩子主动表示大小便,逐步养成定时排便习惯;

5. 创设温度适宜、空气新鲜、光线柔和的睡眠环境,保证充足的睡眠时间,逐渐帮助孩子形成有规律的睡眠;

6. 提供保暖性好、透气性强、宽松适合的棉织衣物,鼓励孩子自己动手,学习穿脱衣裤和鞋袜;

7. 父母应保证每日有一小时以上的时间与孩子进行亲子交流。学会关注、捕捉孩子在情绪、动作、语言等方面出现的新行为,做到及时赞许,适时引导,满足孩子的依恋感和安全感;

8. 利用阳光、空气、水等自然因素,选择空气新鲜的绿化场所,开展适合孩子身心特点的户外游戏和体格锻炼活动,提高其对自然环境的适应能力;

9. 提供丰富的语言环境,在生活中随时随地与孩子多讲话,进行沟通交流。选择适合孩子的图书和有声读物,多给孩子讲故事,念儿歌,进行面对面的亲子阅读;

10. 选择轻柔、愉快的音乐,让孩子倾听、感受。经常与孩子一起唱童谣、歌曲;

11. 收集日常生活中的物品,提供适合的玩具,经常和孩子一起游戏,帮助他们积累各种感知经验;

12. 创设与周围成人接触,与同龄、异龄伙伴活动的机会,感受交往的愉悦;

13. 选择身体健康、充满爱心、仪表整洁、具有一定育儿知识技能的照料者;

14. 家庭与育儿机构、家庭成员之间经常沟通,相互协调,保持教养要求的一致性;

15. 在家庭中设置"儿童保健药箱",及时处理意外突发的小事件,确保孩子健康安全成长。

第二节　家长养育方式影响

家庭是幼儿个性实现社会化的主要场所,因为幼儿个性形成的最关键几年是在家庭中进行的。相对于其他时期,0～3岁儿童身心、思维的发展和成长更为迅速和显著。所以家庭教养方式对他们的成长起着至关重要的作用。

一、家长教养方式的内涵

家长的教养方式是指父母在抚养子女的日常活动中表现出来的一种行为倾向,它是对父母各种教养行为的特征概括,是一种具有相对稳定的行为风格。父母是儿童的第一任教师,父母通过具体的教养行为及态度,向0～3岁儿童传达父母对生活的态度、行为模式和价值观念等。不同类型的教养方式对0～3岁儿童的发展存在着不同程度的影响,而家庭教养方式是在父母与儿童的互动过程中形成并发展的。

正确的家庭教养方式对儿童的个性发展起到重要的作用。生活在和睦美满的家庭中,0～3岁儿童性格活泼、开朗、友爱、合作,生活在有文化教养的家庭中,他们有礼貌、举止文雅。父母勤劳朴实、待人诚恳。"孩子身上有父母的影子",有些孩子的个性正是父母或亲人的写照。在家庭中父母对各种行为的赞扬或批评使儿童渐渐懂得什么是"好",什么是"坏",什么是"对",什么是"错"。父母的言传身教、赏罚褒贬对于一个具有高度模仿性而缺乏选择能力的0～3岁儿童来说,起着个性上的奠基作用。

二、几种不同的家庭教养方式与0～3岁儿童不同的个性形成的关系

早在19世纪末,弗洛伊德就注意到了不同的教养方式对孩子的影响,他对父母的角色做了简单的划分:父亲负责提供规则和纪律,母亲负责提供爱和温暖。后来帕森斯(Parsons)发展了弗洛伊德的观点,并把这个问题与家庭角色及性别联系起来,认为女性善于表达,情绪比较敏感,适合处理与孩子间的关系;而男性指导性强,适合制定规则。最早研究父母教养方式对儿童社会化影响的美国心理学家西蒙(P. M. Symonds,1939)提出亲子关系中的两个基本维度:接受——拒绝,支配——服从。而最具影响的是美国心理学家Baumind(1967,1991)的研究,他采用家庭与实验室观察研究,提出了父母教养方式的两个主要维度——要求和责任,并由此组合成了权威型、专制型、溺爱型、漠不关心型等四种教养方式。我国教育学家以及心理学家对家庭教养方式的研究多采用Baumind分法,各教养方式表现如下。

(一)民主型

民主型父母给0～3岁儿童自由发展空间,平等地对待、尊重和信任他们,能与其相互沟通,交流各自的看法,鼓励他们上进,他们可以按照自己的爱好和兴趣发展,父母也为他的发展提出建议,理性地指导他们成长,对其缺点、错误能恰如其分地批评指正,以提高他们的认知能力。父母遇事总是先给孩子讲道理,从不打骂。即使有时候父母错了,也会真诚地给他们道歉。实践证明,在温暖、民主、宽松的家庭中成长,能使0～3岁儿童的个性得到充分发展,也容易产生发挥自身潜能的动力,在学习

上表现出的主动性也较强。

生活场景再现：进步的嘉义

嘉义生于知识分子家庭，幼儿园托班，家长非常注重他的教育。一天，嘉义奶奶发来的短信："老师，今天嘉义说他在幼儿园把饭全吃完了。你要对他进行适当的鼓励，维持他的成就感。另外，你也可以在全体小朋友面前对他进行表扬，进行正面强化。"从这条短信可以看出，奶奶对教育挺在行。老师没有简单地回复"好的"二字以示同意，而是诚恳地说："嘉义奶奶，感谢您给予我们的建议。嘉义这两天吃饭有很大的进步，为此我们不仅在集体面前表扬了他，还奖励他'大拇指'贴纸，让他感受到老师对他进步的肯定。我们告诉他，如果明天能把每一样菜都吃完，我们会给他一个大大的拥抱。"

这条短信内容既表达了对家长意见的尊重，又进一步表明了对他的期望和要求。这种教养方式最有利于他的成长，在这种家庭教育下成长的0～3岁儿童，易于形成健全的个性，身心发展都会比较健全，自我接纳程度比较高，自信心比较强，容易形成敢想、敢说、敢干的创新精神和实践能力。

（二）专制型

专制型的父母在家里操纵着子女的一切，用权力和强制性的训练使0～3岁儿童听命于家长，享有无上的权威。父母从来不考虑子女的思想感受，只从父母的主观意志出发，总是代替子女思考，强迫子女接受自己的看法和认识，子女必须要按照父母的认识和意志去活动，不能超越父母的指令。这种类型的父母对子女要求过分严厉，有过高的期望，缺少宽容，有太多的限制，过多的不允许，教育子女的语言和方法简单，态度生硬。

生活场景再现："打"不是有效的教育

托班有个小朋友名字叫天天，这个孩子聪明活泼，但有打人的习惯，把小朋友打哭气哭是经常发生的事，班级的教师对他批评又教育，可是一转身的功夫，他就又忘了，遇到不合意的事上手就打，这真让人头疼。这一天，在涂色的时候，他故意用把颜色涂到旁边小朋友脸上，王老师发现后赶快制止，并大声训斥了他，他仰着头很不服气，老师决定把这件事告诉他的家长，请求家长来对他进行教育。离园时，他的爷爷来接他，王老师向他爷爷说了此事，本想和他一起找出办法，可谁知平时挺和蔼的爷爷突然上前对着孩子就一耳光。老师赶紧把孩子拉到一边，看着天天惊恐的样子，又看到他爷爷的举动，老师突然明白了为什么孩子喜欢用"打"来解决问题。

专制的父母常对0～3岁儿童实施"高压政策"，强调绝对服从父母的意志，对他们的日常活动干涉过多，管教过于严厉。教育中对他们态度生硬、方式方法简单，只从自己的主观意志出发，强迫子女接受自己的看法与认识。他们用命令式的言行使他们接受自己的看法和认识，经常以打骂、体罚来使

其就范。这种教养方式下的0～3岁儿童经常处于被动、压抑状态,缺乏自制能力,往往会形成两种截然不同的个性:一种表现为顺从、懦弱、缺乏自信、孤独、性格压抑,心理自卑,遇事唯唯诺诺,缺乏独立判断和处理的能力;另一种表现为逆反心理强、冷酷无情、有暴力行为。通常他们在学习方面处于被动,成绩很差。持这种教养方式的父母往往强迫0～3岁儿童按自己的意愿办事,不容许他们有差错或失误,频繁采用惩罚来强制执行。在这种家庭中成长起来的0～3岁儿童缺乏安全感和归属感。

（三）溺爱型

持这种教养方式的父母把0～3岁儿童放到特殊的地位,一切服从、服务于0～3岁儿童,不适当地满足他们生活上的要求和欲望,处处迁就,事事代劳。

生活场景再现：娇气的宝宝

形形妈妈是全职妈妈,生怕孩子在亲子园里饿着、渴着,所以每天接孩子时总带着吃的和饮料,导致形形每天下午几乎不怎么吃饭。有时形形妈妈送了孩子,不走人,扒着门缝偷着看,被老师发现了,引起其他孩子的好奇,影响了上课活动。

长期的溺爱型教育方式会导致0～3岁儿童形成极度懒惰的作风,自理能力差,易养成对旁人指手画脚、一切以自我为中心、不求进取、不努力的不良个性。这种抚养方式下成长起来的0～3岁儿童表现得很不成熟,当要求他们做的事情与愿望相背时他们几乎不能控制自己的冲动,常以哭闹等方式寻求即时的满足,对于父母他们也表现出很强的依赖和无尽的需求,而在任务面前则缺乏恒心和毅力。他们往往情绪不稳定,自私自利,自傲或自卑,缺乏自信,容易形成依赖、懦弱、自卑的性格。当他们长大后面临迥然不同的社会竞争时,则会无力承受任何心理上的挫折而缺乏自信心和独立性。

（四）放任型

放任型父母对0～3岁儿童既缺乏爱的情感和积极反应,又缺少行为的要求和控制,亲子间交往甚少,父母对他们缺乏基本的关注与了解,对其一切行为举止采取不加干涉的态度,给0～3岁儿童一种被忽视的感觉。这样的父母认同"树大自然直"的观念,对其采取漠不关心、放任自流的教养方式。这种现象多存在于工作繁忙、交际应酬多、业余时间少的父母,家长一心扑在自己的工作学习上,很少与儿童交流沟通,忽视他们的内心世界和需要。对他们的行为与学习不感兴趣,很少关心。

生活场景再现：神经性遗尿的巍巍

巍巍近来频繁地上厕所,还有一天5次把小便尿在裤子上。老师和保育员仔细观察他小便的情况,发现他小便量少且频繁,便马上与其家长联系。但是巍巍妈妈表现出一副无所谓的样子,说:"没关系,小孩子贪玩忘记小便是正常的。"老师没有放弃,继续观察巍巍的小便情况和情绪反应,记录下来交给家长。并提醒家长,孩子小便频繁可能是生理或心理上的疾病,且提出经常性的遗尿可能对孩子心理产生不良影响,建议家长带孩子去看医生。在教师的执着劝说之下,巍巍妈妈终于带孩子去了医院,医生的诊断是神经性遗尿,需要吃药调理。

放任型教养方式下的儿童容易形成冷漠、自我控制力差、易冲动、不遵守纪律、具有攻击性、情绪不安定等不良的个性特征,使他们在青少年时期很容易发生不良行为问题。由于与父母之间的互动很少,这种成长环境中的孩子出现适应障碍的可能性很高。他们对学校生活没有什么兴趣,学习成绩较差,并在长大后表现出较高的犯罪倾向;也有许多孩子表现为性格内向、情绪不安、对人冷淡、兴趣狭窄、缺乏理想,与人交往产生挫折后,易产生对立、仇视情绪,从而发生侵犯行为。

三、影响家长教养方式的因素

从亲子双向互动观的角度看,父母与子女之间的影响是双向互动的。在父母影响改变和塑造着子女的同时,0~3岁儿童自身的个性、气质等心理特点和行为也在影响着父母对儿童教养方式的选择。美国心理学家安德森(Anderson)及其同事在"谁影响谁"的亲子互动研究中发现,在和正常儿童在一起时,母亲都显得平静而镇定,而与有行为问题的儿童在一起时,则变得具有强制性。这表明儿童的行为在某种程度上影响了母亲的行为。林磊(1995)指出,父母的职业和受教育水平、特定时期的社会特征和计划生育政策以及儿童的年龄、性别等特征会影响到父母的教育方式。从父母特征和儿童特征入手能较全面地探讨家庭教养方式和教养行为的影响因素。

（一）父母本身的特点对其教养方式的影响

夫妻关系、受教育程度、职业、性别、受教育水平、生育孩子的年龄、经济收入状况等因素都会影响家长的教养方式。夫妻之间的交往状态、角色分工、双方对婚姻的满意度等,对他们与0~3岁儿童的交流、对他们发展的指导产生明显的影响,其中夫妻冲突是一个重要的方面。通常夫妻冲突越多、越激烈,教养方式中的不良倾向越严重,对0~3岁儿童或采取溺爱、放任不管的方式,或采取专制、排斥的方式,且出现夫妻双方教育要求严重的不一致性,产生教育的负效应。另外,夫妻冲突作为家庭中的客观事实,不仅可能被0~3岁儿童观察学习并使用,而且可能使他们因此产生压抑、抱怨、逆反,出现许多行为与适应上的问题。这些问题反过来又会增加父母教育上的困难,影响父母的教养方式,造成恶性循环。所以父母相亲相爱,家庭生活民主、平等、开放,家庭教养方式正面作用则明显,这必然对0~3岁儿童产生积极、健康的影响。

表8-1　双亲的教养方式与儿童的个性（[日] 诧摩武俊原）

父母亲的教养式	儿 童 个 性
1. 支配的	服从、无主见、消极、依赖、温和
2. 残酷的	执拗、冷酷、神经质、逃避、独立
3. 专制的	依赖、反抗、情绪不安、自我中心、胆大
4. 拒绝的	神经质、情绪不安、粗暴、企图引人注意、冷淡

表8-2　母亲的教养方式与儿童的个性（[美] 鲍德温）

母亲的教养方式	儿 童 个 性
1. 支配性的	消极、缺乏主动性、依赖性、顺从
2. 干涉性的	幼稚、癔病、神经质、被动
3. 否定性的	反抗、暴乱、自高自大、冷漠
4. 专制性的	反抗、情绪不安、依赖性、服从

（二）0～3岁儿童的特点对家长教养方式的影响

1.0～3岁儿童的性格影响着家长教养方式

突出表现在0～3岁儿童性格中的自我态度和情绪特征对家长教养方式的影响。自我态度上自卑的他们往往不能肯定和赞扬自己，却要父母与他人重视和肯定。他们无法解决这个矛盾，常以性情烦躁、不友善或侵犯挑衅的态度对待父母，以保持内心的平衡。这样的结果是父母对孩子顺从、宽容，这里面隐含着父母的失望和无奈，"这孩子就是这样"，到最后还或多或少带着些冷漠，父母与他们间的感情也就会越来越淡，家长在他们面前变得缺少权威和约束力，这对0～3岁儿童的成长十分不利。父母如果不考虑他们自身的因素，只通过改变教养方式来容忍和消极地适应其不良性格，就不能改变他们的不良态度。父母如果能认识到造成这种状况的缘由，帮助他们正确认识和评价自己，接受自己，注意培养他们自信乐观的性格，这样就能收到满意的效果。

2.0～3岁儿童情绪特征上的差异决定了父母对其关注、关心和喜爱的程度

有的0～3岁儿童易激动，情绪表现强烈，对周围事物反应敏锐，表情丰富，容易提供给父母需要关照、安慰的信息。同时这类儿童得到父母的关照后，往往会做出各种各样讨人喜爱的反应，这又给父母带来了极大的乐趣和信心，从而在养育上采取更积极的态度。有的0～3岁儿童常常表现出安静的、沉稳的状态，经常一言不发，对于父母的关照反应不明显，也不那么活泼可爱，这样父母的教养方式就会消极得多。

3.0～3岁儿童性别对家长教养方式的影响

平日里，父母常常教育0～3岁儿童：男孩应该怎样，不该或不能怎样；女孩应该怎样，不该或不能怎样。由于男女孩不同的生理特征和社会对男女个体不同的性别角色要求，父母对男女孩在教育、交往上采取不同的策略和方法，形成不同的教养方式。

4.0～3岁儿童的年龄对家长教养方式的影响

由于0～3岁儿童在不同年龄阶段的身心特点、发展任务、社会要求的不同，父母的教养方式也会变化。比如，对于低年龄的0～3岁儿童，其中心任务是维持生命、保障身体健康，父母的教养方式当然主要是关心、爱抚、看护。而随着年龄的增长，父母对他们规范行为的要求将逐渐增加。这也证实了教养方式是双向的，受到父母和子女的共同作用。家长的教养方式应针对不同年龄阶段0～3岁儿童的特点来选择，而且也是可以调整和变化的。

四、0～3岁儿童的家长要树立正确的教养方式

儿童的良好个性不是天生的，更不是一朝一夕就形成的，需要父母树立良好的教养观念并给予孩子正确的教养方式。在西方国家他们经过跟踪研究，提出了合理、正确的教养方式的"八字"方针，即管束、期望、教导、关爱。遵循八字方针的父母，则较利于在孩子心目中建立威信，利于子女健康成长。

（一）以身作则，合理管束

古语有云："没有规矩，不成方圆。"对于0～3岁儿童，父母应立下一定的规矩去管理约束他们，并对他们说明为什么这样做和不能这样做的原因，而作为父母应当以身作则，严格要求自己做他们的表率。所谓"身教重于言教"就是这个道理，父母做什么儿童都会看在眼里，也会跟着模仿，如果爸爸抽烟孩子也会跟着学，如果妈妈骂人孩子也会记得，但如果父母做出良好的榜样，他们也会学习好的行为。同时作为父母不应该说一套做一套，这样在他们面前说话就会失去威信，久而久之对他们的教育

就失去力量。

（二）赏识0～3岁儿童,期望适当

父母应该学会赏识0～3岁儿童,充分尊重他们的个性。0～3岁儿童在成长的路上不管是进步还是失败,作为父母都应该学会赏识。随着他们越长越大,什么事情都想自己尝试。这时候的父母不应该老是担心他们做不好,想帮他们代劳,应该让他们自己动手去感受生活,久而久之他们便在生活中学会克服困难,体验创造的过程和成功的喜悦,也会增强孩子的独立能力和自信心。同时应当引导他们树立适当的目标,这样的目标不应该太高也不应该太低,让0～3岁儿童跳一跳能够够得着,并且帮助他们在树立长远目标的同时把目标具体化,把要求落实到每一天并要求他们持之以恒地努力,形成不断进取的心理品质。

（三）给予关爱及适当挫折

关爱是每一个人都需要的,而成长中0～3岁儿童更是需要关爱,尤其是父母的关爱。作为父母,应当尽量营造和谐的家庭氛围,让他们感受家庭的温暖,从而让其学会热爱父母,热爱集体和自然。另一方面,父母应该有意识地让他们感受一些挫折,比如有意识地让孩子他们忍受一下饥饿感、失败和批评等,从而锻炼他们的心理承受能力和心理平衡能力,提高良好的社交能力及合群社会性品质。

（四）平等沟通,循循善诱

父母作为家庭生活的主导者,子女健康成长的监护者,应细心关注0～3岁儿童成长过程中的情绪、行为的微妙变化,给孩子以理智的爱和适度的控制。当他们遇到不顺心的事情时,父母应多从子女的角度考虑,给予理解,使其感受到父母的支持与鼓励。0～3岁儿童虽小,但也和大人一样,自尊心很强,父母应像对待大人一样尊重他们的权利和需求,对他们的兴趣加以引导,挖掘他们的潜能。父母循循善诱是指对待一件事情应该讲明道理,采取民主协商的办法,动之以情晓之以理地让儿童心悦诚服,给予他们启发性的帮助。

💡 视野拓展

儿童在1～3岁时,父母应关爱有加,对他们力所能及的劳动适时放手,鼓励他们的第一次"我自己来"。逐渐训练他从地上拣起小东西、取报纸、拿拖鞋,玩完后收拾玩具、帮助喂养小动物等行为,培养他们独立自主的行为习惯。

1. 他把水、牛奶等撒了一桌子。

错误做法:训他,"你怎么这么笨? 连个杯子都拿不住"。更有甚者顺手给孩子一巴掌。

结果:大人和孩子都很生气,事情一团糟,0～3岁儿童学会通过发脾气、打人解决问题。

正确做法:安慰他,"孩子,没事,我知道你不是故意的,下次注意啊。你把桌子擦干净好吗"?

结果:孩子得到谅解,马上向大人道歉,并高兴地把桌子擦干净。他学会宽容。

2. 0～3岁儿童见人不打招呼,没礼貌。

错误做法,当众训他,"你这孩子怎么这么没礼貌? 连问好都不会,我平时是咋教你的,没出息"。

结果:他的自尊心受到很大损伤,觉得无地自容,自卑感油然而生。

正确做法:给他台阶下,"我孩子有点不好意思,慢慢就好了,他平时也挺有礼貌的"。然后,举个有礼貌的例子。

结果:他知道错了,会心想"这次没做好,下次一定做好,不能让父母失望啊"。

3. 0~3岁儿童问了个问题,大人不知如何回答。

错误做法:"别瞎问了,把学习搞好就行了,玩玩具去吧,每天不知道想点啥。"

结果:儿童心里想,"哎,没劲,烦死了,不问就不问"。从此,遇到难题一概略过,不求甚解。

正确做法:"孩子,你能问这么难的问题,证明你动脑筋了,不错。可是我不会,咱们一起好好想一想,好吗?"

结果:他心里很高兴,以后遇到问题一定锲而不舍,非研究明白不可。

4. 0~3岁儿童早上不起床。

错误做法:"你怎么还不起?要迟到了!"顺手打两巴掌,手忙脚乱地给他找衣服、穿衣服。

结果:下次依旧。

正确做法:平静地说,"孩子,我就叫你一次,如果你不起,就会迟到,这是你自己的事,你自己处理好"。如果他没及时起床,就没吃早饭,还迟到了。

结果:下次一叫就起床。

【家园共育协调点】

十种有助于家庭开启0~3岁儿童智力的玩具。

1. 响环

3个月大的婴儿就能一只手握着"响环"玩,他们开始尝试触觉、感觉、视觉或味觉的作用。用手摸摸,体会手上感觉如何,用眼睛看看玩具的各种色彩,用口尝尝玩具的味道。

2. 球

6个月大的婴儿对能动的一切物体都感兴趣,能滚的彩色球对他们最有吸引力,用手一推球就会向前滚,婴儿还会爬着追逐小球,如果妈妈能陪着他们一起玩那就更妙了。

3. 积木

8个月大的婴儿已有了不少的发现,他们已认识玩具、家具等多种用具,他们了解到有些物件是软绵绵的,有些是硬邦邦的,有些有棱有角,有些是圆滚滚的。面对积木,婴儿会开始运用两只手,他们知道两块积木相碰会发出响声,一个叠在另一个上面就会比单独一块积木高,而且还可以用积木叠成多种不同的形状。

4. 复台形状盒

这是用来训练小孩观察物品形状的玩具,通过这种玩具,孩子可以认识一种形状的开口只容许同一形状的物品通过。通过玩具让孩子了解生活用品各种不同的形状,而这类玩具对18个月大小的儿童较合适。

5. 玩沙

所有的幼儿都爱玩沙、玩水,而18个月以后的儿童已经懂得不能随便把什么东西都往嘴里塞,这时就可以让他们玩沙了。提供各种小工具,如小铲、小耙、小桶等,让孩子发挥创造能力,把沙堆砌成各种形状。

6. 娃娃

两岁大的幼儿已经开始有个性表现了,这时他们已能表达自己的喜爱和厌恶。到了此时,他们就需要一个娃娃玩具。如果有了娃娃玩具,特别是女孩子她们就可以像妈妈对待自己那样对待娃娃了,为娃娃洗脸、穿衣、喂食,赞扬或责备娃娃了。

7. 叠杯

对一个两岁大的儿童来说,叠杯玩具是最变幻无穷的游戏,既可叠成高塔,又可缩成一只单杯,还可把小积木或其他小东西藏在叠杯内再寻找一番。通过这类游戏,孩子们能够知道有些东西虽然眼睛看不见,但却是实际存在的。

8. 图画书

两岁大的幼儿已经通过眼、口、手认识了不少物品,如果能在图画书中找到自己认识的物品,那该是多大的乐趣啊! 当然,父母还可以通过图画书教导孩子认识更多的事物。这类画当然是线条简单,色彩鲜明,一眼就能认出是什么来。

9. 玩具车

到了两岁末,幼儿已能基本控制自己身体的各部位,可以驾驶"小车"了,可以开快、开慢,也可以骑"大马"了。如果"小车"还能载上他们自己的一些小玩具,而自己又能充当运输司机,那可真是其乐无穷了。

10. 可拉着走的动物玩具

幼儿拉着会走动的"动物"会让他们着迷,他们慢慢会理解这一根绳子原来还有这样的牵动力量,这比那些用干电池的电动玩具车还更有启智作用。

【0～3 岁儿童教育机构看点】

教师要帮助家长正确认识亲子班的教育作用,发挥家长群体的互助作用。由于孩子的年龄太小,还没有形成成熟的为人处事的"标准",自己已有的能力不足以解决与周围环境交往中遇到的各种问题,出现过激行为、任性行为是在情理之中的。那么怎样才能帮助孩子来学会这些"标准"和"技能"? 家长在亲情的左右下很容易丧失标准,在教养观念和教养行为、出现偏激或不全面、不客观、不正确时,往往自己是不知晓的,这时,"旁观者清"的作用就会发挥出来。亲子班形成整体氛围,互相点播,一起解读孩子的反抗行为,共同把握与处于反抗期孩子互动的"度"。在亲子班活动的各环节中,无论是有关自理能力的培养,还是孩子的任性行为、逆反行为,都会出现家长纠正家长、家长纠正其他孩子的情况,如:家长面对孩子的任性后发怒、训斥孩子,老师会提醒"立场坚定,态度平和",不要和孩子发脾气;面对孩子在活动中影响别人的行为,有些家长会提醒那位孩子的家长把孩子抱离集体,单独对孩子提要求,把不良习惯在第一次就要进行纠正;在孩子操作活动中,对于过多帮助孩子的家长给予提醒,不要帮助孩子,让他自己来操作,在他做不下去时再帮助他,给孩子实现自我的机会,可以及时鼓励孩子等。

【请你思考】

1. 什么是家长的教育观念?

2. 家长的教育观念对0～3 岁儿童成长有哪些影响?

3. 家长的教养方式的内涵是什么?

【实践活动】

根据0～3 岁儿童年龄发展特点设计一个适宜的亲子游戏或机构活动。

【样例】创意亲子游戏

活动一"身上摘星星"

年龄段：8个月以上（已经能独坐的儿童）

道　具：8～10个夹子

玩　法：

1. 家长先把夹子夹在衣服上。

2. 利用语言指令示意幼儿把夹子摘下。

活动二"叠叠乐"

年龄段：1岁半以上

道　具：30个夹子

玩　法：

1. 家长及幼儿各拿夹子10～15个。

2. 每人轮流把夹子叠起。

3. 尽量保持不把夹子弄倒塌。

【参考文献】

1. 李丹.儿童发展心理学[M].上海：华东师范大学出版社,1987.

2. 李洪曾.学前儿童家庭教育[M].大连：辽宁师范大学出版社,2002.

3. 彭文涛.父母教养方式研究概述[J].阴山学刊,2008(1)：69-74.

4. 周艳霞.如何做好家长工作[M].北京：北京少年儿童出版社,2013.

第九章

机构中的发展

【学习目标】

1. 掌握教师教育观、教师教育方式的内涵。

2. 了解教师教育观、教师教育方式对0～3岁儿童心理发展的影响。

3. 掌握建立科学教师教育观和教师教育方式的有效策略。

教师教育观和教育方式对0～3岁儿童的发展有着重要的影响,教师教育观影响教师教育方式,教师一贯的教育方式是教师教育观的具体表现,教师只有具有科学的教育观和良好的教育方式,只有内部与外部表现相融合、相一致,才能促进儿童良好心理的发展。

第一节 教师教育观的影响

教育是人类社会生活的重要领域之一,0～3岁儿童早期教育的质量是其后继学习和终身发展的重要保障,所以0～3岁儿童早期教育应以促进儿童在体智德美各方面的全面协调为核心。相关研究表明,早期教育可促进婴幼儿智力发育。根据儿童体格发育规律,动作、感知觉、语言、注意、记忆、思维、情绪、情感的发展规律对儿童进行早期教育的观察和训练,发现加入早教训练后的儿童表现多是积极乐观的,易于加入到同伴中,不害怕接触新事物,因此更有机会去认识事物;其独立能力令自信心增强,更能发挥主观能动性,使其适应行为更趋良好[1];对于现今独生子女来说,早期的适宜刺激无论对其智力,还是社会适应能力的发展都是极为有利的[2]。因此早期教育机构应引导教师树立正确的教育观念,了解0～3岁儿童学习与发展的基本规律和特点,建立对儿童发展的合理期望,促进其心理更好发展。

---

① 潘昊. 早期教育对儿童气质和适应行为的影响[J]. 中国儿童保健杂志,2002(10):236-237.
② 鲍雪梅. 早期教育对婴幼儿心理发育影响的探讨[J]. 齐齐哈尔医学院学报,2007(18):2191-2192.

一、教师教育观的内涵

对教师教育观的关注起源于20世纪70年代,教师的教育观作为"教师教育思维"的组成部分逐渐出现在各类教育研究的课题中,"教师的理论"(Teacher Theories and Beliefs)、"教师的视角"(Teacher Perspective)、"教师头脑中的形象"(Teacher Images)等诸多概念都用于表示教师的教育观。到了20世纪80年代,出现了有关教师的教育观的专门研究,"教师教育观"(Teacher Beliefs)这一概念为大多数研究者所认可与采用[①]。

(一)教育观的概念

教育观是指人们对教育这一事物以及它与其他事物关系的看法。具体地说就是人们对教育者、教育对象、教育内容、教育方法等教育要素及其属性和相互关系的认识,还有人们对教育与其他事物相互关系的看法,以及由此派生出的对教育的作用、功能、目的等各方面的看法。教师教育观是教师对教育对象、教育过程以及教师自身的看法和态度。要想正确理解教育观的内涵,有必要正确认识和理解以下问题。

1. 观念与知识

Fishbin和Ajazen(1975)把观念定义为个人对客体的知识。知识是什么呢? 一般地,知识包括"知道什么"和"知道怎样"两个部分,即个人知道某个命题为真,以及知道如何完成某个活动(O'Conner&Carr,1982)。柏拉图认为:一条陈述能称得上是知识必须满足三个条件,它一定是被验证过的,正确的,而且被人们相信的。但是观念与知识不同,它一方面反映了客观事物的不同属性,同时又加上了主观化的理解色彩。所以,正确的理解——观念是人们对事物主观与客观认识的系统化之集合体。由此,观念可以被定义为"现实性的结构,它是由'知道什么'和'知道怎样'组合而成,该命题不一定为真。尽管其真实性并不一定存在,但观念却被个人看作是真理性陈述"(Sigel,1985)。由此可见,观念与知识是两个不同的概念,知识是观念的基础和组成部分,而观念是知识的进一步概括和升华。

2. 观念和觉知水平

研究表明,人们的观念并不一定都能被自己所意识到。例如对偏见和固定观念的研究(Bem,1970)表明,由于情绪上的原因,人们往往意识不到自己的一些观念。实际上,根据认知理论,Beck(1976)认为,个人的问题多来源于从错误的前提和假设出发而对事实作出的某种歪曲,观念和事实之所以矛盾,是因为个体不顾事实和彼此间的逻辑关系,而作出错误的判断。因此,我们的任务在于对歪曲了的事实进行重建,把这种重建的基点落在觉知水平上,使观念和觉知水平有机地统一起来,使个体的判断与环境完整地协调起来,只有这样,才能使观念反映客观事物的本来面貌[②]。

(二)教育观的特征

教育观是教师在教育教学中形成的对相关教育现象,特别是对自己的教学能力和所教学生的主体性认识。这种认识是微观的,带有个人主义色彩。这与我们平时所说的"转变教育观念"中的宏观的"教育观"是不同的。易凌云、庞丽娟(2006)将教师教育观的特征概括为如下几点:个体性、内隐

---

① 易凌云,庞丽娟.教师个人教育观念的基本理论问题:内涵、结构与特征[J].湖南师范大学教育科学学报.2006(4):22-27.
② 辛涛,申继亮.论教师的教育观念[J].北京师范大学学报,1999(1):14-19.

性、情感性、相对稳定性、情境性与开放性、实践性、非一致性以及外在表现的复杂性等方面①。

1. 个体性

个体性是教师教育观的首要特征。教师教育观作为教师对教育的一种认识从一开始就打上了深深的"个人烙印"。认识总是个人的,这意味着某位教师所有的关于教育的观点从本质上来说都只是"他的独特看法"而已。发生认识论从理论与实证两方面论证了认识是由主体与外部世界不断相互作用逐步建构的结果,教师就是在原有的认识基础上,在实践中加深对教育的理解与认识。研究发现,每位教师教育观的具体内容并不相同,这反映了每个人在建构自己对教育的认识时,对同样的客观教育事实认知选取的方面带有很强的个人色彩;另外,研究还发现教师头脑中对同样教育内容的结构方式也不一样,即每个人关于教育的"认知方式"也是独特的。因而无论是教师教育观的内容,还是其表现方式都具有个体性。

2. 内隐性

教师教育观是教师在教育教学实践中通过体悟、思考与总结的过程而形成的一套对教师本人适用的有关教育的方式、方法与策略等方面的认识。在实践中各种认识的形成很大程度上是依靠教师个人的直觉与感悟而获得的"默会理论(Tacit Theory)",因而教师教育观念中必然包含有默会的成分与无意识的成分,从而使得教育观表现为内隐性特征。教师教育观内隐性特征的外在直观表现之一就是教师的缄默性教育观的存在。教师教育观的内隐性还表现在,有的时候教师虽然能够意识到自己持有或运用了某种特定的教育观点,但却很难用语言加以明确的表达,这时候教师教育观成为一种"只可意会不可言传"的理论。但是,教师教育观的内隐性并不妨碍教师教育观对教师教育实践活动的影响作用,它依然为"教师的活动提供了最终的解释性框架乃至知识信念"。

3. 情感性

主观认识的形成并非是对客观现实的"镜面反射"式反映,而是认知主体在其本人"先验"与"前设"基础上对客观文本的"阅读"。这种"阅读"首先要求教师对教育有纯粹的兴趣与热情的情感投入,教师才有坚持的信心和勇气,这种"阅读"的过程就是"视界融合"的过程,而这种"阅读"的结果就是教师关于教育的某些个人看法的形成。而且,教师教育观形成本身就是一种选择,就有一个主观判断和评价的过程。在一定的教育实践中之所以形成这种教育观而非另一种教育观就是一种情感作用下的"偏爱"。

4. 相对稳定性

已有的诸多研究表明,教师的教育观一旦形成就很难发生改变,他们倾向于固守已有的观念,甚至有时会歪曲新获取的信息以保持原有观念的一致性。但通过进一步的研究发现,这种坚持只是相对的,在某些特定情况下,教师的教育观会发生改变,而且通常是"格式塔式"的改变。如某些关键事件的发生或某些重要人物的出现,有时会对教师的教育观产生重大影响。这种现象在实践中并不少见。

5. 情境性与开放性

大量的实证研究发现,教师的教育观是以"片段式的情节"保存在教师的认知结构中,即教师的某种教育观总是和一个具体的实际情境联系在一起储藏在记忆中,这种保存的方式决定着教师教育观

---

① 易凌云,庞丽娟. 教师个人教育观念的基本理论问题:内涵、结构与特征[J]. 湖南师范大学教育科学学报. 2006(4):22-27.

念更可能是情境性的运用。特别是在某些相类似的情况下,有的教师近乎是直觉地采取某种教育行为。因而脱离某种具体的情境去谈论某种教育观念将毫无意义,这同时也提醒我们,有的时候根据个别的教育行为来判断教师的教育观念可能会有失偏颇。也许正是这种情境性使得教师教育观相对来说具有对客观现实"开放的可能",即某种教育观很容易和现实中的真实情景建立起新的联系。

6. 实践性

教师教育观既是在实践中建构的,又是关于实践的,还是指向实践的,因而实践性是教师教育观的主要特征之一。首先,教师教育观就是在教师的教育实践工作中得以形成和不断发展的,是依存于教育实践这个平台。其次,教师教育观的内容主要涉及的是教师在实践中所遇到的具体情境或具体问题,每一位教师的教育观反映的就是他所面对的教育实践的状况和需要。再次,教师对其教育观的明确和发展的主要动力是来自对自身的教学实践合理性的追求,是为了解决教师实际工作中的问题,直接服务于实践。对教师而言,"是否能有助于实际工作"已经成为他们选择判断是否将一种外在的教育理论转化为教育观念的最重要标准之一。

7. 非一致性

因为观念本质上是个人的,所以教师与教师之间的教育观不可能完全一样。另外,即使某一特定教师的教育观系统内部各个要素之间也并非都是一致的。教育观系统内的各个要素可以看成是教师对教育的不同方面的不同认识,这些认识是在不同条件与情境中形成的,并不具有相关性和联系性,有的时候甚至相互冲突。在现实中,我们常常可以发现一些教师拥有学习观是"儿童的学习主要是通过他们自己的活动来进行",而他们对教师角色的认识却是"教师主要是给儿童传授知识的人"。这实际上是两种不同性质的认识,不同性质的教育观共存于同一教育观系统中,却共同地对教师的教育行为产生作用。

关于教育观的界定,所有的教师对自己的职业、学生、课程、责任等都会有各自不同的看法,可见教师的教育观在内涵上是非常宽广的,如教师的价值观、学生观、师生观、课程观等等。在众多的教育观类型中,对0~3岁早期教育机构的教师来说,有两类教育观特别值得重视,一是教师对自己所教学生的看法,即教师的儿童观;一是教师对自己教学能力的看法,即教师的教学效能感。

二、教师教育观对儿童心理发展的影响

教师教育观是教师教育素质的关键组成部分,它不仅直接影响教师的教育行为,而且直接或间接影响着儿童的心理发展。教师教育观是在长期的教育实践中形成的,因此它具有深刻性、稳定性,教师教育观对于教育行为具有制约作用,并决定着他的工作态度及工作方法。先进的教育观能指导和促进教育的发展,落后的教育观会贻误教育,甚至会使教育产生负面影响。从某种意义上来说,幼儿教育质量的高低主要取决于幼儿教师综合素质的优劣,而幼儿教师能否较好地履行自己的岗位职责,则又取决于是否树立了积极正确的教育观。在教育领域,尤其是在幼儿教育领域,教育者的观念对教育实践产生的影响是最直接、最广泛的。陈旧、落后的教育观念,必然导致教育实践的落后,制约教育水平和质量的提高,而先进的教育理念也必然会对教育实践产生积极的影响。不同的儿童观、活动观、教师观在教育活动中反映出的教师与儿童的关系也是不同的,并将对其发展产生不同的影响。

(一)教师的儿童观

我们可以从两个层次上来分析教师的儿童观:在宏观上,教师的儿童观主要表现为教师对儿童发

展的看法,也就是教师的儿童发展观;在微观上主要表现为教师对儿童的期望。

1. 教师的儿童发展观

教师的儿童发展观是教师对儿童心理发展问题的一般性认识。这里包括教师对儿童角色的定位,对儿童认知发展的看法,对儿童社会性发展的看法,对儿童心理发展动力的看法等。

儿童的心理是开放的、动态的,如婴儿认知过程、情绪情感过程、生理过程、行为表现、婴幼儿与周围事物的关系,这些系统内部相互作用,与周围环境也相互作用。儿童心理发展的最大特点是他们的未完成性和能动性。儿童发展的未完成性,不仅仅蕴含着人的发展的不确定性、可塑性,更重要的是说明潜在着巨大的生命活力和发展的可能性。此外,人在发展过程中并非全盘接受外界环境的影响,而是表现出能动、自主、自觉和自我塑造等的能动性。所以教师眼中的儿童一方面应该是具有非常大发展潜力的儿童,而教师则应珍视和积极地利用这种潜力与力量,来促进他们充分的发展。另一方面,发展中的儿童具有积极的创造性,教师应该积极看待和发展儿童的能动性。只有这样,我们的教育才能培养出创新型的、各式各样的人才。

传统的儿童观、教育观将教师与儿童的关系看成教师是高高在上、居高临下的长者,儿童是服从者、接受者,反映在教育活动中,就形成了特定的"给予"和"接受"的关系。教师打着"为了儿童发展"的旗号,花额外的时间、采取不同的教育方式,尽心尽责。教师认为给予幼儿的总是那么公平合理,儿童只能跟着教师的指挥棒转,所以儿童的"接受"是被动的。

现代的儿童观、教育观本着"基于儿童发展"的逻辑,即教师意识到在自己的教育实践中应多倾听儿童的观点或意见,关注他们的心理感受或内在体验。此时,教师是支持者、合作者和引导者;幼儿是思考者、参与者。教师基于儿童的发展,制定教育教学任务,教师还是要"给予",幼儿也会去"接受",但教师给予的方式不同,幼儿接受的途径也不同。教师的给予主要是为儿童提供一个良好的教育环境,在倾听儿童的意见基础上设计各种有利于儿童发展的教育活动,并通过观察、启发、引导、鼓励和促进,最大限度地调动儿童的主动性、积极性和创造性。儿童可以通过自己的思考有选择地接受某些知识和概念;也可以通过参与各种实践活动去感知、体验,从而获得直接的经验;还可以从自己的兴趣、爱好出发,运用已经掌握的知识和能力,去进行各种创造、发明和艺术活动等。

许多研究者特别关注0~3岁之间儿童是否能在生活环境中逐渐形成体验、调节和表达情绪的能力,形成亲密、安全的人际关系能力以及探索环境和学习能力。研究表明,和谐的师幼关系以低水平的生气、悲伤或压力,长时间相互凝视和拥有稳定的、积极的情感,可促进儿童心理健康的发展。幼儿教师教育观受到年龄、学历、婚姻状况、城乡来源、幼儿园所有制等因素的影响,幼儿教师教育观是影响幼儿活动质量的重要因素。如王艳芝的研究表明,幼儿教师教育观念与每天幼儿自主选择和自由活动的时间、教师按计划组织活动的程度呈现高度正相关,说明教师教育观念是影响儿童活动质量的一个重要因素。儿童观的发展水平对幼儿教育实践的影响是非常大的,甚至可能是决定性的,没有正确的儿童观就不可能产生优质的幼儿教育。

2. 教师对儿童的期望

教师对儿童的期望影响儿童的心理发展。教师对儿童的期望是其面对自己所教的某个具体的儿童时所表现出的对特定儿童的看法,这种看法对儿童发展的影响是更直接的。心理学家罗森塔尔做过这样一个实验:对小学各年级的儿童进行"预测未来发展的测验",然后向教师提供信息,并指出其中一部分儿童有发展的可能性。实际上这些儿童完全是随机抽取的,8个月后,这些被指出有发展可能性的儿童的智力得到了明显地提高。实验表明,教师的期望对儿童的行为显然发生了影响。教育中的这种现象被称为皮格马利翁效应。大量的研究表明,教师是根据儿童的性别、身体特征、家庭、社会经济地位、兄弟姐妹状况等各种因素形成对某个儿童的期望的。这种期望形成后又通过各种方式,如分组、强化、提问等影响被期望的儿童,使儿童形成自己的期望,最后又表现在儿童的行动之中,反过来影响教师的期望,形成教育的循环作用。可见,作为一种观念,教师的期望对儿童发展有重大影响。

（二）教师的教学效能感

教师对自己影响学生学习行为和学习成绩的能力的主观判断与他们的教学效果之间密切相关,而教师对自己影响学生学习行为和学习成绩的能力的主观判断就是教师的教育效能感。

在理论上,教师教学效能感的概念来源于美国心理学家班杜拉的自我效能理论。班杜拉认为,人的动机受自我效能感的影响。所谓自我效能感,是指人对自己能否成功地进行某种成就行为的主观推测和判断,它包括两个成分,即结果预期和效能预期。结果预期是指个体在特定情境中对特定行为的可能后果的判断,如教师对顺利完成某项活动产生结果的推测。而效能预期是指个体对自己有能力成就某种作业水平的信念,如教师对自己是否有能力顺利完成某项活动的主观判断。人的行为主要受人的效能预期的控制,个人对某种行为觉察到的效能感不仅影响着个体处理困难时所采用的行为方式,也影响着他的努力程度和情绪体验。效能预期越强烈,所采用的行为就越积极,努力程度也就愈大愈持久,同时情绪也是积极的[1]。

根据班杜拉的自我效能感理论,可以把教师的教学效能感分为一般教育效能感和个人教学效能感两个方面,一般教育效能感指教师对教育在学生发展中作用等问题的一般看法与判断,即教师是否相信教育能够克服社会、家庭及学生本身素质对学生的消极影响,有效地促进学生的发展。如"我的学生一定会进步、会成才"的观念就是一般教育效能感。教师的个人教学效能感指教师认为自己能够有效地指导学生,相信自己具有教好学生的能力。如"我一定能教好学生"。教师的教学效能感是解释教师动机的关键因素。它影响着教师对教育工作的积极性,影响教师对教学工作的努力程度,以及在遇到困难时他们克服困难的坚持程度等。

辛涛(1999)研究表明,教师个人教育效能感随年龄增长呈现上升趋势,究其原因是教学经验积累的必然结果,也可视为教师个体文化的发展产物,这是学校教育活动中与教师职业有机联系在一起的文化现象。刚参加工作的教师经验少,缺乏教学方法和课堂管理的策略。随着教学年限的增长,教师的教学经验逐步丰富起来,他们的个体文化概念也进一步得到发展,他们的思想观念、价值趋向、审美意识和社会行为逐步稳定,角色特征、人格特征、形象特征和教学风格日益完善。于是,他们慢慢学会恰当地处理教学中出现的各种问题,教学的自信心不断地增强,其个人教育效能感也就表现出上升的趋势。

三、相关建议与教育对策

作为教育执行者的教师而言,到底要树立怎样的儿童观和教育观,才能满足当代0～3岁儿童的教育和心理的需要呢?

---

① 余文森,连榕.教师专业发展[M].福州:福建教育出版社,2007.

（一）教师应树立"基于儿童"的儿童观①

李召存（2015）的研究中认为"基于儿童"把教育实践的逻辑起点牢牢地锁定在儿童,而不至于使之滑向成人本位或知识本位的泥潭。

1. 基于儿童的体验

作为幼儿教师,必须时刻提醒自己,儿童并不是发展规律、年龄特征的抽象物,儿童并不直接等于发展规律和年龄特征,儿童首先是"人",活生生的、有着意义体验的社会文化性存在。他们不仅仅是要完成发展任务的"发展中的人",更是生存于具体生活世界中的"存在着的人",他们在自己所处的生活世界中体验着归属感和意义感,他们的身体发展、认知发展、社会性发展等都需建基于他们作为"存在着的人"的意义体验基础之上,他们在体验的过程中成长。

2. 基于儿童的视角

在教育实践中,要想体现"以儿童为本",要想把儿童的体验彰显出来,就必须回归儿童的视角。对于儿童的视角,英国牛津大学资深学前教育专家凯茜·席尔瓦教授（Kathy Sylva）曾做过两种不同类型的区分,即"Child Perspectives"和"Children's Perspectives",前者的主体是作为成人的教育者。如果作为成人的教育者能够在教育实践中主动自觉地关注儿童、理解儿童、移情儿童,站在儿童的立场上,设身处地地感儿童之所感,那么这样的教育者就是具备儿童视角的表现,即我们通常所说的教育者眼里有孩子。而后者的主体则是儿童,是儿童自己感受、体验、观察周围世界的角度和立场。相比而言,前者所表征的是教育者"自外而内"地探寻和理解儿童内在体验的自觉意识,后者所表征的则是儿童自己"自内而外"地认识和体验外部世界的主观能动性。

3. 基于儿童的社会文化处境

由于儿童所生活的社会文化背景不同,所以并不存在自然的或普遍的儿童。每个儿童都是生活在具体的社会文化处境之中的。这种社会文化处境,不仅仅是构成儿童学习和发展的文化生态背景,更是直接造就儿童的社会文化基因。文化向儿童提供作为人类一员的行为方式和内容。以儿童为本的教育实践要求"教育者在教学过程中应该具备一定的文化差异的观念",自觉地意识到儿童所处的社会文化处境,并基于这种社会文化处境有针对性地做出相应的课程与教学调整。

（二）树立科学现代的教育观

1. 树立教师专业持续发展观,增强教师教学效能感

教师作为施教人员,自身的专业发展是决定教育质量的一个关键因素。教师专业发展也是教师适应时代进步与教育发展的需要,而教师教育就是教师专业发展的主要途径之一。从终身教育思想的视角来看,教师教育必须贯穿教师人生的各个阶段,不应把教师教育局限于教师职前的培养与教育,而是职前教育、入职培训和在职教育三个阶段形成的有机整体。职前教育和入职培训是教师从业的准备阶段,其主要任务是进行知识储备和技能培养;在职教育是教师职业技能逐渐成熟和发展的阶段。要想保障教师专业持续发展,教师教育必须成为教师自我发展的内驱力,促使教师树立终身学习的观念,积极自发地完善自我,不断地提升教师教学效能感。

2. 教师应为儿童文化的传承提供支持

教师是儿童实现社会化进程的导师,儿童不是脱离具体社会文化生态的存在,社会文化价值观及

---

① 李召存. 以儿童为本：走向"为了儿童"与"基于儿童"的整合[J]. 学前教育研究. 2015(7)：9-13.

其相应的思考方式影响着儿童的体验方式和认知方式,影响着一种教育行为能否产生积极效果。教育者应该具备自觉地"基于儿童的社会文化处境"去思考教育问题的专业素养。

3. 教师需要具备良好的情感特征

教师是专门的职业,由于职业需要,要求教师具备多种情感特征,主要包括乐观、体谅和包容、自制、真诚。乐观就是以积极的心态来面对挫折和困难。教师要努力成为一个乐观主义者,这是由于在教师的职业活动中,会经常遇到各种困难和挫折,有时甚至是非常令人烦恼的问题,所以,教师必须有足够的自信能够解决问题,摆脱烦恼。不仅如此,教师还无时无刻不在向儿童传递着某种情感信息;体谅和包容就是要尊重和维护儿童独有的特点和不同的发展可能,善待儿童的不同特征;自制就是教师善于控制自己的情感,抑制消极情感;真诚就是真心对人、真心做事,能真诚地坦白自己,以信任、友好的态度对待他人。教师良好情感智力的养成需要在职前职后培训课程中加强对情感智力方面素质的培养,在工作实践中注重磨炼和积淀。

4. 教师要了解家长的教育观,实现家园共育

一个人的成长,一般受到家庭、学校、社会三方面的教育与影响。对一个0～3岁的儿童来说,最主要的是家庭和早期教育机构两个方面,来自社会方面的教育往往通过家庭得以实现,家庭教育与早期教育机构教育犹如两股力量共同作用于受教育者。由于家长和教师的教育观不尽相同,所以力的作用方向可能也不相同。家长的教育观与教师的教育观越接近,产生的教育合力就越大,反之则小。作为教师,要善于与家长沟通,要善于创造和利用各种机会与家长建立情感联系,了解家长的教育观同时也让家长了解教师的教育观,通过相互切磋,减少不必要的分歧,从而提高合力,这需要双方共同努力。

作为一名优秀的教师,掌握了科学的教育观和儿童观才能在教育教学过程中形成独具魅力、富有个性和有助于启发儿童智慧的教学风格。教师的教育观是教育实践的智慧,是教师对教育实践活动反复认识的积淀。现代教育思想和先进教育理论是科学的教师教育观确立的要件,如果没有教育实践活动的支撑,再先进的思想和理论也不可能转化为教师的教育行为,更不可能内化为教师的教育理念而形成固定的观念。

第二节　教师教育方式影响

对于0～3岁儿童心理发展影响因素的研究,大多数研究者关注的是社会因素中的家庭因素对儿童的影响,但是早期教育机构中教师的教育观念通过他的具体行为即教师教育方式对儿童心理的发展也是有着重要的影响作用的,这部分影响是不能忽视的。任何教材的改革或者教法的更新,其实施主体都是教师,这就对教师素质提出了更高的要求。

一、教师教育方式的内涵

教师的教育方式是教师在教育教学过程中表现出来的一种特定行为模式,它概括了教师的各种教育行为,是一种相对稳定的行为风格。研究表明,教师对儿童的不同方式和态度可影响儿童在认知、情绪、自我评价等多方面的发展。它贯穿于师幼交往的主动过程,对儿童多方面的发展,尤其是心理的发展具有重要影响。

　　自 20 世纪 40 年代以来,教育方式类型性的研究一直是教师教育方式研究的主体,经过了从单一层面、双层面到三层面的分类研究过程。如国外学者勒温(K. Lew in,1934)等人根据教师对学生控制的程度,将教育方式分为专制型、民主型和放任型,我国台湾学者吴武典(1978)也支持这种划分类型。Anderson 等人(1975)依据教室中师生的互动情况,将教师的教育方式分为支配型和整合型。以上学者的研究基本上是一种单一层面的研究。

　　Fleishman(1978)将教师教育方式分为倡导和关怀两个层面,从而形成了四种类型的教育方式:高倡导低关怀、高倡导高关怀、低倡导高关怀和低倡导低关怀。

　　单层面分类主要从教师使用权威的观点着眼,按控制学生行为的程度来区分教师教育行为的类型;双层面主要是从结构和参与两个层面来研究教师管理行为;三层面分类则是从工作、权威和情意三个层面研究教师的领导行为对学生学业成就、班级秩序、主动工作、完成工作和一般士气等五方面的影响。

　　这三种分类法都是从类型研究的角度出发,试图以几种特定的类型涵盖教师教育方式。但在实际教育教学工作中,教师的教育方式作为一种整体行为模式,往往是多种特征的综合体,很难以某一层面、某一类型来概括。程巍等人(2001)研究发现,在与学生交往互动中,教师会采取不同的态度、情感和方式,据此划分出教师教育方式的四个维度,即专制性、民主性、放任性和溺爱性。这也是在我国比较公认的关于教师教育方式的科学合理的分类方式。因为教师的教育方式不是绝对的、完全独立的,各个教师在各个维度上都会有或多或少、或强或弱的表现,只是倾向性高低不同而已,而且教师的教育方式也有一个不断发展变化的过程①。

二、教师教育方式对儿童心理发展的影响

　　民主性倾向较高的教师具有较高的民主意识,对儿童既严格要求,又尊重他们的人格与才能,规矩和爱并存,并能做到有规矩地爱。经常鼓励儿童积极大胆地进行想象,提高其创造性思维的发展,鼓励儿童进行独立思考,对待事物有自己独特的见解,从而发展其主观判断力和学习的主动性。民主性教师善于为儿童营造一个宽松的教育氛围,在这种氛围下儿童更愿意倾听、表达、交流、合作、分享,师幼关系融洽。

　　专制性倾向较高的教师一般要求儿童绝对服从自己,对儿童缺乏积极的情感,认为"儿童年龄不大,有些道理他们不懂,采用说理的方法教育是不会起多大作用的以及惩罚会起到立竿见影的效果"。在师幼关系中,认为教师是知识的权威者,而儿童是以被动地接受灌输的形象出现的。专制性教师管理下的儿童较为顺从,但儿童困扰多,也有反抗行为的出现。研究表明,在教师这种专制教育下,儿童易发生攻击性行为,当教师不在时,工作进行缓慢,而且在成就动机、人格适应等方面都不如在民主性倾向较高的教师教育下的儿童。

　　放任性倾向性较高的教师对儿童的活动完全不加控制,也不参与,任儿童自己决定处理。他们认为"发展是儿童自己的事情,教师没有必要过多过问""教育教学中,我讲我的,儿童听不听无所谓"。教师对儿童的放任态度,不利于儿童对自己形成正确的评价,不能形成正确的自我意识,对是非的判断不够准确,对儿童的性格、人格的养成容易产生偏差。

　　溺爱性倾向较高的教师一般认为不管儿童的要求是否合理,教师都应该尽量满足。这类教师眼中

---

① 程巍,申继亮,高潇潇.中学教师教育方式倾向性的研究[J].教育科学研究.2001(4):25-28.

只有儿童的优点,在教育活动中过分关注儿童,对儿童就像是对待一个什么都需要别人照顾、什么都要依赖成人的婴儿一样,事无巨细,儿童所有的需要都提前准备好,甚至可以替儿童去操作活动材料,只要结果,不注重儿童学习的过程。这类倾向性的教师会使儿童丧失发展的机会,儿童往往会产生独立性不强、习惯依赖他人、不积极主动动脑筋解决问题、性格任性且不够坚强、自我中心严重等不良的心理发展。

从上述几种教育方式各种表现来看,教师在具体的行为表现中并没有绝对的性质差异。他们的差异来源于不同评价维度上表现的频率不同,也就是说,教师在与儿童交往中都会有相同的行为出现,但行为出现的多少却各不相同。相关研究还表明,不同性别、不同教龄的教师在教育方式各维度上的表现存在着差异。具体而言,男教师比女教师更放任、更专制,而在民主性上要差于女教师。即男教师与女教师在专制性倾向上达到了显著的差异水平,这种差异可能是由男性和女性的人格差异造成的。女性在宜人性、亲和性的水平高于男性;而男性在自信水平上要高于女性。此外,教龄不同的教师在教育方式中的表现是不一样的。教龄在15年以上的教师与6～15年教龄的教师在民主性、放任性上存在显著差异。

三、相关建议与教育对策

(一)教师在职培养的形式

在很多地区,教师的在职培训办了很多年,但仍摆脱不了传统模式的影响,即专家讲教师听、记笔记的局面,"高大上"的理论不一定适合早期教育机构教师的继续教育,不能从根本上解决教师的实际教育困惑和问题,而且动辄几百人的培训不能充分考虑到不同层次教师的实际需求。在一些地区,存在走马观花式的培训,在职培训的效果甚微。因此,在职培训应分层次、分阶段合理科学有序地进行。

早期教育机构的教师中女性较多,女性教师的特点导致其学习较为感性,易于引发情感共鸣,学习内容和方式结合实践,指向实际问题的解决,但是学习时间不集中,比较零散,缺乏长远规划,处于补需状态,对纯理论学习缺乏兴趣。因此,对教师的在职培养应具备以下特点:① 参与性。在教育理论的基础上进行实践环节的操作,培训的规模不宜过大,实践是为了让理论更好地发挥其作用,让教师参与观察,参与教学内容的选择、教学环节的设置、教学评价、教学反思等一系列的操作,才能在体验中积极主动地重新建构新的教育观、形成新的教育方式。② 园本性。培训应立足于解决本地区本园的实际需要,制订一个长远的关于师资培养的发展计划,在教育机构发展的不同时期,派出水平相当的教师进行培训,这样有利于教师间进行有效的沟通,形成合作学习,建构学习共同体,形成教师间的互助。③ 引领性。教育存在最近发展区,教师的培训也应该在原有基础上有所提高,在职培训应充分掌握教师的原有水平,抓住限制教师专业成长的理论瓶颈,将教师的视野放宽,在理论上进行引领,提升高度和水平,进而改善教师的工作实践。④ 可持续发展性。培训的过程不仅应该使教师获得期望的知识、技能和新经验,而且应该使教师获得自我发展的能力,获得不断的自我改善,获得基于专业角色优势的创生能力。

(二)重视教师心像对儿童教育的重要作用①

教师心像是教师内心所具有的对教育教学现实和未来世界的内在影像,是教师教学意义的源泉、动机的基础和行为的依据。

教师的心像决定着教师的教育视野,决定着其教育教学行为的可能性与特征。幼儿教师教学行为中存在的问题,归根结底是受心像的局限所影响。如一位教师虽然很清楚某种新的教学方法对于

---

① 李黔蜀.教师心像及其对幼儿教育的意义[J].学前教育研究.2009(6):51-53.

儿童成长的意义,但在实践中往往难以成功运用此种教学方法,其原因就在于他根本就没有关于这种教学方法的成功心像。

教师关于自身和儿童的心像决定了师幼交往的程度与方式。教师如何与儿童交流,首先取决于教师在自己心目中的形象,一个信心不足的教师往往会过多地重视自身在知识经验层面上与儿童相比具有的客观优势,并以此来建构自身的权威,形成重服从与权威,轻批判与创造的教育观,从而阻碍师幼之间民主平等的对话和交流①;其次取决于幼儿在教师心目中的形象,心中存有"儿童是可爱的、有能力的"心像的教师,对儿童的发展充满信心,从而能够以平等、宽容、富有爱心的教育方式对待儿童。

教师关于自身和环境的形象决定了教师的情绪状态。如果一位教师感觉在现有的教学环境中自身处于一个比较劣势的地位,环境在他心目中就会呈现为一个并不友好的心像,那么他就有可能产生一种消极的情绪,从而影响其对环境及环境中各种实践的判断;反之,如果教师认为现实的环境是友好的,对自己有利的,其情绪就会积极起来,并引发一系列好的心像,从而对自身教学行为产生积极影响。

视野拓展

影响自我效能感形成的因素

1. 个人自身行为的成败经验,即直接经验(Direct Experiences)。这个效能信息源对自我效能感的影响最大。一般来说,成功经验会提高效能期望,反复的失败会降低效能期望。但事情并不这么简单,成功经验对效能期望的影响还要受个体归因方式的左右,如果归因于外部机遇等不可控的因素就不会增强效能感,把失败归因于自我能力等内部的可控的因素就不一定会降低效能感。因此,归因方式直接影响自我效能感的形成。

2. 替代经验(Vicarious Experiences)或模仿。人的许多效能期望是来源于观察他人的替代经验。这里的一个关键因素是观察者与榜样的一致性,即榜样的情况与观察者非常相似。

3. 言语劝说(Verbal Persuasion)。因其简便、有效而得到广泛应用。言语劝说的价值取决于它是否切合实际,缺乏事实基础的言语劝说对自我效能感的影响不大,在直接经验或替代性经验基础上进行劝说的效果会更好。

4. 情绪唤醒(Emotion Arise)。班杜拉在"去敏感性"的研究中发现,高水平的唤醒使成绩降低而影响自我效能。当人们不为厌恶刺激所困扰时更能期望成功,但个体在面临某项活动任务时不良的身心反应、强烈的激动情绪通常会妨碍行为的表现而降低自我效能感。

5. 情境条件。不同的环境提供给人们的信息是大不一样的。某些情境比其他情境更难以适应和控制。当一个人进入陌生而又易引起焦虑的情境中时,其自我效能感水平与强度就会降低。

上述几种信息对效能期望的作用依赖于对其是如何认知和评价的。人们必须对与能力有关的因素和非能力因素对成败的作用加以权衡,人们觉察到效能的程度取决于任务的难度、付出努力的程度、接受外界援助的多少、取得成绩的情境条件以及成败的暂时模式,班杜拉的社会学习理论认为,这些因素作为效能信息的载体影响成绩主要是通过自我效能感的中介影响发生的。

---

① 张梅.课堂教学中幼儿话语权的失落与回归[J].学前教育研究.2008(7).

【家园共育协调点】

教师要充分了解家长的教育观和教育方式,能有的放矢地和家长进行沟通和交流,说明儿童的哪些好的行为表现和家长教育观密切相关,哪些行为习惯需要改进,在儿童改进的过程中,家长应该具体怎样做。

教师应根据具体某位儿童的特殊情况制定具体的指导建议,有理有据地进行说明,有针对性地对儿童家长进行个别指导,还可进行跟踪指导,以适应和促进儿童的发展。

【0～3岁儿童教育机构看点】

0～3岁儿童在机构中活动时,教师面对两个主体,一方面是儿童,一方面是家长。在带领儿童做相应活动时,同时应告知家长我们为什么设计这个活动,这个活动对孩子有什么帮助,在孩子做活动的时候家长应该注意哪些事项,如在训练小肌肉的夹豆子的游戏时,教师应说明小肌肉训练对儿童的手眼协调能力、智力、专注力都有很好的效果。同时,应告知家长只在一旁用言语进行解释说明,不要帮助其夹豆子,操作的过程对儿童来说才是最重要的,当儿童已经能夹的很好了,家长还应该鼓励其尝试其他方法来进行创造性的操作。

0～3岁儿童在机构中活动时,教师首先观察家长的行为和表现,从家长的行为举止中能看出其教育观念并进行指导。比方说,儿童在进行走独木桥的活动,有些胆小的儿童刚表现出有些害怕,家长马上就说:"宝宝害怕,走,咱们玩别的去。"在这里家长不是鼓励支持,而是顺从儿童的想法进行逃避,这种做法实际上是不正确的,家长应该积极鼓励儿童,避免消极情绪出现,可以这样说:"宝宝,你自己试试看,妈妈相信你一定行。"

【请你思考】

1. 什么是教师教育观?

2. 教师教育方式有哪几种类型?

3. 科学儿童观的内涵包括哪些?

4. 教师教育观的特征有哪些?

【实践活动】

根据0～3岁儿童身心发展特点设计一个适宜的亲子游戏或机构活动。

【样例】

活动名称:切切看

适宜年龄:2.5～3岁

活动组织者:教师和家长

活动目标:

1. 学习用锯齿刀切软、硬不同的水果。

2. 发展小肌肉群,提高手眼协调能力。

3. 指导家长关注2.5～3岁儿童,适当引导。

4. 体验与人分享的乐趣和劳动带来的快乐。

活动准备:玩具水果刀、菜板、水果盘若干

活动过程:

1. 引起兴趣。

先请儿童洗手,妈妈们观看,洗干净后回到座位坐好。教师通过变魔术的方式变出一个香蕉,教师问:"谁想吃香蕉啊?"好多小朋友表示想吃,教师借此提问:"老师这只有一个香蕉,却有几位小朋友想吃,要怎么办呢?"引导儿童积极主动解决问题,想到切开香蕉,分给不同的小朋友。

2. 示范演示。

① 教师出示玩具水果刀,请儿童观察刀的样子。此时教师提出刀的正确使用方法,如用手拿住刀柄,切东西时左手扶住香蕉,右手拿刀,刀要离手远一些,香蕉可以切两刀,分成三份。(认识工具,观察教师的动作)

② 儿童自己操作切香蕉。(练习切的技能,锻炼动手能力。指导家长关注儿童,了解儿童小肌肉动作发展水平,不要急于动手帮助)

③ 教师请儿童切苹果,提出要求,看谁能切的块多。(体验软硬不同的水果切的力度不同,逐渐加深难度,发展小肌肉群)

④ 请儿童将切好的水果分给其他的家长及儿童品尝。教师指导家长和儿童送给别人水果时要与他人交流,善于表达。(分享、体验与人分享的乐趣,锻炼交流沟通能力)

3. 整理:请儿童与家长共同整理果盘、水果刀、桌面等。整理后将手洗干净,养成良好的卫生习惯。

活动延伸:将菜板、玩具水果刀、水果拼盘等投放到娃娃家里,感兴趣的儿童可以在活动区时间里继续练习切的技能。投放的水果也可进一步换成更有难度的蔬菜。

【参考文献】

1. 辛涛,申继亮. 论教师的教育观念[J]. 北京:北京师范大学学报,1999(1).

2. 辛涛,林崇德. 教师心理研究的回顾与前瞻[J]. 心理发展与教育,1996(4).

3. 易凌云,庞丽娟. 教师个人教育观念的基本理论问题:内涵、结构与特征[J]. 湖南师范大学教育科学学报,2006(4).

4. 程巍,申继亮,高潇潇. 中学教师教育方式倾向性的研究[J]. 教育科学研究,2001(4).

5. 张梅. 课堂教学中幼儿话语权的失落与回归[J]. 学前教育研究,2008(7).

6. 李召存. 以儿童为本:走向"为了儿童"与"基于儿童"的整合[J]. 学前教育研究,2015(7).

7. 余文森,连榕. 教师专业发展[M]. 福州:福建教育出版社,2007.

8. 张博. 走向对话的幼儿教育:后现代幼儿教育观[J]. 学前教育研究,2003(12).

9. 李黔蜀. 教师心像及其对幼儿教育的意义[J]. 学前教育研究,2009(6).

10. 郎贺. 学体育教师教学动机与教育方式的特点及其相关研究[D]. 福州:福建师范大学,2011.

11. 张思雁. 幼儿教师继续教育方式的研究[J]. 高等函授学报,2008(11).

12. 王艳芝,孙英娟,孟海英. 幼儿教师的教育观与幼儿活动质量的关系研究[J]. 中国健康心理学杂志,2007(4).

13. 鲍雪梅.早期教育对婴幼儿心理发育影响的探讨[J].齐齐哈尔医学院学报,2007(18).

14. 罗丽芳,连榕,周捷夫.不同学科教师的教育观念、教育方式及其关系的研究[J].福建师范大学学报,2003(5).

15. 潘昊.早期教育对儿童气质和适应行为的影响[J].中国儿童保健杂志,2002(10).

16. 黎晓娜,何兆东,刘浩.意义生成:婴幼儿心理健康教育的一种新视角[J].卫生职业教育,2012(3).

17. 雷小玲.现代教师的基本教育观[J].现代教育论丛,1998(3).

18. 丁艳玲.传统教师教育观需要重新确立[J].新乡教育学院学报,2009(12).

图书在版编目(CIP)数据

0~3 岁儿童心理发展/周念丽主编. —上海:复旦大学出版社,2017.4(2023.5 重印)
普通高等学校早期教育专业系列教材
ISBN 978-7-309-12690-7

Ⅰ.0…　　Ⅱ.周…　　Ⅲ. 学前儿童-儿童心理学-幼儿师范学校-教材　　Ⅳ. B844.12

中国版本图书馆 CIP 数据核字(2016)第 283031 号

0~3 岁儿童心理发展
周念丽　主编
责任编辑/赵连光

复旦大学出版社有限公司出版发行
上海市国权路 579 号　邮编:200433
网址:fupnet@ fudanpress.com　http://www.fudanpress.com
门市零售:86-21-65102580　　团体订购:86-21-65104505
出版部电话:86-21-65642845
盐城市大丰区科星印刷有限责任公司

开本 890×1240　1/16　印张 12　字数 285 千
2017 年 4 月第 1 版
2023 年 5 月第 1 版第 8 次印刷
印数 29 701—34 800

ISBN 978-7-309-12690-7/B·592
定价:45.00 元